[美] 唐·琼斯（Don Jones）著
魏喆 译

Own Your Tech Career

Soft skills for technologists

人民邮电出版社
北京

图书在版编目（CIP）数据

程序员软技能 / (美) 唐·琼斯 (Don Jones) 著 ;
魏喆译. -- 北京 : 人民邮电出版社, 2022.7
ISBN 978-7-115-58946-0

Ⅰ. ①程… Ⅱ. ①唐… ②魏… Ⅲ. ①程序设计
Ⅳ. ①TP311.1

中国版本图书馆CIP数据核字(2022)第047868号

版权声明

◆ 著　　［美］唐·琼斯（Don Jones）
　译　　魏　喆
　责任编辑　郭　媛
　责任印制　王　郁　焦志炜

◆ 人民邮电出版社出版发行　　北京市丰台区成寿寺路 11 号
　邮编　100164　　电子邮件　315@ptpress.com.cn
　网址　https://www.ptpress.com.cn
　北京市艺辉印刷有限公司印刷

◆ 开本：800×1000　1/16
　印张：14.75　　2022 年 7 月第 1 版
　字数：319 千字　　2022 年 7 月北京第 1 次印刷
　著作权合同登记号　图字：01-2021-5009 号

定价：79.90 元

读者服务热线：(010)81055410　印装质量热线：(010)81055316
反盗版热线：(010)81055315
广告经营许可证：京东市监广登字 20170147 号

自序

本书源起于几个看起来毫无关联的事件。当时我正要开始撰写《成为大师》(*Be the Master*)的第五版，这是一本独立出版物，其内容是关于选择自己的成功之路并发展到可以帮助他人。我还打算修订另一本独立出版物《谈谈生意吧》(*Let's Talk Business*)，这本书专注于使技术人员和其他个人贡献者更便利地了解商业基础知识。最终，Manning 出版社联系到我，表示希望出版一本关于“软技能”的书，旨在帮助技术人员解决职业生涯中的非技术问题。这似乎是一个完美的时机，于是在经历了几轮迭代和修订后，本书诞生了。

“软技能”一词完全弱化了一些事情的重要性，比如沟通、理解商业逻辑、团队合作、发展领导力等。这些技能也许不是技术上的“硬技能”，然而事实上，相比熟悉最新版本的 C#、Windows Server、Tableau 或者其他技术，大多数公司更加关注员工是否具备合适的“软技能”。技术技能可以通过培训和积累经验来提升，并且可以通过考证等多种手段在一定程度上进行衡量。但是“软技能”往往更令组织感到困扰，它们更难培养，也更难衡量。然而，对于任何一种成功而言，与他人合作的能力都是十分关键的。

本书并不致力于成为“软技能”终极学习指南，而旨在成为“软技能”入门指南，能引导读者去关注、培养和完善这些贯穿其整个职业生涯的技能。本书的素材主要来源于我本人，以及我的朋友和同事的亲身经历，这是我能想到的确保内容贴近生活的最佳方式。

无论你是初出茅庐的技术新人还是拥有几十年工作经验的技术老手，从本书中你都能获得有益的观点、新的思考以及能加入你职业生涯管理篇章的新主题。最重要的是，本书强调：你的职业生涯是属于你的，应该由你来定义什么是“成功”，由你来决定如何获得成功，最终你会从这种成功中获益。我将通过本书尽力帮助你成为自己职业生涯的驾驶人，我会提供建议、分享经验，但不会发出指令。

愿你喜欢本书，也愿你能在你的职业生涯中获得成功！

致谢

我要感谢我的朋友和家人，尤其是克里斯和多纳文，在我撰写本书主体和审稿校订期间，忍受了我焦虑的咬牙声和狂躁的打字声。

我还要感谢本书及其大纲的早期评阅人，其中许多人提供的宝贵建议和见解都将反映在本书中，他们分别是阿德里安·贝尔茨、比尔·贝利、鲍比·林、卡梅伦·普雷斯利、克里斯托弗·比利亚努埃瓦、戴夫·科伦、伊尔凡·乌拉、埃德·洛、费尔南多·科拉莱斯、乔·伊万斯、李·M. 科特雷尔、马克·安东尼·泰勒、马库斯·布拉施、尼尔·克罗尔、乔治·奥诺弗雷、塞尔焦·戈沃尼、瓦西里·鲍里斯和沃伦·迈尔斯。

最后，我要感谢我之前两本书《成为大师》（*Be the Master*）和《谈谈生意吧》（*Let's Talk Business*）的读者，他们向我提供了大量反馈、鼓励和建设性批评。

前言

无论如何定义成功，为了享受成功的职业生涯，每位技术人员都需要拥有两组截然不同却又相互重叠、互为补充的技能。

第一组技能是“硬技能”，即能让你完成每日工作的技术技能，包括编程技能、系统管理技能、网络工程技能、安全技能等。它们可能是你在上学时最关注、在求职时介绍得最多的内容。

第二组技能是“软技能”。这些技能更多地指人际交往方面的能力，包括沟通能力、团队合作能力、冲突处理能力、领导力等。

在我 20 多年的技术领域的工作经历中，我发现最优秀的技术人员和普通的技术人员之间的差异多在于“软技能”。最优秀的技术人员当然是了不起的技术专家，但他们还能与同事、客户等进行更高效的互动。他们给技术带来了人性化的一面，这是推动他们成功的重要因素。

去浏览招聘网站上的招聘启事，你会看到这些常见的技术需求：JavaScript、HTML、Linux、渗透测试、Tableau、Cisco 等。但深入挖掘你就会发现，公司真正关心的似乎是人际交往方面的能力，比如团队合作能力与沟通能力。应聘者的这些能力通常更难评估，但它们对构建一个健康有效的团队很关键。

在本书中，我展示了十几项这样的“软技能”。技术人员的身份几乎贯穿我的整个成年生活，所以我会以这个身份来探讨这些技能。你们中有一些人可能已经掌握了其中某些技能，如果你想，本书的布局（每章介绍一项技能）能便于你跳过对应的章节（尽管我很有可能会为你提供新的视角）。我建议你先阅读前 3 章，因为这几章中解释了一些重要定义，奠定了一些概念共识。

在书中，我还介绍了几项非技术方面的“硬技能”，我认为掌握这些技能对任何人的职业生涯都很重要。它们由于可量化且可重复而被称为“硬技能”，但它们又与技术无关——比如，如何通过阅读损益表了解公司的财务状况，或者如何读懂招聘启事中的潜台词。多年来，这些技能使我的职业生涯受益匪浅。

我力求本书内容能为全球读者提供参考。我身在美国，因此有些例子是以美国为背景举出的。每当出现这种情况，我都会注意承认这一视角的有限性，并尽我所能帮助你探索更本土化的视角。但其底层的基本原则是通用的，因此希望那些不适用于你所在国家或地区的内容细节不会阻碍你理解其背后的含义。

我还要承认，本书展现的完全是我个人的观点。多年来，我一直努力推敲我的观点，接受与我共事之人的有益影响，但是最终我真正能呈现给你们的也仅是我从个人经验中总结出的东西。我绝不会标榜我的观点在客观上是正确的，更不会说它是世间仅有的。我反而希望你可以有选择地吸收我所分享的内容，在它们能派上用场的时候将它们运用到你的生活中。而且，请不要将你对这些重要技能的探索局限在本书中。我们用“软”来形容这些技能，但那仅仅是因为它们常常难以培养和衡量。无论如何，这些技能都是至关重要的。

我希望你能与我联系，让我知道你对本书的看法。你可以随时通过 Manning 官网上的论坛联系我，那里会收集各种勘误信息（比如错字等）。我也欢迎你通过我的网站 DonJones.com 上的 HMU 页面与我联系。

感谢阅读。

唐・琼斯

2021 年

服务与支持

本书由异步社区出品，异步社区（https://www.epubit.com）为您提供后续服务。

提交错误信息

作者、译者和编辑尽最大努力来确保书中内容的准确性，但难免会存在疏漏。欢迎读者将发现的问题反馈给我们，帮助我们提升图书的质量。

当读者发现错误时，请登录异步社区，按书名搜索，进入本书页面（见下图），单击“提交勘误”，输入错误信息，单击“提交”按钮即可。本书的作者、译者和编辑会对读者提交的错误信息进行审核，确认并接受后，读者将获赠异步社区的 100 积分。积分可用于在异步社区兑换优惠券、样书或奖品。

详细信息 写书评 提交勘误

页码： 页内位置（行数）： 勘误印次：

字数统计

提交

扫码关注本书

扫描下方二维码，读者将在异步社区微信服务号中看到本书信息及相关的服务提示。

与我们联系

我们的联系邮箱是 contact@epubit.com.cn。

如果读者对本书有任何疑问或建议，请发邮件给我们，并请在邮件标题中注明书名，以便我们更高效地做出反馈。

如果读者有兴趣出版图书、录制教学视频，或者参与图书翻译、技术审校等工作，可以发邮件给我们；有意出版图书的作者也可以到异步社区在线提交投稿（直接访问 www.epubit.com/selfpublish/submission 即可）。

如果读者所在的学校、培训机构或企业，想批量购买本书或异步社区出版的其他图书，也可以发邮件给我们。

如果读者在网上发现有针对异步社区出品图书的各种形式的盗版行为，包括对图书全部或部分内容的非授权传播，请将怀疑有侵权行为的链接通过邮件发给我们。读者的这一举动是对作者权益的保护，也是我们持续为读者提供有价值的内容的动力之源。

关于异步社区和异步图书

“**异步社区**”是人民邮电出版社旗下 IT 专业图书社区，致力于出版精品 IT 图书和相关学习产品，为作译者提供优质出版服务。异步社区创办于 2015 年 8 月，提供大量精品 IT 图书和电子书，以及高品质技术文章和视频课程。更多详情请访问异步社区官网 https://www.epubit.com。

“**异步图书**”是由异步社区编辑团队策划出版的精品 IT 专业图书的品牌，依托于人民邮电出版社近 40 年的计算机图书出版积累和专业编辑团队，相关图书在封面上印有异步图书的 LOGO。异步图书的出版领域包括软件开发、大数据、人工智能、测试、前端、网络技术等。

异步社区

微信服务号

关于作者

唐·琼斯从 20 世纪 90 年代中期起深耕于技术领域。他撰写了数十本技术类书籍，服务过不同规模的公司，从初创公司到成熟公司都有。21 世纪以来，他开始组织关于职业生涯发展的研讨会，帮助技术人员更好地调整和管理自己的职业生涯，以帮助他们更好地生活并实现目标和梦想。

关于封面插图

本书封面上的人物插图标题为“巴什科尔特人”。该插图取自雅克·格拉塞·德·圣索沃尔（1757—1810）于 1788 年在法国出版的，名为《所有已知民族的当前平民服装》（*Costumes Civils Actuels de Tous Les Peuples Connus*）的各国服装服饰集，每幅插图都是手工绘制和上色的。雅克·格拉塞·德·圣索沃尔的作品集丰富多样，向我们展示了世界上多个国家和地区在仅仅 200 多年前的文化差异。那时人们彼此隔绝，说着不同的语言，无论在城市街头还是乡间，仅从人们的衣着就能轻易地辨别出他们居住的地方，以及他们的职业。

自那以后，我们的穿衣方式发生了变化，当时如此丰富的地域差异已逐渐消失。现在，我们已经很难根据衣着分辨出来自不同大陆的人，更不用说不同的国家和地区了。也许，我们用文化的多样性换来了更多样的个人生活，当然，也换来了更多样、更快节奏的科技生活。

在这个计算机图书同质化的年代，Manning 出版社以雅克·格拉塞·德·圣索沃尔的作品作为图书封面插图，将 200 多年前各个国家和地区丰富多样的生活还原出来，以此宣扬计算机图书出版事业的创造性和主动性。

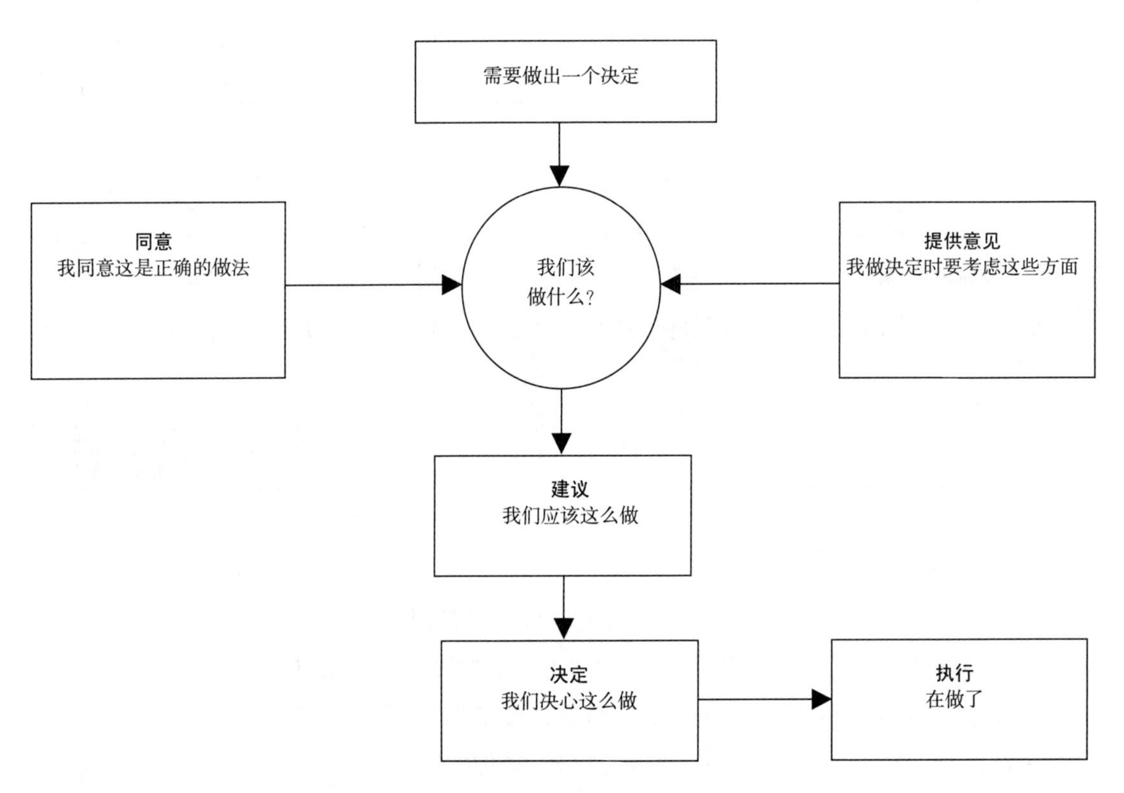

成为更好的决策者，并理解企业如何做出决策，对于你掌控自己的职业生涯方向至关重要。

目录

第 1 章　掌握你的职业生涯

“成功”二字，在很多人眼中，意味着高薪或者重要的职位头衔。然而成功应该是一组由你来定义的标准，它们所描绘的职业生涯能够使你过上期望的个人生活。职业规划正是一份为实现这种职业生涯所制订的计划。

1.1　工作、职业生涯、成功和自我

让我们先来快速定义一些术语，以便你我能达成共识。我将*工作*定义为一组任务，这些任务构成了你为获取酬劳而扮演的角色：软件开发人员、数据分析师、系统管理员、网络工程师、安全团队人员等。工作是一种雇主提供报酬、雇员执行任务的约定。如果你不做这份工作，别人就会来做。换句话说，你的*雇主掌握着这份工作*。这意味着你的雇主对这份工作负有很大的责任：他们必须提供你需要的工具，他们必须告诉你需要执行哪些任务，他们还将定义你在执行这些任务时必须遵守的标准。

但同时，你的*职业生涯*是属于你的。你的职业生涯包含获得、保留和完成你所选工作所需的全部技能，随着职业生涯的发展，你可能会做不同类型的工作。你应对自己的职业生涯负责：你可以决定它的发展方向，你也必须支付它超出你当前工作范围的维护成本。

所以，你的雇主掌握着你的工作，你掌握着你的职业生涯。假设你是一名软件开发人员，正在开发用 C++编写的内部应用程序。你已经如此工作了一段时间，你渴望改变。你有些担心，擅长 C++并不能为你带来很多工作机会，你也焦虑（这是明智的）自己会因为在工作时使用一种不太常见的编程语言而陷入事业低谷。

你在深思熟虑后，认为自己对网站开发非常感兴趣，想学习 JavaScript 高级编程课程。你还想参加关于网站开发的研讨会，这样你能掌握更多与网页应用程序相关的各种技术。但是你的雇主拒绝为你支付学习课程和参加研讨会的费用。你应该生气吗？我认为不，你不应该。这些课程和研讨会与你的工作无关，它们不能让你成为更好的 C++ 程序员，而成为更好的 C++程序员才是你的雇主给你提供报酬的原因。而你想学这门课程，是为了你自己的职业生涯，为了满足个人兴趣、增加就业机会，你希望扩展你职业生涯涵盖的技能集。因此，你才是该为课程和研讨会支付费用的人，而不是你的雇主。然而，正如你将在第 5 章中看到的，扩展你的硬技能是维持职业生涯良好发展的一个重要方面，所以不要仅仅因为你需要付钱而放弃学习课程和参加研讨会。

掌握一项技能存在一个弊病，即花费不菲。但掌握一项技能也有一个明确的益处：它能服务于你的需求。你的技能能提供一种有力的手段，帮你获得几乎任何你想要的东西！

但是，你的职业生涯能为你带来什么呢？

1.2 从头开始：与自己同行

有太多这样的人：毕业以后，在第一份工作中便拼尽全力。我们设法给雇主留下好印象，并在适当的时机获得提拔，或者在经验足够丰富后另谋高就，得到更高的薪资、更好的头衔或者其他方面的改善。

我们开始不假思索地将成功等同于薪资、头衔、领导的团队规模和其他的一些标准。然而我们很少停下来思考“这一切是为了什么”。这就是我现在想要你做的事：停下来，想一想，这一切是为了什么。

你想过什么样的生活？你想怎样安排你的工作和业余时间？你想为世界做出什么贡献？你想要追求何种热情和体验？

我希望你不仅要停下来思考这些问题，还要写下你的想法。用笔在纸上记录，有助于你认真地思考并且记住自己的回答。

你对这些问题的回答阐明并定义了你想要的人生，所以我把这些内容称为你的人生定义。与其他定义不同，你的人生定义可能会随着你进入新的人生阶段、发现新的目标和价值，而发生改变。我现在的人生定义就与我从前的不一样了。随着年龄的增长，我组建了家庭，我的兴趣发生了改变，我的人生定义也变了。这就是活着的意义。不过我会小心地以书面形式记录我想要从人生中获得的东西。我每年都会重新审视这个定义，它对我的人生而言，就好比输入 GPS 应用中的目的地。当到达目的地时，我便想留在那里，除非发生了某些事情促使我重新思考我想从人生中获得什么。

在你开始思考和记录之前，我希望你能以你的人生的“局外人”视角，写出这份人生定义。我不是有意要令你觉得沮丧，但请将这份人生定义当作某种加长版的讣告。当你回顾过去时，它应该能代表你所期望的人生。这样的记录能帮你提炼出对你而言最重要的梦想、目标和愿望。为了帮助你理解，下面我将分享我当前的人生定义。

唐是一位经验丰富的技术教育者，他帮助人们学习新技术，因而获得了来自社区的广泛敬意。他还是一位经验丰富的商业领袖，他工作的公司依靠他的帮助执行计划，还依靠他培养团队成员以产生新的领导者。

唐主要服务的公司，都能让他发挥出有意义、积极且可见的影响，即使这种影响仅在内部可见。在他参与的技术社区中，他是一位领导者。他帮助建立和发展社区，邀请和鼓励他人参与进来，即使在退出社区之后，他也帮人们看到了这些社区的发展道路。

唐是一位广受好评的奇幻和科幻小说作家。尽管他从未达到与斯蒂芬·金同水平的成功，但他的作品也收获了一定的好评和喜爱。

他相信技能是人们在生活中提升自己的关键，他耗费了大量的精力让这些技能可以更方便地被人们获取。他创立了一个经久不衰的非营利组织，为处境不利的人们提供学习技能的机会。

唐的家人过着虽然不奢侈，但是舒适的生活。他们在一个安静的地方有第二个小家，一个用来“休息和充电”的地方。他们会去其他国家旅行度假，体验不同的文化。如有不测，唐确保他的家人会有足够的物质来源。

这就是我期望的自己人生结束时的样子。我希望你注意这份人生定义中一些具体的内容。

- 我的人生定义中隐含了金钱，因为我列出了一些显然需要依靠金钱才能实现的事情。然而，在这个步骤，我倾向于描述我想要什么，而不是担心它的成本。
- 我描述了我想从事的工作类型。毕竟，工作是人生的重要组成部分：我们大多数人一生中 1/3 的时间都在工作。拥有一份令自己满意且能提供自己所需收入的工作对我来说很重要。
- 我列出了一些还没有实现的事项，即使我已经快 50 岁了。我可能永远无法实现所有的目标，但我正朝着它们前进。
- 我还列出了一些与我个人生活相关的事项，它们需要一些时间来完成，而这反过来又对我的工作产生了某些影响。比如，我需要一份能让我有空闲时间写小说的工作，这意味着我可能不会去需要总是加班的初创公司工作。

我的人生定义就是我的“人生 GPS”应用中的目的地。我所做的一切都是为了到达那个地方，我的人生定义就是我生活的动力，促使我起床、工作、活着。

请在纸上写下来

人类的认知——我们思考和学习的方式——在很大程度上取决于我们的感官。参与到特定体验中的感官越多，我们的大脑由此产生的记忆就越持久。这就是童年的记忆总是如此深刻的原因。气味、声音、景象，甚至油炸面包棍的味道，都构成了人们在游乐园中度过的难忘时光。

在计算机键盘上打字并不能调动很多感官。我们的触觉，甚至视觉，对帮助记忆我们所做之事的作用都微乎其微，文字只是简单地被录入、呈现到计算机屏幕上。

但是在写人生定义时，你需要让大脑深入地、有意识地参与其中。你应该深思熟虑，将写下的文字烙印在你的脑海中。只有如此，它们才会时时浮现于你眼前，帮你记住做这一切是为了什么。

所以这么多年来，我总是用铅笔在笔记本上写下我的人生定义。当我再用键盘敲出这些文字时，我仿佛能闻到那个笔记本封面的皮革气味，感觉到笔尖沙沙地划过纸面，指尖摩挲着翻动纸张。这些感官记忆让我瞬间回想起我的人生定义中的关键内容。我甚至不需要拿出笔记本翻找，因为我的人生定义已深深烙印在我的脑海中，不可磨灭。

在明确了我的人生定义或我的“人生 GPS”应用中的目的地后，我需要弄清楚该如何实现它或抵达这个目的地。

1.3 你眼中的成功是什么样的

于我而言，成功的定义很简单：过上我想要的生活。成功就是一份项目列表，涵盖了我为了实现自己设想和定义的人生，所需要完成的事项。如果把我的人生定义比作“人生 GPS”应用中的目的地，成功列表项则是建造出那辆能带我去往终点的车需要的所有零部件。

因此，成功不是令我无止境追寻的东西，而是一组具体可测量的小目标，能逐步实现。当我实现这些目标时我会知道，我需要做的仅仅是保持当前的成功，而非尝试继续扩大它。我从不觉得自己处于老鼠赛跑式的人生中，要不停地追逐下一块更大的奶酪。我反而在追寻一些具体的、可实现的目标，这些目标能让我过上我想要的生活。

我在写下我的人生定义的同时，也会写下我对成功的定义。为了定义我眼中的成功，我通常从人生定义开始，列出实现我的目标（即我的人生定义）所需要完成的事项。我尽量让成功的列表项保持客观和可测量，以便任何人都能对照我的人生定义，判断我是否实现了某个目标。这也并非总是可行，有些目标，尤其是定性的目标，总是会有些主观。没关系，努力做到尽量客观就好。比如我对美好假期的想法便不是可以轻松测量的，甚至每年还会有一些变化。我可能只能考虑活动范围或者指导性计划，那也没关系。以下是我对成功的定义，其中也用到了我的人生定义中的部分目标。

唐是一位经验丰富的技术教育者，他帮助人们学习新技术，因而获得了来自社区的广泛敬意。他还是一位经验丰富的商业领袖，他工作的公司依靠他的帮助执行计划，还依靠他培养团队成员以产生新的领导者。

- 至少做到资深总监或者副总裁职位。
- 有一个团队，且包含拥有直接下属的成员。
- 公司有内部晋升的传统。

唐是一位广受好评的奇幻和科幻小说作家。尽管他从未达到与斯蒂芬·金同水平的成功，但他的作品也收获了一定的好评和喜爱。

- 能保持生活与工作的平衡，不会在周末和深夜加班。
- 不要停留在描写对话的舒适圈中，要发表不涉及人物对话的短篇小说。
- 若打算独立出版，需要对营销和预算有所了解。

他相信技能是人们在生活中提升自己的关键，他耗费了大量的精力让这些技能可以更方便地被人们获取。他创立了一个经久不衰的非营利组织，为处境不利的人们提供学习技能的机会。

- 需要了解如何在美国创立非营利组织。
- 需要了解技术社区如何通过非营利组织创造价值，并获得足以支撑组织运营的资金。
  - 举办技术研讨会。
  - 用技术研讨会获得的利润来运营组织。
  - 与现有的非营利技术教育组织合作，获得用户群。

唐的家人过着虽然不奢侈，但是舒适的生活。他们在一个安静的地方有第二个小家，一个用于“休息和充电”的地方。他们会去其他国家旅行度假，体验不同的文化。如有不测，唐确保他的家人会有足够的物质来源。

- 每年共需 15 万美元的薪资。

- 包含在迪克西国家森林公园附近（3 小时车程）以合理的价格按揭购买一间小屋。
- 包含长期购买伤残保险。
- 包含定期购买人寿保险。
- 包含财务顾问建议的退休金。
- 包含年度假期预算。

这是一个简化的例子，我只是想突出那些有一点主观的部分，这些部分和那些客观的、可测量的部分（如薪资计算）不同。某些项目肯定会显得有些遥远，在我写下这些文字时，它们都尚未实现。

重要的是，请注意，只有在要更改人生定义或者生活本身发生了变化时，我才会去修改成功列表项。比如，我不会无故提高薪资目标，如果我觉得需要更高水平的薪资，我会去了解原因：是生活成本变高了吗？是我们决定领养一个孩子了吗？是我们常去比预期花费更高的地方了吗？无论什么原因，为了证明我确实需要更高水平的薪资，我都要决定该对我的人生定义做出怎样的调整。我们外出就餐的次数是不是超过了本该有的，而导致在食物上的开销更大了？也许我们不该再这样做了，又或者也许我们确实喜欢外出就餐，想要继续下去，那么我就得在人生定义上做出相应的修改。

成功列表项的意义在于其能支持我的人生定义，这一点很关键。在写成功列表项中的每一个项目时，我都得想清楚为什么我的人生定义需要它。如此，我才不会胡乱地追逐高薪，或者漫无目的地追寻一个光鲜的头衔。我为自己的职业生涯所做的事，皆是为了我的人生。将这些成功要点谨记于心，便能开始制定职业规划了。

1.4 立即制定职业规划

如果说人生定义是你输入“人生 GPS”应用中的目的地，那么成功列表项就是带你去往目的地的车辆的零部件，你的职业规划则是“人生 GPS”应用输出的导航路线。顺着这条路线走，你就能到达目的地。

制定职业规划，并不意味着你需要在一开始就知道整条路线。你反而可以只考虑和描绘出当前旅途中的下面几步。只要你始终朝着最终目的地前进，你终究会到达那里。

为了制定职业规划，我从支撑我的人生定义的成功列表项开始查看。比起一些看起来难以实现的目标，如 25 岁就成为一家公司的副总裁，我更专注于那些可以实现或者至少能看清其实现路径的目标。回顾我的 20 多年来的经历（并查阅了汇聚我所有想法的笔记本），我看到了这些事情。

唐还是一位经验丰富的商业领袖，他工作的公司依靠他的帮助执行计划，还依靠他培养团队成员以产生新的领导者。

- 至少做到资深总监或者副总裁职位。
- 有一个团队，且包含拥有直接下属的成员。
- 公司有内部晋升的传统。

好吧，30 岁的我肯定还缺乏能当上资深总监或者副总裁的经验。但那时，我领导了一个小团队，开始了解经营公司的相关事宜。所以我决心找到一份总监级的工作，确切地说，我要在一家有兴趣为我投资、使我成为更优秀的商业领袖的公司里找到一份总监级的工作。我以此作为求职重心，并确实在这样的公司里找到了这样一个职位。虽然薪资涨幅并未达到我的期望，但我当时更专注于获得更多的经验，以实现我的目标。

这就是职业规划：一条通往你的目的地、能让你逐个完成成功列表项的路径。你应专注于那些你现在能实现的目标，对于那些还不能实现的，就着手研究如何才能使之实现。比如，我花了不少时间关注招聘启事上列出的副总裁岗位要求，了解到我需要具备以下条件。

- 10 年及以上的团队（人数不限）管理经验。
- 在财务或结果问责制下的岗位上工作过 5 年以上。
- 能够管理至少包含 4 个层级的人员的团队。
- 具有向上管理至高管层的经验。

当时我还不符合这些条件，但我找到了一个使自己满足这些条件的方法：从一个小团队开始，请我的上司分出责任给我，提出偶尔向公司高管做演讲的请求。同样，要满足所有这些条件，需要我的上司愿意为我投资，而我的求职目标正是如此。

浏览招聘信息是制定职业规划的绝妙方法。在人生的某个阶段，我意识到我的下一步是要提高薪资水平，但我的薪资水平很难获得很大幅度的提高，因为我在当时几乎已达到我所在职位能获得的薪资水平的上限。我开始意识到，我所在的领域不太可能给我开出更高的薪资，因此我需要转行了，从系统管理转向软件开发。天啊，这真是可怕。我需要自费进行必要的培训，我当时的老板没有理由为我支付这笔费用。但我做到了，我最后获得了一个网站开发的领导者职位，管理一个小团队，这也使我朝着我的目标更进一步。

这个过程显然需要一段时间。不过人生本就是一场长途旅行，到 46 岁时，我如愿成为副总裁。从我的亲身经历可以看出，职业规划真的有效。

1.5 练习建议

在本书的每一章中，我都提供了一个练习。我强烈建议你做这些练习，因为每个练习都会帮助你掌握那一章所涵盖的软技能。

对于这一章，正如你所料，我会请你用一个纸质笔记本和一支铅笔（也可以用钢笔），写下你的人生定义，这是你制定职业规划的第一步。请和你的家人、朋友一起完成这个练习，作为你生活中的利益相关者，他们需要在你的人生定义中得到体现。

- 首先，按照你的想法写出你的人生定义。结合你现在的身份和人生阶段，你能想象到自己会做什么？如果你觉得很难从临终回顾的角度考虑你的人生定义，那么反过来，把目光聚焦在当下你觉得对人生最有价值的事情上，以及在可预见的未来中你想从这样的人生中获得什么东西。如果你有明确的目标，也把它们写下来。
- 接下来，写你的成功列表项。从你的职业生涯来看，要实现你的人生目标需要什么？你得在恰当的节点上精打细算，弄清需要多少金钱才能获得你想要的东西。如果这个数目太大，那么回到你的人生定义中，剔除那些你可以妥协的项目，但要努力达成人生目标和金钱的平衡。换句话说，无论你说你想要从人生中得到什么，都请确保你能准确估算出为此需要多少钱。
- 最后，开始考虑进入职业规划的下一步。你能对你职业生涯中的哪几件事做出改变，来实现你成功列表项中的某一两项，比如换一个待遇更好的工作。去做一些调查吧，弄清如何进入下一步，然后开始执行。

第2章　建立和维护个人品牌

当你想到一个你熟悉且喜爱的品牌时——也许是可口可乐、迪士尼或者其他主流消费品牌——某些期望就会在你的脑海中浮现。你会喜爱一个品牌，是因为你对它抱有期望，且这些期望总能得到满足。那么，你又给别人制造（或者想要制造）且持续满足了什么样的期望呢？这些期望是否是积极的，能帮助你获得更多的职业发展机会？换句话说，你的品牌是什么样的？

你的品牌会简单直白地告诉你的潜在雇主是什么样的人，他们该对你抱有怎样的期望。他们通过对你的观察和了解来拼凑出你的品牌，品牌的信息来源广泛：从人际互动和道听途说，到社交媒体、开源项目和你在网站中参与过的问答，即几乎一切线上和线下的途径。你的个人品牌能帮助你的潜在雇主了解你能为公司带来什么样的价值，所以你要确保你的品牌反映了你的真实价值。

2.1　品牌建设：了解你的受众

无论你是否喜欢或是否积极建设，你都拥有着个人品牌。你参加面试时的着装就是你的个人品牌的一部分。

大型公司的市场部门会花费大量时间明确他们的受众，以便集中力量进行精准营销。比如佳得乐（Gatorade）就可能致力于吸引与百加得（Bacardi）完全不同的受众。建立一个能和受众对话的品牌的关键在于，了解品牌必须对话的群体——真正弄清这个群体是谁以及他们关心什么。

对于饮料等产品，品牌建设往往从识别和了解受众开始。产品的存在是为了满足某种需求，而需求由受众定义。我们试图把产品卖给谁？产品及其品牌的整个开发活动都是围绕着其受众开展的。对于我们的产品，我们只会去做与想要打造的品牌相符的事情。研究表明，运动员出于某种原因会被颜色鲜艳的饮料吸引，于是我们会去生产荧光色饮料。小孩喜欢糖果口味，老人可能偏好怀旧风味，等等。这些驱动受众购买产品的因素能帮助我们塑造品牌以及品牌所代表的产品。

任何与品牌交互的人都会对品牌抱有一系列期望。由于对品牌抱有期望，且品牌所代表的产品满足了这个期望，人们就会喜欢甚至忠于一个品牌。

你也有品牌，而且和商业品牌一样，它能告诉他人——你的雇主和同事——该对你有怎样的期望。由于你在社交媒体、开源项目和其他线上平台中与他人进行了互动，他人甚至能在结识你之前就看到你的品牌。

你未必能依照受众来改变自己，了解你的受众并不是为了构建产品。你已经是产品了，不过你仍需要了解对你的受众而言什么才是重要的。下面我将通过一些假设性的例子向你展示我所说的"了解你的受众"是什么意思。

请结合语境看待举例 下列例子均基于各行业的刻板印象举出。我无意以任何方式暗指这些行业与我例子中的描述一致，我仅希望用直接明了的举例来展示"了解你的受众"这个概念。

请设想这样一家银行：一家传统的、有 200 年历史的银行。我们说的是一家大型的全国或者跨国银行，那种高管们会穿三件套西装、办公楼都是宏伟大厦的银行。在考虑聘用技术人员时，这家银行可能看重什么？也许是在办公室里衣着精致、外表整洁，也许是保守可靠、不会冒太多不必要的风险，也许是守时且能理解信息安全需求，也许是能适应各种大银行常有的跨部门协调会议，也许是习惯使用以前的、已被验证过的技术。

现在设想一家崭新、精益的技术型初创公司，只有一个办公室和少数员工。这家初创公司可能看重什么样的技术人员？也许是愿意每天长时间工作、周末无休的，也许是有一点古怪、能跳出常规思维的，也许是在所处行业中颇有名气且被视为创新者或领导者的。

如你所见，研究你的受众是谁以及他们看重什么相当重要。你不必只局限在一类受众上，你甚至不必局限在一个行业里。如果找对方式，你的品牌可以吸引到各种受众。但你需要了解对于你想要吸引的公司或人而言，什么是有价值的。

我会如何打造自己的品牌，以同时吸引大型成熟的银行和小型敏捷的初创公司？我能为他们带来什么价值？我又如何在自己的品牌中简洁地传达出这种价值？

- 我可能会确保我的品牌展示出对技术的高度关注。我也许会在我的品牌展示中弱化更私人的方面，比如我喜欢的度假地。这两类公司都不会在意我的品牌中没有这些东西，但如果我的品牌中包含这些东西，他们反而可能会对我失去兴趣。

- 我很可能会确保我的品牌展示出我为社区做出的贡献——发表过的博客文章、参与过的开源项目以及其他可见的贡献。同时，我也会小心关注我的工作内容的信息安全。比如，我不会在公开代码仓库中上传代码，不会暴露 API（Application Programming Interface，应用程序接口）密钥。在我的品牌中展示出我对最佳安全实践要求的遵循，能吸引任何一家公司。
- 我会确保我的外形——社交媒体头像等——能反映出整洁的商务形象。初创公司也许能接受粉红色的头发，但银行大概不能。

这些想法反映了我正在采取的一种特定方法。我想说的是，我要想吸引几类不同的受众，就需要找到这几类不同受众的喜好的交集，然后将其作为我的个人品牌。但也有一些事情是我一定不会做的，让我们来看看表 2-1 中列举的打造品牌时必做与必不做的事情。

表 2-1　打造品牌时必做与必不做的事情

品牌打造项	必做	必不做
可被看见的品牌（社交媒体等）	关注技术或者任何适用于职业生涯的东西，参与雇主会期望我在工作场所进行的活动	讨论有争议性的话题，这可能会令人认为我会将这些话题带入工作场所
社区贡献和工作案例	确保通过发表博客文章、提交代码等方式，被视为社区贡献者	在这些公开的贡献中出现安全和隐私方面的不良实践
外形（社交媒体头像等）	确保外形整洁商务，展示真实的自己	给人留下我不适合从事目标行业的印象

你可能会有和这完全不同的想法。你也许只想在努力进取、充满激情的初创公司工作，那么你可以更加精准地针对这类受众的价值观塑造你的品牌。对于你的品牌而言，什么是合适的，什么是不合适的，都由你自己决定。请不要将我的举例当作某种指示，这些是我为自己做的决定，不是为你。

关键在于，你的品牌对不同的人传达了不同的信息。对于有些人来说，可口可乐是“我喜欢的提神醒脑的饮料”；对于另一些人来说，可口可乐却可能是“应该从这个星球上禁止的含糖的垃圾食品”。可口可乐显然将精力集中在第一类人身上，而并不太重视另一类人，至少在如何展示品牌这一方面是如此。所以你需要决定你的品牌要吸引谁，如果你的品牌对你想去的公司不具有吸引力，那么你可能要对你的品牌做出调整。通过明确和了解你的受众，你能知道他们看重什么，于是你便能将自己包装成能够帮助他们满足需求的专业人士。

你依然可以做你自己 我故意提到了关于粉红色头发的内容。请不要觉得有必要将代表了真实自我的东西从你的品牌中移除。你的品牌展现了你能为受众带来的价值，它应该是真实的。只是你要知道，有些雇主可能不喜欢你的品牌，但你无法总是让所有人都满意。如果某种发型就是你真实的样子，任何因此对你失去兴趣的人可能原本就不适合你，所以没有必要改变这一项。粉红色的头发可能会使我显得很傻，但在你头上可能让你看上去很炫酷。这就是为什么我为自己的品牌做出的决定并不一定适用于你。

2.2 社交媒体和你的品牌

如今，社交媒体会极大地影响个人品牌。无论你是在求职还是已有工作，出现在你可公开访问的社交媒体账号中的内容都非常重要。你在社交媒体上的一举一动都能使你的同事、雇主和潜在雇主了解到你真实的样子。人们往往会在社交媒体上展现出最真实的一面，所以其他人多少会相信你在社交媒体上讲的话。对于其他陌生人而言，你在社交媒体上展示的形象就是你真实的样子。

我很少用 Facebook，就算用，主要也是为了与我那十来个分布在全国各地的朋友分享新闻和照片。他们大多与我相识了大半辈子，所以我能在他们面前展现出真实的自我。他们是那种能看到我在墨西哥拍的那张照片的朋友，当时我在小酒馆有点忘乎所以。因此我的 Facebook 的个人主页是锁定状态的，我的朋友甚至要获得我的授权才能在照片上标记我。与我共事的人除非和我真的共度过私人时间，否则不会是我的 Facebook 好友。Facebook 不是我的品牌的一部分，在我看来这不是公众可以细读的东西。

与 Facebook 不同的是，Twitter 却是我职业生涯的重要组成部分，我的博客也是如此。这些是我与读者交流的地方。我在这些地方发布的内容反映了我的工作日常、社区参与情况和我所做的工作。我完全不介意我现在或潜在的雇主看到我的 Twitter 推送或者博客内容。我在 Twitter 和博客上发表的个人言论也都是无伤大雅的闲谈，几乎任何在办公室饮水机周围聊天的人都能接受。我非常努力地确保我的 Twitter 和博客中的内容都反映了我的品牌——使浏览它们的同事或雇主能期待在工作中看到我。

在品牌中展示真正的你

如果你正在花时间积极打造自己的公开品牌——我认为你该花这个时间——请确保它能在视觉上代表你。具体来说，你要确保你的社交媒体头像（出现在你发布的内容旁边的小图片）是你的肖像照片，而不是你的猫，不是你的家人，不是抽象的几何图形，不是你最爱的超级英雄的标志。那些内容并不是你的品牌，你自身才是。

在你的公开品牌出现的每个地方都用同一张照片。这张照片把你的每次出现联系在一起，让接触到你的品牌的人能认出它们属于同一个整体。

假设你正打算上传你的照片，你在想："我真的更想用我孩子的照片，来告诉她我有多为她感到骄傲，我有多爱她。"但这更像是在展示你的个人生活，而不是展示你的品牌。你要试着将这两件事区分开，只在你不公开的私人社交账号中使用你的孩子的照片。

还有，要用你的真名。这样做表明你是真实的人，不会试图隐藏在化名或者绰号背后。

我刻意区分个人和职业，并不意味着我企图令所有人对我感兴趣。如果你询问任何一个见过我在会议上发言或者教课的人，他们都会告诉你，我的品牌的重要特点就是善意的讽刺。这是我用来强调重要观点的战术，大多数时候，这个方法对我的听众（在工作中与我有接触的人）都颇为有效。我确实意识到有些人不喜欢这种方式，他们也因此没有与我的品牌产生共鸣。不过没关系，你无法满足所有人，我承认，无论我有何种吸引力，都不可能对所有人有效。但我花费了时间去了解我的受众，我认可对他们有用的东西，我也接受这些东西成为我的品牌的一部分。但这并不能让我赢得所有人的心，我也对此并不介意。

你在公开的社交媒体上留下的足迹传达了怎样的品牌信息？如果什么信息都没有，人们就会简单地根据看到的线索推测他们关心的信息。没有管理你的品牌并不等于没有品牌，我说过，我们每个人都有自己的品牌。如果你的品牌似乎没有传达什么信息，人们可能会认为你并没有公开参与任何活动。对有的受众来说，这个结论无伤大雅；对另一些受众来说，他们可能会对你产生负面印象。

我的品牌主要通过领英、Twitter、博客、专注于专业的 YouTube 频道以及我为各种技术网站撰写的文章来传播。我基本上没有在其他社交媒体上留下足迹，因为我所做的其他事情都被屏蔽在大众视线之外，只有一小群朋友和家人可以了解到。

我将 Facebook 个人账户隔离在我的公众形象之外，但我不会隔离全部社交媒体。我积极使用社交媒体，用领英是因为这是技术人员常用的社交媒体，用 Twitter 是因为那里有一群想要与我互动的读者，用 YouTube 是因为这是一个能用视频来强化我的品牌的平台。如果我的潜在雇主或者现在的雇主想要了解我，他们有很多东西可看——基本上都与我的品牌相符。我不希望有人在搜索我之后一无所获，这不利于我管理自己的品牌。如果我不公开活跃于社交媒体上，就只能任由雇主想象我是怎样的人，而这并不是我想要的。

我还需要注意我在公开的社交媒体上复述和分享的内容。想知道我的 Twitter 推送中有什么吗？大部分是来自我读过的迪士尼乐园网站的新闻，还有一些关于苹果公司的传闻。我喜欢阅读这些内容，也学会了如何让 Twitter 向我推荐这些内容。我阅读过几个喜剧演员发表的观点，他们对一些事件的评论往往十分尖锐。我不一定同意他们的所有观点，但我喜欢阅读这些内容。即便如此，我也不会转发这些内容。尽管我觉得我的 Twitter 读者可能会认为这些观点很有趣，值得阅读和讨论，但我不想暗示我同意这些观点（我并不总是赞同，但没有我的赞同它们还是很有趣）或者让我的 Twitter 内容偏离常规。我不想冒险，令潜在雇主把我当作会给工作场所带来争议的人。因此我要再问一遍：你留在公开的社交媒体上的足迹为你的品牌传达了什么信息？它传达的内容是否能吸引你的目标受众？

注意　最好弄清你的品牌传达出了什么信息，尤其是在公开的社交媒体上。在求职之前做好此事至关重要，因为很多组织会在决策过程中考虑你的品牌——在公开的社交媒体上塑造的品牌。

2.3　你的品牌影响广泛

永远不要忘记，我们生活的世界很小。我曾经和一个叫马克的人一起工作。他是一个很棒的人，我们相处融洽。在我的专业人士朋友中，他是少数见过我最狼狈模样的人之一——比如我们一起经历的那次颇为不顺的服务器迁移任务。后来，我离开了我们共事的那家公司；他待得更久一些，但之后也离开了。

几年后，我向一家新的公司求职，在参加面试时，我的准老板开场就问："我知道你是迪士尼乐园的忠实游客，你最喜欢哪一个迪士尼动画角色？"

请注意，当时社交媒体还远未出现，一个完全陌生的人不可能知道我喜欢去迪士尼乐园。但是马克已经在这家公司工作了几个月，他给我推荐了这份工作，并且告诉了公司领导层一些关于我的事。

幸好我从未给马克留下太多可以谈论的负面经历。我们的工作互动一直都是积极正面的，我们将彼此视为可靠的工作伙伴。我突然想到：要是我以前在工作中真的是个人品差的人会怎么样？凭一己之力，马克就可以让我无法获得这份工作，我很可能完全不会有面试机会。我们的关系——正面或者负面——会影响我是否能得到这份工作。

当今的世界要"小"得多，你的品牌影响力比你想象的大得多。与你素未谋面的人要么听说过你，要么不费吹灰之力就能知道很多关于你的信息。如今，从很多方面来看，品牌影响范围的扩大都是一件好事，有助于你获得下一份工作或者其他机会，但它显然也能够对你产生不利影响。

关键是，你要将工作中的每时每刻都当作在参加能让你获得晋升、新的工作机会或者其他机会的面试。你今天所做的每一件事，都会影响未来别人对你的看法。时刻保持高水准的专业人士形象非常重要，因为那样你的个人品牌将印证你作为技术人员的身份。

利用你的品牌影响力 在第3章“人际关系网”中，我探讨了在职业生涯中不断通过人际关系网扩大你的品牌影响力的想法。在第4章“成为技术社区的一分子”中，我将着眼于成为社区的积极贡献者能如何为你的个人品牌增光添彩。

2.4 专业素养和你的品牌

你知道每一个招聘经理在决定向求职者发出录用通知时最关心的是什么吗？是这个人是否具有专业素养——能与他人在团队环境中合作；还是彬彬有礼、办事有效率；或者是能让工作氛围变得更好，而不是更糟。

这些信息很难从一场面试中获得，所以招聘人员和招聘经理会在社交媒体上搜索你，寻求同领域中其他人对你的评价——不仅仅是你提供的推荐信（它们总是积极正面的），而且是真正可参考的信息——比如他们会在领英上找到的你以前的同事，或者通过彻底审查你的社交媒体足迹找到的人。在决定录用你之前，他们想要更加了解你。

专业素养是你品牌的重要组成部分。你要让人知道，你能够保持较高的出勤率并妥善完成工作；你可以与他人合作，接纳他人的不同观点、背景和文化；你能够有效地管理时间；你信守承诺、注重细节，是可靠的团队伙伴。

了解成功技术人员的特征 在第6章“以专业人士的身份出现”中，我探讨了几个关键行为，用以支撑和建立牢固的个人品牌。

你不仅需要表现出专业素养，还需要找到一种方式使其成为你的品牌的一部分。你有博客吗？不要觉得你必须一直发表与技术相关的文章。偶尔改变一下，写写专业素养，或者它的某个方面，以及它对你的意义。你要多在社交媒体上谈论专业素养，如提供时间管理技巧方面的建议，或者分享在工作中如何提高人际沟通能力。你的品牌就是你的形象，你要确保在他人眼中，你是一个对专业素养有思考并且对此慎重的人。这种对专业素养的关注，也许会为你带来令你感到惊讶的机会。

2.5 如何破坏你的品牌

有很多途径可以破坏你的品牌。通过阅读本章，你也许能猜到一些，比如在社交媒体上发表不当言论、行为有悖专业精神或者对你的品牌受众有误解。被公认为不擅长管理自己的时间也会破坏你的品牌。别人认为你懒惰也是如此；你可能并不懒惰，但这样的误解就会损害你的品牌。如果你常常或者一直远程工作，被人看作糟糕的远程工作者——在没有监督时游手好闲，在工作时间不见踪影、不接电话或者回复邮件不及时——也会破坏你的品牌。

一个知易行难的基本事实：你在工作中、在同事或者雇主面前所做的一切都会影响你的品牌。无论你喜不喜欢，你都拥有着个人品牌，我们所有人都有。我们的品牌就是他人认识和看待我们的方式。我们可以掌控自己的品牌，努力让其成为积极的、有助于职业生涯的事物（并保持下去），也可以干脆放任自流。

在你的同事和雇主的视线范围内，你的一切行为都会影响你的品牌。在过去的 10 年中，随着社交媒体的兴起和人们生活关系的日益紧密，这个“视线范围”变大了。雇主会因为你在社交媒体上发布的内容处罚你，或者你会因为关于你很懒惰的流言而得不到某个新工作，这似乎是不公平的。然而，这就是为什么积极管理你的品牌如此重要。

2.6 扩展阅读

- 《个人品牌入门：十步打造一个全新职业化的你》（*Introduction to Personal Branding: 10 Steps Toward a New Professional You*），梅尔·卡森（2016 年独立出版）。
- 《品牌化价值：五步重塑个人品牌》（*Branding Pays: The Five-Step System to Reinvent Your Personal Brand*），卡伦·康（2013 年由 BrandingPays Media 出版）。
- 《通过领英打造个人品牌：终极指南》（*LinkedIn for Personal Branding: The Ultimate Guide*），桑德拉·朗（2020 年独立出版）。

2.7 练习建议

在本章中，我希望你评估你的品牌。无论是否有意，我们都会拥有自己的品牌。通过评估品牌的现状，我们可以决定是否要做出改变，以及要做出哪些改变。在做本章的练习时，请你考虑以下事项。

- 你的品牌存在于哪里？如面对面接触（如在办公室与他人的接触）中，或者社交媒体、你参与的技术社区和其他线上平台。
- 你的品牌传达了什么？如同开发者所知的，*empty* 和 *null* 不相同；你的品牌传达了某种信息，即便只是“这个人似乎没太花心思”。要了解你给他人留下的印象，你可以询问公司同事或者其他共事者基于你的表现会对你有什么期望。他们认为你会在项目上怎样应对、在团队中怎样合作、在工作上怎样表现。如果匿名能让他们更坦诚，你可以做匿名调查。你还可以询问你在网上遇到的人，根据你发布的内容会对你有什么样的期望。

- 你的品牌对你定义的成功的贡献是什么？参考 1.3 节“你眼中的成功是什么样的”。你当前品牌的哪些方面能支持这些成功分类项？你当前的品牌是否有损于这些成功分类项？
- 你的品牌能怎样更好地支持你获得成功？考虑你的品牌出现的所有地方。如果你的人生定义中有成为技术社区的重要贡献者这一项，那么你在朝这个方向努力吗？你所做的事情足够给你增添技术社区的重要贡献者这一身份吗？

当你思考完这些问题后，审视你的结果，决定你是否应该更谨慎地对待你的品牌。为了建立一个更符合你对成功的定义的品牌，你可能会采取哪些不同的做法？你是否需要往你对成功的定义中增加品牌建设和维护的目标？

第 3 章 人际关系网

在这个人与人始终能保持联系的世界，直接的人际互动带来的价值有时很容易被忽视。然而，这种互动（即人际交往）是任何一个职业的最有价值的方面之一。人际交往能力是一项我们需要掌握和维护的关键“软技能”。

3.1 为什么需要人际交往

人际交往是结识你所在领域的其他人的过程。让我从最近的经历中和你分享一个令人悲伤的事实：你可以给任意你想应聘的在线招聘岗位投递简历，然而不管你的资质有多么合格，你可能只会收到其中一小部分招聘单位的回应。即使你的资历很丰富，并且你精心设计的简历通过了人工智能算法对所有申请者的初筛，你的信息被真人看到的概率依然很渺茫。很多在线招聘的岗位都会收到数千份申请，要从这么多人中脱颖而出很不容易。

在撰写本书时，我与数百名获得新的技术职称、在公司晋升或者调往公司不同团队的人进行了交流。他们中的大多数都告诉我，如果没有人为他们引荐，他们是绝不可能获得那份工作的。如果他们的同事没有从一堆数字简历中指出他们的那份，引起招聘经理的注意，他们绝不可能获得面试机会。这就是为什么需要人际交往。

在过去的 20 年里，我的人际关系网帮我找到过新客户，还使我获得过长期运营的杂志专栏、书籍出版合同、新的工作和会议演讲机会。如果没有人际关系网的帮助，我的一些项目不可能启动，比如《一个想法的壳子：PowerShell 不为人知的历史》（*Shell of an Idea: the Untold History of PowerShell*，于 2020 年独立出版）这本书。毫不夸张地说，几乎所有发生在我身上的和职业生涯发展有关的好事，都离不开我的人际关系网的帮助。

我努力打造一个专业的品牌（如第 2 章所述），我的人际关系网就是由知道这个品牌的一群人组成的。由于我努力使自己与我的品牌相符，我的人际关系网便知道该对我抱有什么期望。他们了解我的能力，清楚我能带来的价值。我也礼尚往来，我们的关系就如同双行道一般。我非常乐意帮助我人际关系网中的人结识新的朋友、提高项目曝光度，甚至获得新的工作。

但事情是这样的：人际关系网需要很长时间来建立，并且需要持续的投入来维护。你不能在需要帮助的提前一周才决定开始建立人际关系网。“口渴之前先挖井”这句俗语用于你的职场人际关系网，再合适不过了。为了建立这个人际关系网，你需要实现以下目标。

- 在你的技术领域中被人看见。
- 在该领域中被人熟知。
- 被视为该领域中有价值的贡献者，哪怕只是在很小的方面。

本章重点介绍了一些实现以上目标的窍门和技巧。

3.2　数字化沟通的问题

技术人员显然很乐于使用技术。当今很多大型公司即使在最细微的日常沟通上都依赖技术。我们通过 Slack 或者 Teams 互相发送消息；在组织之间发送电子邮件；甚至通过短信消息、社交媒体和其他数字化手段与朋友和家人交流。我们之中有许多人都在远程工作，这些数字渠道对我们的工作和生活都至关重要。

但是数字化沟通并不是人脑的自然沟通方式。例如，远程工作者的烦恼之源就是无法参与办公室中不断发生的走廊谈话和茶水间讨论。我们是人，我们会四处走动遇见其他人，我们会快速走到别人的办公桌前讨论事情，我们还会在午餐和下午茶时间分享信息。

数字化沟通往往无法给人留下深刻印象。正如我在第 2 章中描述的，当多种感官一同参与时，我们的大脑会形成更持久的记忆。当我们阅读一条短信时，充其量只用到一种感官：视觉。我们的大脑并没有获得面对面接触时会获得的所有感官输入，也没有接收到交流对象的肢体语言，而肢体语言对整体沟通极其重要，也是我们的大脑对他人形成认知的关键。

在网络上也可以开展一些社交活动，比如人们在 GitHub 中的往来交流。不过这种人际交往缺乏面对面接触带来的影响力，所以你需要更多、更持续地参与才能产生你想要的影响。

我的观点很简单：不要完全依赖数字化沟通进行人际交往。有些人际交往需要当面进行，或者至少通过群组视频通话进行。通过这种方式进行社交很可能需要你投入时间，也可能需要投入金钱，但是对于构建一个能在你需要时给予帮助的人际关系网来说，这种投入必不可少。对于使你拥有能在其他人需要帮助的时候伸出援手的机会来说，这种投入也是必不可少的。

3.3 面对面社交的技巧

面对面社交可以有大小不同的规模。如果你的性格偏内向，那么从小型活动——甚至是你自己组织的那些活动——开始可能会令你感到更加自在。之后你可以逐渐尝试参加更大型的活动。以下是一些帮助你起步的建议。

- *在你的公司里建立人际关系*。跨团队找到和你相同或相似的角色——比如公司里所有的前端 Web 开发人员——然后举办同业交流会，让每个人可以在办公时间之外非正式地聚会、介绍自己、聊聊自己在做的事情。
- *寻找当地和你所在领域相关的用户组*。在下班之后花更多的时间来做这些事可能很困难，但要坚持下去。要确保活动不是那种每个人都坐着听的讲座，你需要时间与其他成员结识、交谈。
- *考虑参加区域性的专题大会式活动*。比如 Microsoft SQL Server 社区就有一个时间固定的“SQL 周六”活动。参加这些活动通常都会花费太多，是建立人际关系网的好方式。
- *参加中小型的技术会议*。相比主流技术供应商举办的多达两万人参与的展会，中型会议（通常由志愿者或者传媒公司组织）往往是成本更低且不那么令人生畏的替代选择。较小的会议往往能提供更多好处，还能提供更多近距离相处的交际机会。社区举办的活动（通常由志愿者组织）常有友善的回访者，他们使得活动对新来者更友好。

请记住，你也可以帮助举办小型的本地活动。你所在的社区没有用户群组吗？那就组织一个！当地的图书馆也许能提供免费的会议空间，或者当地的技术培训公司可能会在当天的课程结束后空出教室供人免费使用。你可以在社交媒体上宣传该活动。也许一开始只有少数人参加，但只要坚持下去，你就可以创造出强大而有用的东西——给参与者留下的极好印象。

3.4 网络社交的技巧

如我在本章前面所说，网络社交也是有效且必要的，但是相比面对面社交，网络社交更难，需要持续投入更多的精力。这两种方式我都有尝试实行，因为采用不同的方式能吸引到不同类型的人，这有益于增加我的人际关系网的多样性。

线上活动力图重现线下活动的条件和影响。

- 线上（或虚拟）用户组会议通常会有一位演示嘉宾，是一种能在一个小时左右的时间内学到新东西的好途径。然而并不是所有的虚拟用户组都关注社交。你要尝试找到那种让人们有机会分成小一点的组聊天、相互认识的虚拟用户组；或者去参加愿意增加分组机会的虚拟用户组。Zoom 等的线上会议服务平台通常会为此提供虚拟分组讨论间，甚至能将与会者随机分配到一个房间中，这是一种既能与老朋友重逢，又能结交新朋友的好方法。
- 线上专题大会是很好的学习机会，但就像虚拟用户组一样，它们往往更注重信息的传递，而不是人际交往。你要去找那些能提供社交机会的线上专题大会，在那里你可以结识新朋友。

像 Meetup 这种被技术团体大量使用的网站是平台一个发现你可能感兴趣的面对面和线上活动的好方法。我要指出的是，我不认为在领英等平台中会有很好的社交机会。这些平台很适合与观众交流，但你不可能在全世界都在看的时候用 250 个字符来“交际”。人际交往不能批量完成，也不能分段完成。社交媒体可以很好地帮助建立和维护一个品牌（如第 2 章所讨论的），但它并不适合建立紧密的专业人际关系网。

不过，参加活动也不是网络社交的唯一途径，它们甚至不是你足不出户就能建立广阔的人际关系网的方法。下面给出了一些建议。

- *坚持活动于你所在领域的问答网站*。这个网站可以是像 Stack Overflow 这样的通用技术网站，或者是由志愿者运行的针对具体主题的网站。你要成为提供友好、有用、准确答案的人，永远不要对人说“你可以自己搜索”；要每天检查是否有新问题，以便及时做出回应。有时，即使一个问题已经有了回答，你也可以通过给出额外的解释、提供替代方案，或者补充上下文来给予帮助。
- *成为对你有意义的开源软件社区的贡献者*。如果你处于某个开源软件社区，为什么不去帮助进行代码审查、校对或扩充文档，或者做一些其他贡献呢？你不一定要创建新代码才算为开源软件社区贡献力量。
- *关注社交媒体上的关键话题标签*。比如，我关注了“#PowerShell”。关注话题标签是能找到需要帮助的人的好方法，也是能使你因帮助他人而获得好名声的办法。
- *开始写博客文章*。写博客文章是一种众所周知的为技术社区做贡献的方式，但你要始终如一地坚持。我的目标是每周写一次博客文章，有时我会花一天时间坐下来写一整个月的文章。其他人已经写了你想写的主题，并不意味着你就不该再写了，因为你的独特视角可能会帮助到其他人。你可以在社交媒体上宣传你的博客文章（大多数优秀的博客平台都可以自动帮你做到，如 WordPress 和 Medium），这样你就会开始收获读者了。请注意，写博客文章是一件单向的事情，你并不是在真正地建立人际关系网。但你正在培养一群了解你、看到你的品牌的读者，所以这仍然是你的整体社交策略中有价值的组成部分。

让人们在网络上看到你本人 你的线上形象要尽量包含你的真实照片和真实姓名，这点很重要。否则，你就不是真正地在建立人际关系网，因为人们不能真正了解你。这也符合在第 2 章中讨论的内容。

3.5 人际交往的礼节

无论你在何时何地进行人际交往，你互动的对象都将成为你职业品牌的受众。你显然希望他们在与你交往时获得积极的体验。这里有一些技巧，能使你与他人的交往持续对你的品牌产生积极影响。

3.5.1 面对面交往的技巧

面对面社交可能是你参与的最具影响力的社交形式之一，因为它运用到了我们所有的人类行为方式，包括肢体语言、面部表情和语气语调等。与视频聊天这样的网络社交方式相比，面对面社交会使彼此产生更强烈的心理影响，给人留下深刻的第一印象。

外貌

注意你的外貌，确保参加任何活动时你的仪表都是完全得体的。在正式的商务聚会上，穿着职业装和保持外表整洁利落可能是最好的。对于和周末慢跑的极客们的非正式见面，你就要穿戴好跑步装备。无论什么场合，你要确保自己关注到了这个情景中的人对你的外表产生的期望。

即使是职业装也会因你生活和工作的时间地点而异。在我居住的地方（美国西海岸），一家大型公司的软件工程师的商务午餐着装可能包括卡其裤和高尔夫球衫。但是同一个人，如果在美国东海岸的一家大型银行工作，可能就会穿西装。但在微软，我曾与穿着 T 恤、短裤和人字拖的人共进商务午餐，每个人都觉得这种着装很正常。花些时间环顾四周，看看你所在地区和所在行业的其他人都穿什么，这是了解你所处环境的行为规范的最佳方式。

肢体语言

关注你的肢体语言，并与家人和朋友一起练习微笑以及握手致意（如果合适的话）。站立时双臂放在身体两侧，双手不要插在口袋里或不要让双臂交叉在胸前。与任何一个和你交谈的人保持眼神交流，如果你在一小群人中，要轮流与其他人的目光进行接触。站立时要保持直立姿势，不要过于僵硬。所有这些细节都会给人一种你投入其中并十分专注的感觉。

破冰技巧，如何开启对话

在面对面社交中选择合适的话题无比重要。我会避免讲笑话，很大程度上是因为我非常不擅于讲笑话，以及这确实有冒犯别人的风险。此外，我知道的大多数笑话都……这么说吧，都不太适合专业人士。

但是你仍然需要掌握破冰技巧，即让自己能够加入讨论的办法。我的破冰技巧之一是讲一个我在工作中遇到的，其他人可能与之有共鸣的小趣事。我会准备好这些小趣事，甚至通过讲给我的朋友们听来练习。我会试着准备一些我在某件事上失败的故事，并确保包含我从当时的情况中学到的东西。当别人在谈话中与我分享这样的失败故事时，我会觉得他们更有人情味，所以我想尝试在自己身上用这种方法。当我在数据库管理部门工作，周围是一群数据库管理员时，我可能会讲这样一个故事。

你刚才提到了优化。我在一家房地产公司工作过一段时间，它有一个巨大的数据库，里面有所有的房产挂牌。我说的是遍布全世界数以百万计的该公司挂牌过的每一处房产。在设计数据库表时，我决定完全规范化这些信息。但事实证明地址真的很复杂，对吧？地址中有街道号码和街道名字，街道名字里有方向前缀，比如北或南，还可能还有方向后缀；有道路的称号，比如“路”或“大道”之类的。最后我弄出了 11 个字段！（此时人们的眼睛有点睁大了，他们在期待这个故事的发展。）所以，我每次进行地址查询都必须关联查询 9 个表，因为我规范化了指南针方向、“街道”和“大道”的称号列表，以及其他的一切。数据库的查询性能太糟糕了，但就是在那时我学到了数据库反规范化。（这时我会努力表现出一副不好意思的样子。）

如果你刚开始进行面对面的人际交往，并且你的性格偏静，那么在谈话中安静一点也是可以的。但在此期间，你要研究其他人是如何进行社交的。观察这些可以帮助你了解适合这个场合的

交际方式，让你在下一次聚会中表现得更加积极。

名片

如果情况允许，请在自我介绍时交换名片。但是，无论你是否与人交谈，都不要去给你看到的每个人发名片。这种行为像是营销，而不是人际交往。如果有人讲了什么你想之后跟进的事情，问问是否可以在他们的名片背面记个笔记。这样，对方会认为你在积极地记住他们告诉你的内容，而不是在刻意地涂污他们的名片。

3.5.2 在领英上交往的技巧

对于专业人士来说，领英可能是最好的社交媒体之一，所以相比 Facebook 和 Twitter 我会单独强调它，但以下这些技巧也适用于其他社交媒体。

- 我尽量不接受任何我不愿意直接聊天的人发来的联系申请。这就好像是在说“嘿，欢迎你来我的办公室，但我要一直无视你”。这并不是我希望我的品牌给人留下的印象。如果我发现对方喜欢发送垃圾信息，就会简单地回复：“这不是我使用领英的方式，虽然我感谢你花费了时间，但我希望你停止这种行为。”然后我会删除该联系人或采取其他适当的行动。但是在接受联系时，我总会尝试对对方的意图做出积极的假设，并且总是会回复对方的每条消息。
- 我会同时用 Twitter 和领英推广我在社区中所做和所见之事：某本新书、某篇博客文章、某个播客节目、我觉得有意思的专题大会、我一直在使用的代码项目等。通过这种方式，我不仅推广了自己的也宣传了他人的作品，因为增加他人的曝光度，是我希望自己的品牌能具有的一项特点。正如我之前提到的，我倾向于回避个人的事情，使我发布的内容保持对业务的专注。
- 当我联系其他人时，除非对方是我现有的同事或共事者，我都会附上一小段文字，让他们知道我为什么发出联系申请。内容可以简单如“我一直在阅读你的博客文章，非常希望能和你保持职业上的联系”，但要能明确传达我的意图。
- 在评论别人的帖子时，我的规则是，如果没有好话要说，那就什么也别说，除非对方明确要求你给出完整的反馈。这个世上愿意打击别人的人已经够多了，我认为没必要再多我一个。

记住，你在互联网上做的一切都会成为你的品牌的一部分。你可以在之后对相关记录进行删除，但很有可能这些内容已经被人收集和存档了。可以说，互联网是有“记忆”的。

3.6 成为自信的社交者

当你找到了你的社交团体或活动，加入了一个不管是线上的还是面对面的小组时，你会做什么事、讲什么话？并不是每个人都能自如地与陌生人交谈。以下一些技巧能让你成为更自信、更有成效的社交者。

- 确保你了解自己的品牌定位，并能意识到你的每一次互动都代表着这个品牌。如果人们看到你在某个场合是乐于助人的技术社区中的积极分子，在另一个场合又是搬弄是非的八卦者，他们不会对你产生好印象，也不会想进入你的人际关系网。
- 准备一个简洁的自我介绍。你要能够用几句话准确地描述你是谁、你在做什么。如果你正在积极寻找新工作，则要确保你能简洁地描述出自己的求职意向。
- 让自己能坦然地走向陌生人（比如在专题大会或用户组见面会上）做自我介绍。你要能足够自信地说出："嗨！我是唐，我做了很多 PowerShell 相关的工作，你是做什么的？"这样的话，这是一个开启对话的简单方法。
- 如果你是一个内向的人，你可能得强迫自己进行面对面社交。在能建立人际关系网时，你要努力保持充沛的精力，并做好社交后会筋疲力尽的准备。最终你会发现，这种努力是值得的。
- 多提问题。对于那些不仅仅会谈论自己而且对其他人和组织也展现出兴趣的人，人们往往能更迅速地与他们建立关系，并且交往得更深入。人际交往是一种获取信息的好途径，你可以提以下问题。
  - 在你们公司工作是什么感觉？
  - 要做你这个工作需要具备什么资质？
  - 在这之前你是做什么工作的？
  - 你现在有特定的职业目标吗？
- 在别人向你介绍自己时，重复一下对方的名字（"很高兴认识你，贾森！"）。要专心复述对方的名字，但不要让这仅仅成为一个习惯性行为。这样做的目的是让你的大脑注意到这个人的名字和面孔，为这二者建立关联。然后在紧接着的对话中多次提及对方的名字（"贾森，和我说说你是做什么的"），进一步在大脑中巩固对方的名字。这项技巧可以帮助你记住别人的名字——人们总是对能记住自己名字的人印象良好。
- 多留心收集名片而不是分发名片。与某人交谈后，在卡片的背面做一些笔记，写下你们谈论的内容。活动结束后，给你结识的每一个人发一封简短的私人邮件，对与他们的谈话表示感谢，并告诉他们你期待下次的会面。

- *主动提供帮助*。让别人对你产生好感的最佳方式就是帮助他们。如果他们遇到了技术上的问题，可以邀请他们之后在线上一起解决，或者提议当场拿台笔记本电脑看一看。如果他们正在找工作，你可以主动提出一起浏览招聘启事。想办法帮助别人，之后他们几乎总是愿意帮助你的。
- *最后——很重要的一件事——确保你有保持联系的计划*。如果你在特定领域结识了新朋友，何不尝试每月组织一次用户组电话会议，让每个人都可以讨论他们在做什么、分享问题并提供解决方案。你应创造机会，以一种有意义且有助于人的方式重新建立起彼此间的联系。你可以加入你的联系人参与的开源项目，并做出自己的贡献，即使是代码检查和文档校对也会很有帮助。

3.7 练习建议

在阅读完本章后，我希望你制订一个人际交往计划。

- 首先为自己设定一些每月的社交目标，比如“每个月认识 3 个新朋友”或“参加一次面对面的活动并建立 5 个高质量的新关系”。要重视质量胜于数量。不要忘记你的目标中也该包括维系现有的人际关系网。
- 评估你已经在参与的社交活动。你是如何开始的？这些活动对你实现目标起到了多大的作用？你打算以同样的形式继续参与社交活动，还是做出改变？
- 识别出一些你可以尝试的新的社交活动，同时着眼于实现你的人际交往目标。大多数新的社交活动需要持续参与 3 ~ 6 个月的时间才能准确评估其效果。

第 4 章　成为技术社区的一分子

我几乎可以保证，学完前几章的内容后，你一定已经是技术社区的受益者了。无论是 Stack Overflow 上别人对你问题的回答，还是一篇教给你新技巧的博客文章，或是一段终于解开了你对某项技术的困惑的视频，技术社区给我们提供了许多帮助。但要想拥有真正成功的技术职业生涯，你要做的不仅仅是吸收技术社区提供的东西，你还必须成为技术社区的一分子。

4.1　技术社区对你的职业生涯的价值

当我使用“技术社区”这个词时，我指的是聚集在共享空间中的一群人（通常分布在全球各地），这些共享空间既有现实中的，也有网络上的。共享空间中的成员可以共享信息、发展职业上的关系、相互给予支持。许多技术社区你都很难发现，因为他们没有创建专门的“关于我们”网站。相反，他们大多只短期存在，活动遍布众多线上和面对面论坛。

回顾一下我职业生涯的大部分时间都参与的技术社区：PowerShell。多年来，微软创建的这项技术已经发展出了一大批追随者。你可以在很多地方看到这个技术社区的踪迹，比如 Twitter（搜索“#PowerShell”）、PowerShell 和 PowerShell Magazine 等网站、数百位个人贡献者的博客、PowerShell 峰会等，以及众多每月在线上和线下见面的用户组中。虽然这个技术社区没有中心枢纽，但如果你环顾各种场所，就会开始注意到许多熟悉的面孔。如亚当・德里斯科尔、米西・雅努兹科、克丽茜・勒迈尔、詹姆斯・佩蒂、迈克・卡纳科斯、杰弗里・希克斯、扬・埃伊尔・林、托比亚斯・韦尔特纳、贾森・赫尔米克等名字会在许多地方出现。他们经常是发布有关该技术的新闻、宣布用户组会议、在问答论坛上回答问题或者在会议上发言的那群人。一个巨大的、几乎看不见的人群聚集在这些常见的名字周围。如果你进入 PowerShell 网站的问答论坛，就会看到马特·布卢姆菲尔德、道格·莫勒、gorkkit、kvprasoon 等名字和代号，还会看到迈克·罗宾斯、凯文·马凯特和乔纳森·梅德等人的博客文章链接。

这些人之中很少有人会认为自己是技术社区的领袖，但他们确实是。他们会向他人提供帮助、花时间组织用户组见面会、自愿举办专题大会，以及拍摄可以免费观看的视频。

PowerShell 社区里的几乎每个名字都起步于同样的地方：在问答论坛上提问、首次阅读技术社区的博客文章，或者首次观看技术社区的视频。他们中的大多数人来到了一个已经存在的技术社区并开始参与其中——通常作为信息的消费者，从技术社区提供的东西中获益。随着时间的推移，这些如今的名人们决心尝试回馈技术社区。除了提问，他们也开始回答问题，开始发表自己的博客文章，开始自愿组织专题大会、用户组见面会、线上聚会。他们得益于技术社区的帮助，从中获得了启发，因此想要回馈。

在回馈技术社区的过程中，他们几乎都极大地推动了自己的职业生涯向前发展。有些人现在为微软的 PowerShell 团队工作，因为他们对技术社区的贡献引起了微软的注意。其他人则获得了晋升或新工作，因为他们找到了欣赏自己又有能力帮助自己的雇主。最重要的是，这个技术社区中的每个人，仅仅通过选择参与进来帮助他人，就建立了一个令人难以置信的人际关系网。这些人际关系网以难以描述的方式支持和发展了他们的职业生涯。我想他们中的大多数人，如果需要一份工作，只需发一条推特，就能在几天内收到推荐，甚至是录用通知。

技术社区与人际关系网

技术社区和人际关系网的理念和目的有很多重叠之处，思考它们的不同之处和各自的用途可能会有所帮助。

技术社区是你参与的一个团体。你吸取来自技术社区的信息，在理想情况下再提供新信息给技术社区，这些信息可以是对代码的检查、对问题的回答和教学活动等。你也许不认识技术社区中的每一个人，因为他们中的一些人可能还在被动地获取信息，仍在成为贡献者的路上。技术社区一般对公众可见，任何人都可以进入并参与其中。

人际关系网是你为自己培养的一个较小的群体。群体中的每个人都是你认识的、可能和你有很多共同职业目标的人。他们是在更加个人的层面上相互依赖的人，如工作推荐或职业建议等方面。外人可能很难察觉你的人际关系网，毕竟人际关系网不如技术社区那么显眼。

技术社区无处不在，时刻存在于你能想到的每一项技术中。它们也存在于技术之外的事物上，比如大家共同关心的多样性、职业发展和其他相近的话题。你可能已经在与技术社区中互动了，只是没有意识到在问答网站上你提出的问题下面那个给出答案的人其实是一个更大的组织的一部分，而你也可以加入其中。

让我们诚实地面对这个行业：供应商和开源项目在源源不断地推出新技术，几乎没有人能跟上。大多数时候，我们能赶上技术更新步伐的唯一途径，就是与同自己相似的一群人互帮互助。我们在谷歌上搜索，在问答网站上发布问题，希望自己参加不了的大会能被录下来，以便我们在需要的时候能从中获取到相关信息。如果没有技术社区——没有*彼此*——我们大多数时候都会像在小溪中划船但没有桨一样陷入困境。

你可以简单地使用技术社区的产出：只做被动的参与者，阅读别人的答案、观看别人的视频，或者潜伏在虚拟的用户组见面会中。但在自然界中，有一个词用来形容这种行为：*寄生*。显然，这个词有很多负面的含义，把自己想象成“寄生虫”是让人很不愉快的。幸运的是，在技术社区，你有一种简单的方法改变他人对自己的这种看法——*做出贡献*。

4.2　是的，你可以做出贡献

我一直在进行这种有关“做出贡献”的对话，多年来，我可能已经和成千上万的技术人员谈论过这个话题。人们主要有以下两类近乎下意识的反应。

- “我真的没有什么可以贡献的，我才刚刚开始学习。”
- “我真的没有空闲时间来做贡献。”

这两种态度，如果你碰巧也有，都是对你自身的侮辱。首先，你可能没有考虑到有价值的贡献有多种形式。也许你获益于别人的博客文章，却无法想象自己成为一个博主。也许你从技术社区运营的专题大会中收获良多，却无法想象自己为什么会想或者该如何运营大会。请拓宽你的视野，仅仅因为你不能以一种曾经对你有价值的方式做出贡献，并不意味着你不能以一种对别人有价值的方式做出贡献。

其次，你可能会有一点“冒充者综合征”（Imposter Syndrome），这种感觉会让你觉得自己是整个屋子里最没有能力的人，一旦你引起了别人的注意，其他人就会发现这一点。然而，对于技术社区而言，任何人都是有能力的。也许你刚刚弄清如何用某种技术完成某件事，为什么不写篇博客文章讲讲呢？即使已经有 100 个人这样做了也没关系。你的视角是独特、有价值的，可能会帮助处于类似情况的其他人。你的贡献不必让你钦佩的人印象深刻，只需要对某些人有价值就行。总有比你经验少一点的人可以从你的贡献中获益。

最后，你确实有时间做出贡献。如果你有时间使用别人的贡献成果，你就得花时间帮助其他人，把这份善意传递出去。几乎 100%的技术社区都建立在志愿者的支持下，他们利用自己的空闲时间来帮助你。为了他们，你应当回过头去帮助别人。如果你真的去考虑了可以做出贡献的方式，我相信你总会找到你能做的事情。

所以请接受以下事实：你应该做出贡献，你的贡献是被需要的、有价值的，你可以抽出时间回报这个可能已经给你提供了很多帮助的技术社区。

4.3 做出贡献和参与的方法

我通常不爱写长长的列表（我怀疑本书的编辑们也会斜眼嫌弃我这次写的列表）。但这一回，我想通过列表传达的是，有非常多的方法可以让你为自己所在的技术社区做出贡献。有些方法是显而易见的，但我也提到了一些不太常见的方法，它们都是必要且有价值的。

请花时间浏览整个列表。这些内容都是能帮助你拓宽对技术社区和做出贡献的理解。

- 博客。即使是关于你如何解决问题的短篇文章也大有用处。你还没有自己的博客？许多平台都可以免费快捷地开通博客，但你也可以寻找能让成员发表博客的社区网站，这样就能让你和你的博客文章可能帮助到的人保持更紧密的联系。
- 视频。关于如何完成某种任务的简短演示总是很有用处的。YouTube 和 Vimeo 都是很受欢迎的视频平台，你可以利用社交媒体的影响力来吸引人们关注你的成果。
- 用户组。协助组织用户组，寻找演讲嘉宾，并进行宣传。
- 问答平台。找到一两个适合你的技术社区，然后加入。即便你不是第一个回答问题的人，你也可以给别人的回答增添更多的视角、选项和解释。
- 翻译。帮忙翻译博客、视频等都能给那些不会说博客或视频中原本语言的人带来好处。如果你会说另一种语言，你可以联系该博客或视频的作者，询问是否可以将他们的文章或视频等翻译成另一种语言，扩大他们的读者范围。
- 开源项目。提交代码是显而易见的做出贡献的方法，却不是唯一的方法。大多数项目都急需你做出以下贡献。
  - 进行文档更新和修复。
  - 进行单元测试。
  - 进行本地化处理。
  - 进行议题（issue）处理。

- 进行拉取请求（pull request）审查。

- 播客。还没有准备好运营自己的播客？那就找一个你很喜欢的播客，询问主播是否需要帮助，比如帮忙安排嘉宾或记录播放笔记。
- 专题大会。你也许不需要启动一个专题大会，但是可以去一个现有的专题大会中当志愿者。专题大会通常需要勤杂员、登记员、座谈小组协调员等多种类型的志愿者。
- 书籍。如果你愿意，你可以写书，但你也可以通过校对、翻译、核查事实和处理其他任务来做出贡献。
- 传播消息。PowerShell 网站上最受欢迎的一个功能是每周的“万一你错过了”摘要，摘要的作者们整理出了本周值得关注的帖子。这有助于让其他人的声音被更多人听到，并将社区成员与新人、新贡献联系起来。你可以利用你的社交媒体影响力（即便不是很大）、你的博客和你参与的任何团体来帮助传播消息。

有一年，我在 PowerShell 峰会上主持一个小组会议。那周早些时候，我们举办了一场名为“钢铁编码者”（Iron Scripter）的编码大赛，在小组会议期间，一位与会者建议将编码大赛设为年度活动：“我们可以组织区域活动，让更多人参与进来。也许区域赛事的获胜者们可以获得下一场峰会的打折门票，甚至是赞助他们去参加决赛的路费。”

“听起来太棒了，”我热情地说，“就由你负责了。”

社区成员可以一起做很多事情来建立职业上的联系、提高技能、互相帮助。但除非有人出来做这些事情，否则这些事情永远不会发生。不要环顾四周，指望别人做些什么让你获益。站起身来，自己动手，造福他人，也造福自己。

4.4 参与技术社区的礼节

就像人际交往一样，参与技术社区也有着一套通用的且你应该努力遵循的礼节。这有助于你塑造一个积极的品牌，能帮助你成为技术社区中更有价值的一员。

4.4.1 在问答网站上

问答网站是一种特殊的社交媒体。如果你使用过问答网站，我相信你已经看到过非常积极和非常消极的行为例子。我创办 PowerShell 网站，很大程度上是因为我在许多其他问答网站上看到了大量的消极行为，我想为在这个领域工作的人们提供更好的体验。请注意，你在问答网站上的行为很大程度上也是你的品牌的一部分，你要以能为你的品牌带来积极效应的方式行事。

- 不要做只问不答的人。即使别人已经正确地回答了问题，你也可以添加扩展性说明、替代方法等，这样你也做出了贡献。
- 不要用轻蔑或侮辱性的话来回复问题，比如“你有在搜索引擎上搜过吗？”。你应该对别人的意图抱有积极的假设，假设提问的人确实尝试过，但没有得到需要的答案。如果你不能或不想给出答案，那就什么也别说。
- 不要做出不专业的消极行为。你应该表现得像在办公室和你正在打字交流的人共处一室一样。“这是一个愚蠢的回答”这种话在现实生活中和网络上都是不被接受的。若要表达不同观点，更专业的方式应该是“我不同意这个回答的某些部分，让我试着解释一下为什么”。
- 确保你的回答尽可能完整。如有必要，你可以帮发帖人解决后续问题。如果合适，你还可以提供文档或其他资源的链接。成为解决方案的提供者，是任何一个人都值得努力实现的目标。

4.4.2　在开源项目中

参与开源项目是融入技术社区、展示积极的品牌，以及打造真正影响力的绝佳方法。你只需记住以下规则。

- 大多数项目都会有文档说明如何参与项目，请遵守规则。
- 当你发布议题、回答问题以及在项目中开展其他活动时，请参考 4.4.1 小节给出的参与问答网站的提示。
- 在发布议题时，确保你提供了项目维护者要求的所有信息，包括重现步骤、屏幕截图、示例代码，或者其他任何他们认为有用的信息。在发布之前仔细研究过去的议题，弄清你遇到的情况是否已经出现过并被解决了。
- 在贡献代码时，确保你已花时间了解和遵循任何现有的命名规则、编码模式或项目遵循的其他实践——既有文档明确要求的，也有从现有代码中推断出来的。通过彻底测试你的代码、适当编写单元测试、做一名优秀的开发人员来使运维人员工作起来更轻松。

4.5　练习建议

在本章中，我希望你能回顾你已经接触过的技术社区。它们可能是问答网站、博客或其他网站，甚至可能是用户组见面会或专题大会等面对面的会议。请你基于参与这些技术社区的经历，思考以下内容。

- 这些技术社区的领导者是谁？有没有一些广受关注的个人，他们的贡献或参与是否让你印象深刻？他们做的哪些事情你可能也会考虑去做？
- 人们从这些技术社区中获得了什么价值、教育、帮助以及社交机会？
- 你可以从哪些地方开始立即做出贡献？不要摊开双手说："已经有人在做这些事了，我没什么可贡献的。"你知道你可以。
- 为自己制定一个贡献计划表，并遵循它。坚持定期参与技术社区，不一定是每天，但如果你真的在为自己的职业生涯考虑，那么至少应该每个月参与几次。

第 5 章　保持技能的新鲜度和相关性

我们都知道，技术世界处于不断的发展和变化之中，你可能也意识到你职业生涯中的技能需要跟上这种变化。这意味着你不仅要跟随技术的发展不断更新你工作中用到的技能，还要跟上能影响你职业生涯的相关新技术的发展速度。

5.1　新鲜度与相关性

我努力从职业生涯的角度来思考我的技能，而不仅仅着眼于我现在的工作。也就是说，虽然我的雇主显然要求我具备某些具有新鲜度或者跟上时代发展步伐的技能，但我的职业生涯可能需要一套不同且往往容纳量更大的技能集，以保持我与市场的相关性。

我最开始任职的技术岗位是一家公司的 IBM AS /400 中型机（现在称为 IBM iSeries）的系统操作员。我需要不断地发展和更新一些与工作相关的技能：OS/400 命令语言、IBM 对计算机操作系统所做的各种持续更改，以及偶尔的硬件更新。我的雇主负责通过送我去上课、给我买书来帮助我保持这些技能的新鲜度。

然而，对于更广泛地以操作计算机为生的人而言，AS/400 是一条死胡同，这个领域没有增长空间，人们不再买新的 AS/400 了。事实上，几乎完全依赖于 AS/400 最终会被证明是公司的竞争劣势，因为新的竞争对手使用了更新的技术，以更低的成本获得了更大的竞争力。我当初也许可以在我的雇主那里勉强维持 40 年的职业生涯，除了操作那台老式的 AS/400，什么也不做，但我也无法通过跳槽来提升收入，因为在 AS/400 领域中的工作机会相对较少。实际情况是，我的雇主最终被其竞争对手收购，AS/400 也最终退役。这对我来说太可怕了。若只有那一项在市场上几乎没有相关性的技能，我一定会饱受压力，为了找到新工作不得不迅速学习新的、与市场更相关的技能。

所以职业生涯技能的第一条轴线就是保持你现有的、雇主要求的技能集的新鲜度，第二条轴线是确保能维持你职业生涯技能集的相关性。你的职业生涯技能集往往要大于你的雇主所要求的技能集，而且可能需要你投入大量的个人时间和金钱来维持。尽管你的雇主有权坚持使用某些特定的技术，即便这会在某个时候损害公司的竞争优势，但你需要确保的是，在这个竞争激烈、不断变化的技术市场中，你的职业生涯技能集能保持相关性。

我将我的职业生涯技能分为以下 4 类，如图 5-1 所示。

- 工作安全的技能是指那些新鲜的技能，这意味着我能保住当前的工作，但它们可能与业界其他部分并不完全相关。这些是我在维持模式下可能拥有的技能，意思是我已掌握了足够新鲜的技能，可以保住我的工作，但我不会继续投资这些技能了。
- 职业安全的技能是与行业非常相关的技能，但我对这些技能的新鲜度的保持情况可能不足以令我获得相关工作，而且我目前的工作可能也不需要这些技能。这些是我不会去主动关注的技能，尽管我会尽量确保自己知道如何在需要的时候快速上手。
- 危险区的技能既不够新鲜，无法帮助我保住现有的工作，也与这个行业缺乏相关性。我需要学习这些技能，但可能只会到我工作所需的程度。对于这些技能，我不需要拥有超过我工作需要的熟练度。
- 快乐区的技能具备较强的行业相关性，而且足够新鲜。这些技能是理想的技能，因为我可以在当前的工作中用到它们，如果有需要，也可以在其他工作中使用它们。

图 5-2 展示了我对图 5-1 的填写情况。

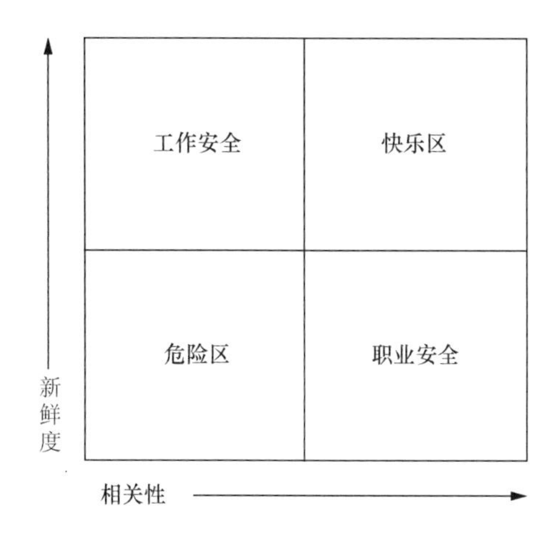

图 5-1 划分你的职业生涯技能

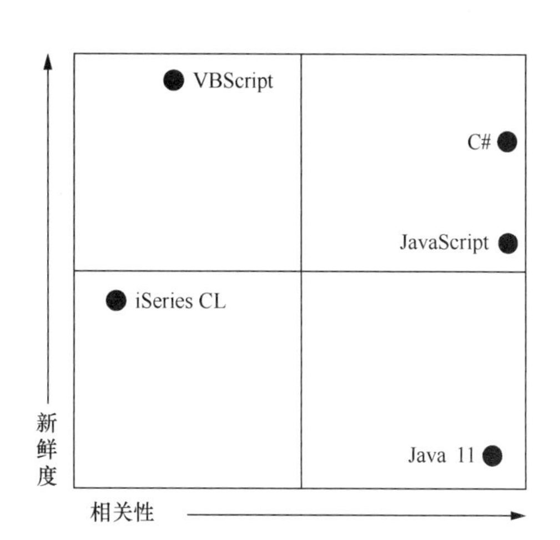

图 5-2 我的职业技能分布情况

这对我的学习计划有以下指导意义。

- 我很擅长 VBScript，但它缺乏相关性，所以我不会花太多时间继续学习它。
- iSeries CL 也缺乏相关性，而且我也没跟上它的发展速度。如果我现在的工作需要我对这项技能有更多了解，我会去学习；否则我不会关注它。
- C#和 JavaScript 的相关性较强，而我也还算跟上了它们的发展速度。这些技能可能帮我找到新工作。即使我目前的工作不需要它们，我也想要保持对这些技能的熟练度，也许我可以用业余时间参与技术社区中的相关项目。
- Java 11 是一项相关性很强但我知之甚少的技能。也许 Java 11 不是我真正想掌握的技能，但它也许能使我的职业生涯得到发展，我需要仔细考虑后再做决定。

让我的雇主要求的技能保持新鲜度一直很容易。世界上有各种各样的培训平台（我将在本章稍后介绍其中一些），我可以在这些平台上练习我的雇主和我都认为有助于完成工作的任何一种技能。通常情况下，我的雇主会花钱让我的这些技能保持新鲜度。

而保持职业生涯技能的相关性会很难。因为你很难确定什么是相关的，而这也是我接下来想要谈的。

5.2 确定什么是相关的

为了使你的职业生涯以及你自己，在更广阔的全球市场中保持相关性，你需要具备哪些技能？由于你掌握着你的职业生涯，也由于你的职业生涯只是为了带你走向成功，因此只有你能决定相关的含义。在这个过程中，首先你要了解自己为雇主解决了什么问题：你是否维护网络？编写专用桌面应用程序？创建 Web 应用程序？维持服务器的正常运行？无论你的解决方案属于哪个宽泛领域，这就是你需要专注的方向。如今，我们中很少有人能真正精通所有行业，所以你得将注意力集中在你所要解决的宽泛领域中。

你完全可以更换领域 我并不是说，比如，网络工程师永远不能成为软件开发人员。这绝对是可以的。但这时你就是在更换领域了，这会在很多方面改变着你的职业生涯。这是一项重大的决定，我在本章中不会谈及相关过程。

在确定你所处的宽泛领域后，你就要开始关注这个领域的市场趋势，如雇主们都招聘懂哪些技能的人？

回答这个问题的一个方法就是依靠你的人际关系网，和其他公司的同僚们聊一聊肯定能帮你对行业里正在发生的事情有更深入的了解。

我还通过浏览全国甚至世界各地的招聘启事来获取资讯。我使用过各种各样的招聘网站（越多越好），这样我就能尽可能获得最广阔的视角。但我尽量不让自己被闪亮的新潮流过度影响。例如，谷歌发布了一个 JavaScript 编程框架，并不意味着我就必须学习它。相反，我会观察这种新技术在市场上的占有率如何。当我看到很多公司开始在招聘启事中要求这项技能时，我就知道我需要跟上进度了。

我寻找的不是新颖夺目的技能，而是在招聘启事中反复出现的技能。如果很多公司都在招聘拥有某项技能的人才，那么根据定义，这项技能就与当前市场相关。说实话，我的方法可能会让我有点落后，因为我是在等待雇主需要一项技能，而不是预测我认为他们会需要什么技能。但是我的方法能够将所有我必须学的东西限制在一个合理范围内，从而可能促进我的职业生涯的发展。

5.2.1 熟练，但不必是专家

我认为你要认识到，你不需要具备你所在领域的公司所要求具备的每一项技能，这一点很重要。首先，从这些技能中选择一个合适的子集是完全合理的。其次，你只需要基本熟练你所选的技能，以及拥有强大的学习能力。

我喜欢在广度和深度的连续体上可视化我的每项技能，以确定我已知什么和还需知道什么。这种方法与马克·理查兹和尼尔·福特创造的知识金字塔一致。他们的知识金字塔已在技术领域为人熟知，如图 5-3 所示。

其理念是，在任何给定的技能中，都会有你知道如何做的所有事情——你拥有的技能。这就是你在这项技能上的深度。对于某些技能，你的技能深度会占据金字塔的一大块；对于另一些技能，这一块可能更接近于一个小薄片。关于一项技能通常会有更大一块你知道其存在但没有信心去做的事情，这些事情代表了你的技能广度，或者假以时日你可以熟练掌握的领域。此外，还有一块你甚至不知道你不知道的事情——这项技能中超出了你想象的事情。对于你熟练掌握的技能，这一块区域可能会非常小。此处我的目标如下。

- 确定我需要深度掌握哪些技能才能获得或保住一份工作。
- 确定我需要了解这项技能的哪些部分才能获得或保住一份工作。
- 学习我在上两个目标中确定的技能及技能要素。在学习的过程中，我会了解到很多知识和技能，它们对应第二层“你知道其存在但没有信心去做的事情”，我可以把这些作为未来的学习目标，从而使自己更加熟练地掌握这些技能。

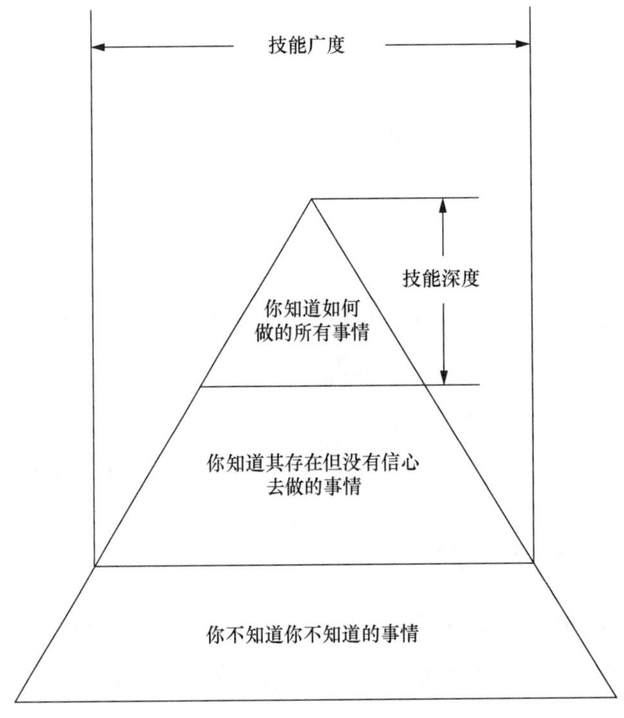

图 5-3 知识金字塔

第 2 个目标是最难实现的。具体来说，我要确定我需要知道关于 JavaScript、PowerShell 或微服务的什么知识才能去做某份工作？解决这个问题的一种方法是使用行业基准。认证证书、纳米学位和其他类型的外部衡量标准可以帮我确定重点所在。技术行业的某些细分领域（如 IT 运维）有大量证书可作为认证基准；其他领域（如开发）的证书少些，但如果你四处搜寻一下，也能发现许多类似的认证基准。一些培训公司提供评估服务，比如 Pluralsight 的 Skill IQ，还有一些则提供纳米学位。

另一种评估技能熟练度的方法是检查你在金字塔的“你知道如何做的所有事情”这块的知识水平。每个人都有其擅长的技能，也有掌握得一般的技能。这种评估技能熟练度的方法有时被称为 T 形技能集，如图 5-4 所示。

T 形图是另一种看待知识金字塔的方式，只不过你评估的是多项技能而不是一项技能。“你知道如何做的所有事情”，是我掌握得较熟练的技能（如图 5-4 中的 Windows），它们对应了 T 形图中较长的条形区域。综合考虑所有我至少了解一点的技能，就能获得我的技能广度，由图 5-4 中所有的条形区域来表示。如有需要，我可以增加任何一个较不熟练的技能（如 Linux 和 iSeries）的深度。此时职业生涯技能分布图就能派上用场了：我想集中精力学习我目前掌握得较不熟练的技能以及与市场相关性较高的技能。

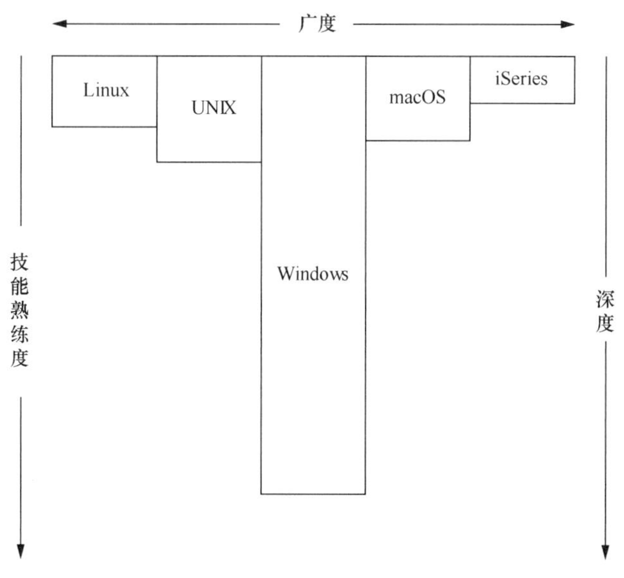

图 5-4 我的技能广度和深度的 T 形图

5.2.2 学习精力应该集中在哪里

当你思考过自己擅长的技能和不擅长的技能，也研究过哪些技能是与市场相关的或是你工作需要的，你就能初步了解应该把学习精力集中在哪里了。

根据你的工作角色，你也可以把部分或全部学习精力集中在与行业普遍相关的话题上。首先要选择一个你希望保持相关性的合理技能子集。这可能很困难，因为任何技术领域都有一系列竞争选项。以下是各个领域的一些示例。

- 软件开发人员——编程语言包括 Java、C#、JavaScript、Python、PHP 等数百种。
- 系统管理员——操作系统包括 Windows、Linux、UNIX，以及老一些的大型机和中型机的操作系统。
- 网络工程师——品牌包括思科（Cisco）、瞻博（Juniper）、阿鲁巴（Aruba）等。
- 数据库管理员——数据库系统包括 Microsoft SQL Server、Oracle、MySQL、PostgreSQL 等多种。

所有这些技能都很重要，也很流行，你会发现很多雇主都在招聘懂其中任何一项的人。那么你该如何选择？你必须成为所有这些方面的专家吗？

为了确定我的合理技能集，我会首先根据市场占有率判断一种语言、系统或品牌的流行程度。这项任务简单到我只需在网上搜索诸如“网络供应商市场份额”或“思科市场份额”，然后将研究重点放在市场上最有竞争力的一两个上。这种方法有以下两个好处。

- 掌握最有竞争力的技能可帮助我获得并保住工作。
- 如果我非常熟悉最有竞争力的技能，那么如有需要，低级别的技能也不难学。

当我确定了目标技能后，我会提醒自己不需要成为这方面的世界级专家。我只需对这项技能的核心内容有基本了解，以及对我的“学习肌肉”帮助我快速学习充满信心。

对我来说，基本了解通常意味着我可以在 40 ~ 80 小时的技术指导中达到的程度。这可能还不足以支撑我找到一份工作，但足以让我在未来的学习中找到正确的方向，并迅速获得更多的知识。假设我每周安排 3 个晚上，每晚花两三个小时学习，我就可以在几个月的时间里积累 60 小时的学习时间。对我来说，这是对获得合理的技能和知识回报而进行的合理的时间投资。

只以基本了解为目标有一个好处：任何技能的基础知识往往变化最慢，这意味着我对达到这一水平的学习投资会有更长的有效时间，让我能更容易地保持对基础知识的新鲜度，并给我留下了足够的时间将其他主题探索到同样的知识水平。正如我之前指出的，我这种仅仅达到基本了解水平的做法，依靠的是我对自己的“学习肌肉”的信心。

5.3 锻炼出强壮的“学习肌肉”

每个人都熟悉锻炼肌肉的基本过程：你得一直每天锻炼这些肌肉。人们有时会谈到终身学习者，但我更喜欢把自己看作一个日常学习者。大脑的学习能力以及快速学习的能力，是可以训练和发展的，而实现这一点的方法和增强心肺功能的方法是一样的：适度的日常锻炼。

我每天都会安排时间学习，通常是在午餐时间，因为我喜欢阅读，这段时间对我来说是阅读的好时机——也是我从工作中休息片刻思考其他事情的好时机。但有时，我会把学习时间安排在长途驾驶的途中，我可以听播客或培训视频的音频。我很少把学习时间安排在晚上，因为我清楚自己在晚上不太能记住信息。

我学到了什么？令人惊讶的是，并不总是技能。有时，我读到一篇新闻，然后就如掉进了兔子洞一样克服障碍层层并深入。比如，我喜欢读有关美国最高法院案件的内容。但我不是律师，文章中经常引用我不熟悉的法律法规和案例，所以我会去学习。我会在谷歌上查询相关的法律法规，浏览简讯和其他简短的文档。我还会在谷歌上搜索过往案例并阅读相关文章。很快我就能学到一些东西，并且只花了一个小时左右的时间。

如果你想要增强心肺功能，无论你是在跑步、散步、击打拳击袋、游泳，还是在从事其他活动，只要你在锻炼，它就会慢慢增强。学习也是如此，你的大脑不一定关心你在学什么，只在乎你运用到了它的学习机制。我并不会总试图专注于学习新的技能，因为我工作时整天都在做这件事，偶尔换换思维方式也不错，但是我每天都在学习一些新的东西。

这样的学习给了我信心，我相信自己可以在需要的时候学会新的技能，或者迅速提高特定技能的水平。我曾经在几个小时内自学了足够的 Python 知识来解决工作中的一个重大问题，而我之前从未在工作中使用过 Python。由于 Python 和我的工作领域相关，我对它有一点了解，然后依靠我的"学习肌肉"来获得我所需的其余知识。我用同样的方法，学习过 JavaScript、C#、PHP、Linux、PowerShell、Windows、SQL Server、MySQL、Cosmos DB 等几十种其他技能。

我强壮的"学习肌肉"意味着我有信心对我所在领域的关键技能、在市场上较先进的技能只进行基本了解，因为我知道我可以在需要的时候快速学到更多。

5.4 学习媒体

我们都熟悉技术世界的"经典"学习媒体：讲师指导的课程、自定步调的视频，以及书籍。这些学习媒体都是有效的，你绝对应该在适当的时候使用它们。但我不想让你忽视其他奇妙的学习媒体，尤其是当你是在为与时俱进，而不是从头开始掌握一项新技能而学习时。

供应商文档是我的替代学习资源列表中的首项。我知道业内这类文档的质量参差不齐，但能从这类文档中学习是一项非常重要的技能。如果你能访问原始材料，消化它并从中构建出新的知识，那么你将受益匪浅。

我也会使用互联网，通常都是为了宽泛地了解新技能、新特性或新方法。当我试图对某种东西的作用及其作用方式有一个基本了解时，我会从搜索引擎开始。我会打开大量的博客文章、维基百科文章和其他内容。我会略读而非细读这些文章，目的是找到那些在适合我的层次上解释这个主题的文章，弄清哪些是我已经知道的内容，以及确认我想要对这个主题了解到何种程度。

社交媒体也可以是一种学习媒体。在 Twitter 或其他平台上建立强大受众群的一个原因是，你可以向很多人寻求建议。如果我想去了解一项技能，但又找不到能满足我需要的阅读材料，我会询问 Twitter 上的朋友们有什么推荐。99%的情况下我都能在一天之内收获十几条很棒的建议，这让我可以在接下来的几周集中学习精力。

我的观点是，所有的学习媒体都有用处。你不需要完全依赖我们都习惯的正规教育模式。如果你的学习目标是基本了解一项技能，而不是精通它，那么你通常都可以通过更多非正式的学习媒体，投入更少的时间，同时依然能学到你想要的知识。

我还要提供另一个提示：人们普遍认为，一些特定的学习媒体能带来最好的学习效果。换句话说，你可能会觉得阅读、观看视频或参加面对面的课程能给你带来最好的学习效果，但这是一种谬见。①人脑对学习媒体没有任何内在的倾向，以使一种学习媒体比另一种学习媒体更有效。任何人的大脑都可以从任何学习媒体中有效地学习，这是个好消息。你可能需要多锻炼你的“学习肌肉”来适应特定的学习媒体，就像如果你从来都不是一个跑步爱好者，你可能需要努力练习后才能去跑马拉松。

5.5 评估你的相关性

要让你的技能保持新鲜度，一个困难之处是你知道你在什么时候已经做得足够多了，从而能保持技能足够新鲜或者具有相关性。记住，你不一定要在每个可能的主题上都成为世界级专家才能保持技能的相关性。

我喜欢将自己的技能归入以下三大类中，这种做法有助于我避免过度投资某些技能。

- *我的工作所需的技能*。这些是我需要投资最多的技能，而且由于这些技能关乎业绩增长，我希望雇主与我共同投资。我的雇主对这些技能的投资只需要达到实现业绩增长需要的程度即可。我和我的雇主可能需要共同确定我的技能何时达到了足够的新鲜度，这也许要借助认证考试、内部或外部技能评估和其他工具来判断。对于不同的技能，我们能依赖的评估工具各不相同，你需要做些研究，找出你所在技术领域里的行业标准。
- *其他人的工作所需的技能*。这些是行业中广泛使用但在我的工作中没有被用到的技能。由于我的雇主不需要这些技能，我不能指望公司给我提供帮助（如果公司愿意且有能力提供那就太好了）。对于我而言，这些技能可能是我需要集中资源进行提升的关键技能，因为在这些领域我存在落后的风险。也就是说，如果其他人都在使用这些技能，而我没有，那么很可能是这个行业的发展方向与我的公司不一致。我可能会因为忽视行业的发展方向而使我掌握的技能失去市场相关性。尽管如此，我也不必精通这些技能，我仅仅需要确保自己在必要的时候能快速达到基本水平。这是一种个人和主观的评估，因为你通常不需要达到认证考试要求的水平。
- *反映行业普遍趋势的技能*。我会跳出自己特定的技术领域，看看其他人在谈论什么——

---

① 《相信学习风格“神话”可能有害》（“Belief in Learning Styles Myth May Be Detrimental”），发表于美国心理学会网站。

不一定是看其他人在做什么，而是去了解他们脑子里在想什么。在我写本书的时候，与量子计算有关的技能可能就属于这一类。对于这些技能，我力图达到电梯演讲水平。也就是说，如果我能在 5 分钟左右的时间里大致、专业地谈一谈这项技能，我认为就已经足够好了。一般我会将这些内容添加到我每季度回顾一次的主题阅读列表中，标记出这些领域的技能是我需要跟上进度的。

5.6 关于终身学习的建议

多年来，我养成了一些极大地帮助了我发展职业生涯的习惯。我在此处分享这些经验，希望能够帮到你。

- 学习需要每天坚持。人脑的工作方式决定了你需要每天都学习新的东西。如此，你才能一直保持强壮的“学习肌肉”，以便在你需要学习的时候更加轻松。
- 可学的不仅仅是技术。我不会总是把日常学习的重点放在技术上。有时我只是需要从学习计算机相关的内容中休息一下。于是我可能会随便找一篇维基百科文章来看，或者继续深究我读到的某个新闻。比如，我会找一个有意思的美国最高法院的判决案例，围绕其合法性展开阅读。这种形式的阅读既引发了我的兴趣，又扩展了我的知识。你也可能一时兴起，阅读另一个领域的内容，比如房地产、艺术史、微生物学或者任何能激发你想象力的内容。
- 规划学习时间。如果你不专门腾出时间学习，那么很容易就不会去学习。你要确认学习能为你的职业生涯增添的价值，并坚持投入时间学习以实现这个价值。请记住，并非所有的学习都该花费工作中的时间——如果你学习的是有益于你职业生涯的东西，你就必须投资自己的业余时间。
- 发展学习伙伴。如果你有交系较好的同事或者共事者，你们可以组建一个学习小组。每周碰一次面，互相教些东西，碰面之前花几天时间学习你打算教给别人的东西。我曾在一个有四五个人的学习小组中这么做过，效果很好。我们会划分一个主题，每人承诺讲授 10 分钟。这种方法让我们每个人专注于一个小领域，并使我们的学习更结构化。此外，将自己的子话题讲授给别人对强化我们从自己的调查中学到的知识也有奇效。
- 不要害怕随机的学习。虽然你应该学会做足够的市场分析来决定你应该学习什么，但也不要害怕随机的学习。我有时会登录 Pluralsight 随机查看一个新发布的课程。它可能根本不属于我所要学习的领域，但这也是一种学习，随机的学习也很重要。

5.7 扩展阅读

- 《专精力：从直觉、兴趣到精通》(*Mastery*)，罗伯特·格林（2013 年由 Penguin Books 出版）。

5.8 练习建议

在本章中，我想要你开始建立保持相关性的个人标准。我希望你从现在起就开展以下活动，并使其成为你日常生活的一部分。

- 为自己制订每日学习计划。留出时间——每天一两个小时就足够了——用于学习。这些时间是一笔投资，它可能需要你放弃别的东西，但这笔投资是值得的。
- 花几周的学习时间来分析你所在的技术领域，列出你在各种招聘启事中看到雇主想要招聘对象具备的重要的、市场领先的技能。这个列表将成为你的学习列表。一开始不要让该列表中有多于 6 项技能，如果超过了 6 项，就把重点放在你发现的市场上最领先的那些技能上面。
- 开始花费时间去基本了解你的学习清单上的技能。在每项技能上投入大约 60 个小时。对于包含 6 项技能的列表，总共要投入 360 小时，相当于 6 个月内每天花费约 2 个小时。不过，不要每天都专注于那些技能，为了使你的"学习肌肉"得到多样化的锻炼，你也要学习一些随机的主题。

第 6 章　以专业人士的身份出现

除了你迄今为止所掌握的精湛的技能，投入日常工作时，你还需要带上另一样东西：专业素养。我们都工作在一个商业环境中，或者类似商业的环境中。在这种环境下，某些行为有助于推动你的职业生涯的发展，而有些则会阻碍它的前进。

6.1　言而有信

长期以来，我一直遵循 3 条简单的规则，我认为这些规则对我在工作和生活上获得成功都助益甚多。事实上，这些规则能告诉你关于获得成功的一切要素。

首先，我预计你读完这些规则后可能会想："这个谁都知道。"然而，这些规则并非常识性、理所当然的。事实上，遵守这些规则已经使我和我过去的商业伙伴脱颖而出，仅仅是因为，尽管这些规则看起来简单，却几乎没有人遵守。

6.1.1　永远不要承诺你完成不了的事

这条规则很简单，却很难遵守。原因是大部分人都不愿意当坏消息的传达者。如果有人要求你做某件事，而你拒绝了，他们会想知道为什么。此时你可能就会感觉自己处于对抗之中。大多数人都讨厌对抗，所以他们会为了避免产生对抗而答应对方。人们甚至会在明确知道无法兑现承诺的情况下说"好"。

所以，言而有信的第一步是在不产生对抗的情况下更好地表达拒绝。我建议在你的回答中增加一个简短、礼貌的解释，以避免对方追问。你可以试着说"不行，因为我的安排已经全满了。

如果我再答应其他事，就只能放弃我已经承诺了的事情”，或者“不行，我正专注于其他事情，除非你能使我理解我为什么应该转移注意力”。无论出于什么原因，你都不要轻易答应对方，除非你确定自己能够兑现承诺。不要抱着“好吧，我应该能把这事塞进来”的想法答应对方。你只有在有一个明确的、可行的、有实效的、现实的计划时，才能答应对方。

这条规则在工作中很难遵守，尤其是在你的老板给你分配任务时。在这事上你几乎没有什么发言权。但你需要衡量手头上的所有工作，回到你的老板那里，诚实地讲明你能做什么，让你的老板知道你承担这项任务意味着你可能必须要放弃另一项任务，你可以说：“我可以在本周如你要求完成这项额外的编码任务，但这意味着我必须搁置我正在编写的单元测试。这样依然没问题的吧？”你甚至可以把任务清单给他看，问他可以搁置哪一个任务。这也许能帮助他理解你的情况，切实了解你手头上有多少工作。不幸的是，在有些组织中，老板会试图给你增加更多的负担，不承认你没法做完所有事。如果你发现自己身处这样一个组织中，不妨问问你自己为什么还要留在那里。

6.1.2 永远兑现你的承诺

这是与第一条规则成对的规则。如果你确实承诺了某事，不管当时你在想什么，你都必须兑现。

我的同事曾用过“我的狗吃掉了存有 PPT 的 U 盘”这样的借口。正如你可能猜到的，这样的借口减损了同事们对他的尊重。人们不会尊重找借口的人，尤其当那些借口不可信时。当人们失去了对你的尊重，你的声誉，即你的品牌，就会受到损害，并且受损的不仅是你自己。不兑现自己的承诺会产生切实的负面影响，你的同事可能不得不收拾残局，项目目标以及内外部的期限要求也可能受到影响。如果有人承诺为你做某事，你会希望他们兑现承诺。因此，你也必须兑现你的承诺。

兑现承诺往往取决于一个关键的生活技能：知道你能做什么。如果我让你坐下来，针对某个话题写 10 页纸的内容，你要花多长时间？你知道吗？你确定吗？许多人根本不会注意他们完成任务需要多长时间，或者只做猜测而不去验证。这使得他们不清楚承诺实际涉及的内容，从而导致过度承诺，最终使得他们为无法兑现承诺寻找借口，损害自己的品牌。

6.1.3 成为容易共事的人

如果你承诺了做某事，请尽可能为对方提供交钥匙型的服务：不需要别人来烦你，不需要别人来唠叨，不需要别人来提醒你，也没有人会因为从你这收到了半成品，而与你争吵，让你重做。

很简单，对吧？你要问问你自己，违反过多少次这 3 条规则中的任意一条。请诚实地面对自己，如果你不能向自己承认自己的错误，你就不可能在任何事情上取得真正的成功。所以请认真审视自己，扪心自问你是否在工作和生活的各个方面都真正遵守了这 3 条规则。

要做言而有信的人。我所有的成功几乎都来自对这 3 条简单的规则的遵守。

6.2 关注细节，保持准确

大多数成功人士都善于关注细节。但是，当涉及细节时我们的大脑经常与我们作对，而一旦失去专注于细节的能力则会影响我们在工作中展现出专业素养。

人脑有一个好坏兼备的功能，叫作过滤。在原始社会，它有助于确保人们在野外生存。当人们有可能成为野兽的午餐时，人脑必须迅速判断周围环境中什么是重要的，什么不是，它使人们丢弃不重要的事物（“哦，漂亮的树”）并专注于重要的事物（“有什么在跟踪我”）。人们的意识无法做到这点，因为形成意识花费的时间太长了，而这种判断必须自动、持续且几乎立即发生。

想象自己正走在纽约或伦敦的繁忙街道上。在大多数情况下，你的大脑在宏观模式下运作，关注大环境和主要威胁：被汽车撞、撞到另一个人、在人行道上被绊倒。在这个时刻，细节被过滤掉了：其他人的穿着、刚刚经过的公交车侧面的标志、商店橱窗里的特价商品。但是你的大脑有时间处理这些细节。毕竟，在步行途中，你可能还在听播客、用手机发短信或参与其他活动。你放任你的大脑过滤掉了那些被认为对安全步行的宏观任务无用的信息输入。

所以要认识到这一点：你不能关闭过滤功能，就像你不能停止自己的心跳一样。成功做到这一点的诀窍是有意识地将过滤重点放在你想要和需要注意的细节上。

我并不是在建议你停止听播客，转而注意你步行途中每个人的穿衣风格。我指的是，无论你是否要求，你的大脑都会进行这种过滤。你的潜意识主导了你要关注什么，且在每时每刻、每项任务中持续起着这样的作用。在会议期间、在你的工作中，以及在你在家中陪伴家人时，它都在起作用。它就像处于自动巡航模式，会使你过滤掉你甚至未曾意识到的细节。

但正如平静的深呼吸可以帮你减缓和稳定心率，体育锻炼可以帮你调节心率并且让心脏对特定情况做出更加适当的反应；你也可以通过一些积极的训练，你可以帮助你的大脑在识别重要的事物方面做得更好，并防止“过滤器”捕获它应该“放行”的信息。

我们需要学会拒绝过滤本能，原因如下：我们不再是专注于基本生存需求的原始人类，我们有时间去关注细节。事实上，我们必须关注细节才能做好我们的工作。比如，我们必须关注正在使用哪些连接端口，关注一行代码或命令的准确语法，或者关注会议召开的时间。

当我遇到有人问我有多喜欢我的 iWatch 时，我就会立刻对他们产生不信任感。“这是 Apple Watch，不是 iWatch。”我会在心里吐槽，有时也会对他们解释。现在，你可能有理由这样想：“唐说这话有点令人讨厌。我的意思是，谁会在乎这个。”你也许是对的，但我在乎，我来告诉你为什么。对我来说，这确实是个很小的细节，但为什么不能把它做好呢？记住正确的产品名称到底需要耗费多少额外的脑力？根本不会耗费太多。由于这件事不需要耗费太多额外的脑力，我能想到的只能是这个人不擅长关注细节。接着，我会想他们还会在其他什么事情上犯这种错误。他们无法控制自己的“过滤器”，就会对许多其他事情失去控制。

这个例子很好地说明了你的品牌会在哪里起作用。如果你给大众留下了不注重细节的印象，这种印象就会成为你品牌的一部分，而这样的品牌特征对你的职业生涯毫无益处。

良好的第一（以及第二、第三）印象很重要，否则别人会对你望而却步。比如，许多人会本能地不信任一个看起来很邋遢的人，这种不信任也会延伸到不注重细节的人身上。如果你不能把小事做好，他们也许会认为你可能也无法把大事做好。

你要知道，也许你能拥有的最重要的自主权就在于你对“过滤器”的掌控。你要训练你的“过滤器”，让它服从你，教它不要过滤掉细节。让这些细节流经你的大脑，并让你自主决定你需要注意什么。

如何做到呢？放慢速度。我们的“过滤器”就是为了能迅速评估快速变化的情况而设计的。它们的最初目的是使我们在野外中存活下来。现代世界充满了更多的潜在干扰，我们的“过滤器”很容易将它们全部拒之门外。比如机场，这可能是你能想象到的最疯狂、最容易让人分心的环境之一。头顶的广播不时地播报着信息，你正匆匆赶向你要乘坐的飞机，到处都是人，你左闪右躲，你的“过滤器”马力全开。你开始忽略任何不是直接对你造成威胁的东西。承认吧，你可能正在冲向你要乘坐的飞机，就算广播中宣布了治愈癌症的秘诀你都会错过。所以，请放慢速度。

以我的经验，当你不再着急慌忙时，“过滤器”就会放松下来。你的视野会扩大，看到更宽广的世界，你的大脑也会变得更加敏锐。你需要主动让自己慢下来。比如提前 10 分钟出发赴约；提前两小时到达机场，并且留出更充裕的时间转机。总之，不要着急。随着时间的推移，你的“过滤器”会变得不那么草木皆兵，这也能帮助你在工作中更加注重细节。

举一个编码的例子。我曾与一些初级程序员一起工作，他们发现代码中有错误并向我求助。我查看了代码，凭借更丰富的经验很快发现了问题。我告诉他们代码确实有问题，并让他们仔细查看。但是当我站在他们身后时，他们表现得很惊慌失措。我知道他们的“过滤器”开始工作了，他们开始快速滚动屏幕上的代码，寻找错误。此时他们处于宏观模式，专注于大的生存环境，“过滤器”则在试图去除细节，以便他们可以专注于大局——然而这妨碍了他们发现问题。所以我会任其这样做一分钟，然后将他们引导到错误所在的区域，并要求他们向我讲解这段代码。这些人几乎总是能在讲到错误之处时发现问题。可见，他们只是需要放慢速度、看清细节。

这个例子非常符合大脑为了让原始人活下来而起的作用，然而在现代社会中，大脑的这种作用会对我们产生不利影响。我们的大脑被设计用来观察场景并去除细节，比如我们在观察场景时会忽略草的叶片、树上的叶子、微风的声音。过滤掉这些细节能让我们发现那些巨大的威胁，比如即将伤害我们的野兽。

但是在现代社会，细节决定生存，因为我们彼此之间、与技术之间以及与环境之间的互动变得关键且越来越细节化，所以请注意细节。对细节的忽视正是钓鱼邮件诈骗能成功的原因。事实上，这几乎是所有骗局能成功的原因。对细节的忽视是导致车祸的原因，是你没赶上火车的原因，是你错过重要会议或看漏输出信息中揭示问题的关键一行的原因。你的个人生活和职业生活中的几乎每一个可能出错的事情，都可以归究到缺乏对细节的关注。你要训练自己时刻关注工作和生活中的细节。当你发现自己在快速略读时，请停下来，回过头，以更慢的速度再读一次。你要专注于关注细节，而不是让你的大脑为所欲为。

6.3　及时止损

真正的专业人士不会永远执着于同一个问题。他们会意识到，无论做什么事，最重要的都是结果，于是他们会寻找方法尽可能高效地达成结果。而有时，这实际上意味着放弃。

我们的大脑不喜欢我们放弃。没有人喜欢当失败者，相比对成功的追求我们往往更强烈地抵制失败的感觉。这种思维方式给大多数人的生活造成了困扰——与其冒失败的风险，我们更倾向于满足于现状。

知道何时该放弃几乎适用于你的职业生涯中的任何事情。也许你正在处理一个不能正常工作的代码块，什么时候你会删掉它重写？或者，也许你正在尝试修复一个总是无缘无故重启的服务器，什么时候你会放弃修复，重装操作系统然后重新开始？放弃可能会令人沮丧，但如果这样做能让你更快找到解决办法，那么你实际上是胜利了。

你可能听说过 Facebook 的标语“快速行动，不怕犯错”（Move fast and break things）。这是“止损”理念的必然结果。意思是你尝试了一些东西，但如果行不通，你不会一直尝试下去。像谷歌这样的公司也曾经做出过一些大型投资，但后来又放弃了，比如 Google Wave 和 Google+。你可以效仿这种方法，做出一些尝试，如果没有效果，那就放弃去做别的。

是的，止损离场是一种失败。但坦然接受吧，失败并不是件坏事，我们可以从中汲取经验。如果你走到了成功已经是件不现实的事的地步，失败和亏损也就不足坏事。有些公司一直在这样做，虽然破产的后果很严重，但合法破产是法律允许的。你应及时止住亏损，重新组织，然后再接再厉。

6.4 开启“蓝天”模式

不要做一个说“不”的人，要做一个问“我们怎样能做到”的人。不要因为第一轮迭代似乎不可行就否决掉某个主意。要做工程师，而不是绊脚石。消极心态阻碍的只会是你自己，而非别人。

迪士尼在创造主题乐园新景点时要经历一个过程，这个过程叫作“蓝天”，意思是晴朗蔚蓝的天空才是极限。在“蓝天”讨论期间，员工不允许拒绝做某事或认为某事行不通。他们应该天马行空地想象，他们会说“如果我们……”，并且进行纯粹的猜想和创造。在这个阶段你不必担心后方保障，你不需要表达个人的好恶，而是任凭想法浮现，让每个人在讨论中不断完善想法，再呈现出新想法。

正常情况下，“蓝天”模式极少使用。在几乎任何一家公司里，如果你坐在会议室里提出研发一种新产品，都很可能会立即遭到反驳，其中可能包括行不通的原因，可能出现的问题、障碍以及困难。

不要成为打压其他人，妨碍他人说出想法的人。取而代之的是，你应该开启“蓝天”模式。你要成为那个说“这很难，但也许我们可以通过 × × 办法来实施”的人。成为找出解决方案的工程师，而不是障碍制造者。你的解决办法可能行不通，但“蓝天”模式依然存在：让其他人改进你的原始想法，令其变得可行。

通常，当有人提出一个想法时，其他人就在这个想法有机会实现前将其“粉碎”。有时，他们认为这个想法会给他们带来额外的工作，而他们不想做。如果这也是你的感受，请诚实地面对。然而，搬出各种反对的理由无济于事，反而会让人觉得你有问题，而不愿意与你共事，这会使你被排除在某个项目之外。当一个想法刚刚产生时，不要过于担心后方保障，你应该转而看看这个想法接下来会如何发展。在适当的时候，如果一个想法足够可行，你就可以开始提出解决方案：“你知道的，这么做一般会需要委派比平常给我们承诺的更多的人力——但是要不这样，如果我们这么做会怎么样？这可能意味着要转而做 × × 方案——这样做依然符合我们的意图吗？”

你还要说服其他人也开启“蓝天”模式。如果是你提出了一个天马行空的想法，而有其他人企图“粉碎”它，请花点时间停下来，考察这种行为，并倡导支持而不是立即摧毁新的想法。“我们正在寻找有创意的新想法，”你可能会说，“让我们花一些时间来看看这些想法。某个人的第一个想法也许行不通，但如果我们都出点力，也许第四个或第五个想法就是对的了。但假如我们把第一个想法直接挤出门外，就永远不会知道之后面会发生什么了。”

向“蓝天”模式中引入解决方案（实际上，你成为那个提供解决方案的人）不单在工作中有用，还能为你赢得支持者和朋友，也能让你的大脑开始思考如何去做而不是如何不做。多数人都有保守的本能：在面临新事物时，常常还没真正去考虑就退缩了。这也是为什么大多数人如此抗拒改变。这个社会中真正的创新者不会拒绝，他们会说“嗯……”，然后开始找寻行得通的办法。你必须警惕“我不喜欢新事物”这种来自你大脑深处的阻力，认清它的本质，然后将其搁置一旁。你要理性地处理问题，而非情绪化地或者无意识地行动。

请做一个努力寻找解决办法的人。你首先应该做到的是不要成为试图压制别人想法的人，然后要开启“蓝天”模式。

6.5 画一条黄线

这里有另一个关于迪士尼的故事。在这个故事中，迪士尼认识到了熟悉会产生蔑视，我很庆幸迪士尼认识到了这一点。

迪士尼在其主题公园出售的是娱乐产品或服务。这不仅仅指游乐设施，也指环境氛围。迪士尼称其为一场表演，而表演，就像所有形式的虚构类作品一样，需要人们自愿中止怀疑，比如你知道这个灰姑娘其实是某个大学生扮演的，但你选择参与演出并把她当作真的灰姑娘。演绎虚构类作品的一个准则是，为了让观众持续自愿中止怀疑，你必须避免丢给他们任何故事之外的东西。

我们所有人都曾有过一位或者多位这样的工作伙伴：他们过于自在地将所有心理包袱或负面情绪带到工作中。他们踏进办公室，趴在办公桌前，明确表现出自己不高兴的情绪。

每当你踏出家门，你就进入了一场公开表演，你所做的一切都会影响到周围的每个人。那个总是脾气暴躁的人不会第一个获得晋升，因为老实说，每个人都希望远离这样的人。一个坏脾气的中学老师的教学效果，不会像一个心情更好并且记得自己当初为什么来到这个教室的老师一样好。你每天都要展现出最好的自己，即使这不是你的真实感受。每当你停止表演，让人们看破表象，你就破坏了这个故事。你在削弱他人继续中止怀疑的能力，这就是在损坏你的品牌。

这就是为什么迪士尼主题公园里有许多黄线。在任何一处员工可能从后台进入游客视线的地方，地面上都有一条用黄色交通漆画出的线。这是迪士尼给员工的一个严厉的视觉提醒，提醒他们要将个人问题留在此处。也许你昨晚过得很糟糕，也许你分手了，也许你没有钱交房租。这些经历都很糟糕，你为此感到难过没什么问题。但你必须将这一切都留在黄线内，轮班结束时它们仍会在那里等着你，因为当你越过这条黄线时，表演就开始了。你应展开笑容，然后挺起身子，想起自己在为收取酬劳而做该做的事情。“一旦你越过这条黄线，”迪士尼的员工可能会说，“你就要做出表演，而且你不能打破角色的设定。当你回到这条黄线内的时候，你才能做回真正的自己。”

角色，多么重要的一个词。在公共场合，在工作中，我们都在扮演某个角色。我们可以在朋友和家人面前做真正的自己，但我们扮演的角色通常不需要是我们真正的样式。例如，在家里，我是一个爱挖苦人、难以相处的人，但我不会在工作中表现成这个样子。我的工作角色是我的雇主雇用的那个人，是一个能与所有具有不同的背景和性格的同事一同工作、相处融洽的人。

我们大多数人的生活中缺乏这条黄线。我们去同一个办公室，做同一份工作，与同一群人共事，日复一日，周而复始，于是我们变得自满了。我们失去了对自己在工作中所扮演角色的尊重，我们忘记了在工作中自己是谁，我们打破了角色设定、停止了表演。这时，你就破坏了“品牌化的你”，你就让你的“游客”——你的雇主——看到了你幕后的样子。你以往播下的任何成功的种子即使已经发芽，都将在这一刻被你踩碎。此时，你的职业生涯沦为一份单纯的工作，你不再为你的未来投资了。就这样，你破坏了自己获得成功的机会。

请在你的脑海中画出一条黄线。也许你可以将它“画”在你家的前门内，“画”在你办公室的前门外，但无论把它“画”在哪里，都要标记好。我是认真的，请站在那个位置，想象一条用厚厚的黄色交通漆画出的线。你能观察到人们一次次踩过它时在上面留下的痕迹，你甚至会留意到快递公司的工作人员每天推着手推车从它某侧边缘上轧过。让这条黄线在你的脑海中变得无比真实，以至于你每次走过那个地方都不可能看不到它。你还要问问你自己这条黄线还有多久需要补漆，让它变得真实，然后慎重对待它。

每当你走近这条黄线时，请想想它意味着什么？想想你为什么从事这份工作，你希望从中获得什么？这份工作对你的职业生涯有什么帮助？这份工作如何帮助你获得你自己的成功？这份工作在现在或未来如何赋予你帮助他人的能力？这一切的意义是什么？你并不需要为工作感到开心，但你需要记住自己为什么在那里。请你立即仔细检查你携带的“包袱”，历数所有困扰你的负面事物：分手、孩子需要戴牙套、车门被撞凹了等。你应在黄线处停下，安心地放下它。因为没有人会碰它。当你回来时，它会在原地等着你，但黄线的另一侧没有它的位置。你的表演即将开始，复习你的台词，把微笑摆上脸颊，拉开帷幕，走上舞台，开始你的表演。

6.6 练习建议

在本章中，我希望你关注我在本章介绍到的一些有关专业素养的规则。

- 你是否曾经过度承诺，在某件事上没有做到言而有信？试着列出你目前所有的承诺——工作上的以及你个人生活上的——并评估你兑现承诺的能力。对于你可能办不到的事，现在是否是重新协商的时机？这个列表是否可以帮助你更加了解自己能做到什么，从而避免将来再次过度承诺？

  我经常把当前的工作承诺列在笔记本电脑的笔记软件中。这样，当有人要求我过度承诺新的事情时，我就可以立刻打开这个软件，问他："这里面的哪些事情我们可以放弃？"

- 给自己找一个能迫使你放慢速度、注意细节的反触发器。我用的是一个从一元店买来的解压按钮。这是一个钢制按钮，在按压时会发出轻柔的咔嗒声。每一天，我会试着去留意细节（我路过的商店的名字、我经过的交通标志等）是在什么时候溜走的：按下按钮，在刻意放慢速度的同时去看那些东西。这种做法有助于使我的大脑停止对细节的过滤。现在，当我需要专注于某事时，我可以轻轻按下按钮，以告诉我的大脑放慢速度、停止过滤。于是细节变得更加清晰了，因此我常能更快地解决问题。
- 你会把黄线画在哪里？你打算把什么东西留在黄线之后？将这些东西列成一个清单。当你开始使用黄线的概念时，把这份清单放在方便的地方——也许在你的手机上——每天回顾，并且有意识地跨过这条黄线。

第 7 章　管理你的时间

许多技术人员都有时间管理方面的问题。有时，我们的时间会被会议和其他任务占用。但是，对于留给我们的其他时间，大多数人可以管理得更好，学习时间管理是一项对获得职业成功至关重要的技能。

7.1　自律、拖延和懒惰

首先我想简单地区分一下拖延和一种经常与之混淆的行为：懒惰。在我看来，拖延是自律精神的对立面。下面先介绍一下我对自律的简单定义。

自律　记住你做某件事的初衷。

当我和人们谈论为什么有的任务他们会推迟去做，而另一些任务他们会马上去做时，他们的解释通常可以归结为“我当时就是不想做这件事”，这我能理解。我是个作家，有时我会非常没有心情写作。而且我很少有心情审阅校订稿（问问我的编辑们就知道了），所以这些任务很容易被推迟。因此，拖延是指把项目或者工作延期进行。我是在犯懒吗？也许吧。

但随即我记起了写本书的初衷。我有一个目标，我期望实现一些结果：名誉、财富、普利策奖。我现在依然想要得到这些东西，所以我必须把书写完。因此我根据自己对自律的理解给懒惰下了一个定义。

懒惰　忘记或者不知道你做某件事的初衷。

我推迟过一些项目，这使我感到很糟糕。很快，我就对整个项目都感到很糟糕，于是我把项目进一步地推迟了。终于，我坐下来并且意识到我并没有充分的理由去做这个项目。我看不出它能如何融入我的生活或职业生涯，也无法确定它能帮助我取得什么成果。在这个时候，我就不再进一步推迟这个项目，而是直接放弃它。如果我无法向自己解释我为什么在做这个项目以及它给我带来了什么价值，那我为什么还要为其感到焦虑呢？我不如承认这件事也许本就不需要做，然后及时止损，继续前进。

不过，下这个结论时你确实需要谨慎，不要简单地因为你现在没有心情做就放弃。相反，你要坐在镜子前，仔细看着自己的眼睛，问自己："我当初为什么要做这件事？我希望通过它达到什么目的？"回答你自己，然后再问自己这个理由是否成立。

有些项目可能没有继续做下去的理由。例如，我大概做过 3 个播客栏目，都在大约 20 期之后就放弃了。我记得我为什么开始做这些播客栏目。但是，在有些情况下，我决定不再想要取得最初计划的结果了。我认为这些播客栏目其实并不能帮助我实现我希望的结果，所以我放弃了它们。

但是对于那些我确实有理由去做的项目，只要那个理由依然成立，为了完成那些项目我就必须管理好我的时间。

7.2 时间管理

我开始意识到成为一名有效的时间管理者几乎是所有高效专业人士的关键行为。在本节中，我想给出一些指导性意见，包括一些你需要注意的具体行为以及可以考虑采取的具体操作。

时间显然是一种有限的资源，能够有效地管理时间绝对是一项关键的职业生涯技能。下面让我们先学习一些通用技巧，掌握这些技巧可以帮助你成为更好的时间管理者，并且这些技巧几乎适用于任何职业。

7.2.1 时间盘点：翻转计时法

想要成功管理任何一种资源，你都要首先了解你的现状。在这里，我指的不是你有多少时间，而是你原本在如何使用你的时间。我用一个翻转计时器（可参见 TimeFlip 网站）来追踪我的时间分配情况，尽管用一个简单的日记本或软件应用程序也可以轻松做到这点，但我更喜欢用物理装置。翻转计时器是一个白色的塑料制的十二面体——就是一个有 12 个面的大骰子，如图 7-1 所示。

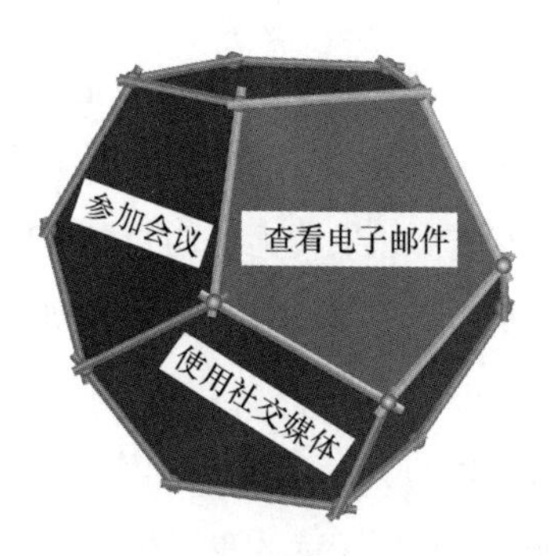

图 7-1 翻转计时器

在翻转计时器的每一面上标注你一天的各项常规活动：编码、使用社交媒体、参加会议、查看电子邮件等。你的计算机上会运行一个配套软件应用程序。每当你切换活动时，就把翻转计时器上对应当前活动的那一面快速翻转朝上。你要全天记录，且要每天坚持。我坚持这样做几周之后，得到了如图 7-2 所示的结果。

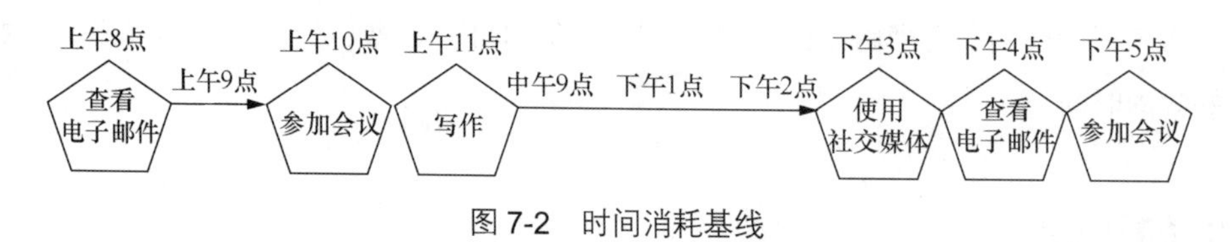

图 7-2 时间消耗基线

翻转计时器帮我做的事情就是建立基线。刚开始用它的两周里我的工作效率相当高，我觉得如果能每周保持这样就好了。所以这个翻转计时器向我展示了我每天在社交媒体、会议、编写 PowerShell 脚本和完成每日所有其他主要活动上，各花费了多少时间。

现在请记住：我已经在回顾时确定那是表现良好的几周。这个意思是说，我不必因为使用了社交媒体或去休息室休息而责备自己。即使做了所有这些浪费时间的事情，我仍然觉得这是表现良好的几周。所以那些所谓的浪费时间的事情对我来说就是一个普通的、健康的工作周的一部分。

在度过最初的两周后，我继续使用翻转计时器（直到现在仍然如此）。我将每个新的一周与基线相比。在有的工作周里我会注意到我在社交媒体上消耗了太多时间，这意味着我会在接下来尝试使用时间分配技巧（我将在第 7.2.2 小节中讨论）来进行更好的时间管理。有些工作周里的会议变多了，我可以追踪这些时间并将其与我工作效率的提升或者降低相关联（“是的，老板，我上周确实少写了一些脚本，但你让我多花了 20%的时间开会。时间是有限的，你得决定我该把它花在哪里”）。

使用翻转计时器对我来说是一项非常有用的练习，每年（或者每当我的工作性质发生重大变化时，比如被分配到新项目中时）我会更新 2～3 次时间消耗基线。没有这个工具，我根本不会知道我的时间都花在哪里了，而现在我知道了。

如今，我也常用分类账簿的形式看待我的日常时间花费情况。这样做有助于我规划一天的时间（我用的是 Rocketbook 记事本，这个本子使用有塑料涂层的纸页和特殊的标记笔，能让我每周擦除字迹并重复使用）。某日的分类账簿如表 7-1 所示。

表 7-1 某日的分类账簿

时间区间	计划完成的任务	实际完成的任务
上午 8 点—9 点	查看电子邮件及 Slack 事项跟进情况	查看邮件及 Slack 事项跟进情况
上午 9 点—12 点	参加会议和/或审查文档	一直在参加会议（上午完全没有时间审查文档）
中午 12 点—下午 1 点	吃午饭	吃午饭并审查文档
下午 1 点—2 点	审查文档、做人事工作	一直在做人事工作
下午 2 点—2 点 30 分	使用社交媒体	
下午 2 点 30 分—4 点	参加会议	
下午 4 点—5 点	清理电子邮件及 Slack 待办事项	

重要的一点是，我是基于翻转计时器反映出的我已有的时间分配来规划这些时间的。我在觉得可行的地方稍做了一些优化，但并没有试图移除所有会浪费时间的事情，比如我可能还是会花时间使用社交媒体。我的大脑需要度过那些被浪费的时间，所以我要做出安排。我也尽量不把这些会浪费时间的事安排在一天的末尾。我的翻转计时器显示我常常在下午开始做这些事，于是我也继续如此安排。这个分类账簿让我知道自己什么时候有时间参加会议，所以我尽量把会议都安排在这些时段。当然，这个系统并不总能完美地运行，但它能帮我带着计划开启新的一周，而不是等事情出现了再做出反应。

请注意，我在分类账簿上留出了空间以记录实际完成的任务。这样我就能随时做出改变和调整，每周结束时我也能看到自己对计划遵循得怎么样。清楚实际发生了什么，这样有助于我更加准确地制订下一周的计划。

7.2.2 时间分配：番茄工作法

番茄工作法的发明者是弗朗切斯科·西里洛，我用这个方法来计划和分配我的时间。番茄工作法是指把你的时间划分成多块，给每个时间块分配任务，然后只在每个时间块规定的时间内工作。

弗朗切斯科按照 25 分钟的时间块（他称为*番茄钟*）工作，每个时间块之间有 5 分钟的休息时间。这种方法的背后有双重用意：你可以在较短的时间内集中精力完成很多工作，而频繁的短时休息又能使你免于身心疲劳。我会依据当前工作的性质调整时间块的长度。我用过的番茄钟有 25 分钟的、55 分钟的，以及其他更符合我当时工作性质的时间长度。

番茄工作法是这样用的：你给一个时间块分配好任务，然后设置一个计时器。你在这段时间内处理这个任务，直到时间过完。然后你可以休息一下（我也会在休息时计时），再继续完成下一个任务。我根据翻转计时器的数据估算我完成某项任务需要花费的时间，然后将工作日历上的事项填入各个时间块中。我可能会把一个 8 小时工作时长分成 16 个 25 分钟的番茄钟，如下所示。

- 查看电子邮件/Slack 最新信息。
- 在办公室转转，与同事们聊聊近况。
- 参加已预定的团队会议。
- 参加已预定的团队会议（接上）。
- 检查昨晚的单元测试日志。
- 根据电子邮件、团队会议和单元测试失败情况规划明天的时间块。
- 吃午饭。
- 吃午饭（接上）。
- 与老板沟通绩效考核问题。
- 编码。
- 编码（接上）。
- 编码（接上）。
- 编码（接上）。
- 跨团队站会。
- 提交代码，部署、运行单元测试。
- 查看电子邮件/Slack 最新信息（下午 4 点 30 分至 4 点 55 分）。

我并不会把每一天都规划得这么精细，但有时会如此。比如，有的时候我会计划在单个项目上工作，那么划分时间块就没什么意义了。但是当我知道自己需要在多件事情上切换时，做好时间规划就能使我提高工作效率。

我每天最先做的事是沟通，以获取最新信息，这样我就能快速了解当天是否有多项任务要并行处理，或者我是否有时间完成一些单个项目。我给大脑留出了足够多的间歇时间（约 80 分钟），这些间歇时间（在拿可乐的时候）能让我更容易切换到下一项任务。

当然，不是每一天都进展得很完美。但是当事情真的偏离了计划时，我能知道后果并做好安排（“老板，我知道会议延长了，但这样我要么得缩减半小时的编码时间，要么不参加下午的站会。你觉得怎样最好？”）。

我有同事进一步发扬了这个聪明的做法。他们在开放式办公室里办公，在这样的环境中干扰是常态，于是他们买了一个能显示巨大数字的电子倒计时器，然后安装到任何路过的人都能清楚看到的位置，旁边还有一个牌子写着“×分钟后你可以来打扰我”，他们周围的人很快就接受了这个约定。一旦你知道可以在不到 25 分钟之后拍某个人的肩膀，等待就变得更容易了，事实上这也鼓励了更多人发电子邮件，这样对方就会在特定的时间内处理。

7.2.3 时间目录：了解你的能力

通过长期使用翻转计时法和番茄工作法，我终于对自己有了更充分的了解：我知道自己可以高效地编写大约 90 分钟的代码，然后就需要切换任务了（这是我不再是专业软件开发人员的原因）；可以实实在在地写作三四个小时；参加时长为 25 分钟的会议的状态比参加时长为 50 分钟的会议要好；需要大约 20 分钟来清理前一晚的电子邮件；需要大约 25 分钟来处理当天的紧急 Slack 消息；每天需要大约 75 分钟的“不思考”时间（我可以分小段用掉这些时间），和吃午饭的时间。

这些事实有助于我创建自己的时间块。我现在有一个时间块的目录，上面列出了我常做的事情以及需要耗费的时间。我借助这个目录来规划工作日的时间块。我知道安排 25 分钟的写作时间段没有意义，我需要 3 个或 4 个小时才能有效率。我知道我不需要每天安排一个小时去处理电子邮件，半个小时就可以了。我知道如果我安排了 3 个时间段写代码而中途被打断了，我在那天最好还是不要再写代码了，因为我无法保持足够长时间的最佳编码状态。

通过了解这些与我自身相关的基于时间的事实，我获得了有助于时间管理的信息，这样我就能更好地管理我的时间，而不是任其流逝。

7.3 多项任务并行处理

你擅长并行处理多项任务吗？为了便于讨论，请大声地说：“是的，我非常擅长并行处理多项任务。”

不，你不擅长。多项任务并行处理其实是不存在的。这个词出现在现代，来源于计算机领域。但计算机的多项任务并行处理有时也不是真正意义上的多任务并行处理。一个给定的微处理器（这里我们指的是内核，好比人类的大脑）一次只能做一件事。多核计算机可以做到真正的多项任务并行处理，但这就像一个人有多个大脑一样。但你没有多个大脑，你是一台单脑机器，因此只能一次做一件事。

单核计算机通过在任务之间快速切换来显得像能并行处理多项任务一样，这个过程称为任务切换。该理论认为，计算机在大部分时间都在等待人类操作，因此在空闲时间它会切换当前的任务去处理其他任务。事实上，计算机擅长切换任务，因为它们拥有完美的“记忆”，永远不会忘记之前在哪里、在做什么。

人类并没有完美的记忆，我们会忘记之前在哪里、在做什么，所以我们不是完美的任务切换者。然而，我们可以做的是学会识别空闲时间，然后在此期间切换任务。大多数人不擅长这么做，因为他们倾向于认为多项任务并行处理是真实存在的。当你意识到自己进入了空闲状态（“我正在等待贾森回复我的电子邮件”），你就可以切换到其他可以处理的任务上。如果你有特别好的短期记忆力和对细节的深度专注力，那么当空闲时间过去后你可以回归原来的任务，显得像在并行处理多项任务。

我可以在需要时像机器一样切换任务，可以在脑海中跟踪多个对话、待办事项列表、上下文等，也可以以某种方式非常地高效工作。这里我指的是，如果当天的任务都是短小的、冲刺式的，中途有很多空闲时间（比如从同事那里收集信息并根据这些信息做出决定），那么我可以完成很多工作，但这并不是我唯一的工作状态。当我坐下来写作时，我无法切换任务，因为写作留不出空闲时间。写作时没有自然的中断点，写作之外的任何事情都会分散我的注意力。在我写作的时候，干扰事物会迫使我从这项需要我集中注意力的任务中切换出来，从而降低工作效率。因此，当我不处于任务切换模式时，我会排除干扰：关上门、关闭手机中的弹出式通知，如果可以我甚至会切断网络。当我处于单任务模式时，只有如电话这样的高级别、紧急的中断，才能迫使我停下来。

问题在于，大多数人不会刻意管理他们所处的模式。他们不会将自己置于单任务模式，并且他们没有意识到多项任务并行处理模式（其实就是任务切换模式）是一种截然不同的运作方式。他们不会把自己安排在不同的模式下工作。也许你在早上会使用多项任务并行处理模式，下午会用单任务模式。但是，如果你能学会认识这些不同的工作模式，你会变得更加高效，而且会感觉更满意、更理智。

下面列举了一些避免在多项任务并行处理模式中“摔跟头”的方法。

- 意识到什么时候该将自己置于单任务模式，比如当你在编码、写作或者做其他需要长时间全神贯注的工作时，尽你所能减少会让你停止处理当前任务的干扰因素。如果你在办公室工作，试着设置一个受到广泛认可的信号，比如戴耳机，以表示拒绝打扰，关闭电子邮件应用程序、Slack 和其他电子干扰。
- 当你需要进入多项任务并行处理模式时，避免扎进需要你几分钟以上注意力的工作中。反之，去处理许多可以快速完成的任务。如果有需要，你可以用笔记帮你记住并需处理的每项任务的进度，并且列出你要负责处理的任务清单。
- 不要混用不同模式。如果你进入了单任务模式，但实际情况又需要你转换注意力到别的事情上，那么就暂时进入多项任务并行处理模式。当你留出足够的时间时，再回到单任务模式中。

7.4　练习建议

在本章中，我希望你思考自己一天有多少事要忙，并开始进行一些时间管理练习。

- 清点你工作上的项目以及生活中的待办清单。你知道每一件事都是为什么要做吗？你能清楚地讲明你对每件事期望的结果，并且解释清楚你认为每件事会带来的价值吗？考虑一下是否需要删掉某些事，以便你有时间去做那些不能放弃的事。
- 为自己建立一个时间目录。首先，跟踪你目前的时间使用情况，不做任何评判。如果你每周花 8 个小时看视频，没有关系，记录下来。如此记录一个星期，然后试着从中找出你认为正常或可以接受的用于看视频的时间长度。这样做能帮助你了解自己一般在哪里并怎样度过自己的时间，还能让你识别出那些可以具有其他用途的时间。
- 尝试使用如番茄工作法等时间管理技巧，看看它们对你是否有效。养成良好的时间管理习惯可能需要几周的时间，因此如果你一开始没有严格遵守也不用沮丧。

第 8 章　进行远程工作

众所周知，技术领域的任何人最终几乎都无法避免远程工作，哪怕只有部分时间需要进行远程工作。处理远程工作可能富有挑战性，但这绝对是一项你可以培养的技能。而且，由于你的职业生涯总归有可能需要进行远程工作，那么为什么不现在就制订计划并开始培养远程工作技能呢？

8.1　远程工作的挑战

如果你还没有习惯远程工作，也还没有建立有效的远程工作体系，那么你要知道，远程工作，无论是全职还是偶尔，都会给你的工作和职业生涯带来巨大挑战。坦率地说，它还可能令你心力交瘁。

比如，远程工作很容易使你忽略掉那条区分个人自我和职业自我的黄线（见第 6 章）。当你在家工作时，要在工作和家庭生活之间划出一条明确的界线会愈发困难，而且你有时候会难以摆出在办公室的面孔，也难以展现出你明知道应该展现出的专业素养，而且你还很容易花过多的时间在工作上。我已经在家工作多年，有时我遇到的一些人会觉得在家工作听起来很棒，直到我将“我在家工作”换成“我睡在办公室”，他们可能才会转变看法。通过使用我在第 7 章中讨论的时间管理技巧，我学会了保持工作与生活的平衡。

此外，远程工作可能会让人感到被孤立，如果你喜欢办公室中的日常互动，远程工作可能会使你不开心。这里没有休息室里的闲聊，没有与同事在走廊上的偶遇，也没有与团队之外的人碰面的机会。如果你的大多数同事都在办公室中工作，而你却是远程工作，那么你很容易被排除在外，或者感到被排除在外，哪怕事实并非如此。当你没有每天都在办公室露面，你可能会感觉自己在晋升、选择项目和争取其他内部机会上被忽视。

即使作为远程工作者，参与视频通话也会让人筋疲力尽。我们在进化和成长过程中学会了运用肢体语言，而视频通话无法传达所有微妙的人类肢体语言，这使得我们的交谈对象看起来更加扁平，沟通也变得更加困难。你的大脑最终会消耗额外的能量来保持对谈话的专注和对潜意识信号的读取，而在当面交谈中我们可以不费吹灰之力地做到这些。①

远程工作对你的家人来说也很艰难。年幼的孩子并不总能明白，即使爸爸妈妈在家，也不总能回应他们。这种混乱可能会让孩子和父母都感到郁闷。

简而言之，远程工作和在办公室工作完全不一样。如果你习惯于在办公室工作，或者你对工作内容还比较陌生，那么远程工作可能会很困难。即便我认为自己是一个内向的人，我也觉得大多数情况下完全在家工作比在办公室工作更有挑战。那么，你要怎样做，才能在远程工作中取得成功呢？

8.2 创造一个空间

第一步是创造一个用于工作的空间，除了工作不做他用。理想情况下，这个空间是你家里的一个单独房间，有一扇可以关上的门。并非每个人都有这样的条件，所以你至少需要一个专用的、可隔开的空间。我有一个朋友如今在家工作，他没有空余的房间可以用作办公室。作为替代，他在屋中的特定区域摆了一张桌子，并在其周围的地面上贴上亮黄色的胶带，胶带包围的区域就是他的办公室。除非在工作，否则他从不坐在那块方形区域内，而家里的其他人也学会了尊重胶带所代表的意义。

从长远来看，将沙发和咖啡桌当作办公室无益于你的成功。你需要一个能够提供与办公室类似功能的环境：有一个可以保持适当坐姿的位置，有空间工作设备和任何所需配件，比如记事本、解压球或其他任何能帮你度过一天工作的东西。即使是在餐桌上工作，长期来看也会使你倍感压力。要么从你的家人那里永久划走一个空间作为你的办公室，要么你不断地每天下班后撤走办公室，每天早上再搬回来。

① 美国《国家地理》杂志《“Zoom 疲劳”正在给大脑带来负担的原因》（“‘Zoom fatigue’ is taxing the brain. Here’s why that happens.”）一文，在“Zoom 的负面”（“Zoom Gloom”）一节中，朱莉娅·斯克拉解释了视频通话如何在生理和心理上影响我们。

创造一个空间至关重要 如果你没有能力为自己创造一个足够的、专用的工作空间，那么你将面临真实存在的、无法成为成功的远程工作者的风险。请在考虑住房选项和工作机会时考虑到这一点。

此外，如果你在家工作，那么按照这个定义，你就是睡在办公室，这可是一件严肃的事。你要确保每天都会**离开**工作区，让工作和生活保持健康的距离。这就是留出一个专用的工作空间如此重要的原因之一。但同样重要的是，你要出门散步、跑步、遛狗、见朋友。我有一个朋友，他曾经的最大爱好是玩 Xbox 游戏。当他被迫开始在家工作时，这项爱好导致他在同一个位置待得太久。于是他很长时间不玩 Xbox 游戏了，逐渐开始在后院种药草。因为这项活动满足了他换个环境待着的需要，也给了他一个在工作间隙可以放松休息的去处。

考虑办公室中的压力 工作可能会带来压力，这个我们都知道。我们中的大多数人都指望通过下班回家来缓解压力，在家中我们努力为自己创造一个更舒适、压力更小的环境。想象一下，如果工作的压力都发生在家中，而你又没有另一个地方可以用于缓解压力，这该是什么感觉。这也是留出一个专用的工作空间以及能够定期**离开**工作区如此重要的另一个原因。

尽管每个人都需要一个专用的工作空间，但我们并不需要相同类型的空间。我需要一间完备的办公室，门可以关上（我打起字来吵得令人讨厌，我的家人比我更需要那扇门）。我有个朋友在一张从壁柜里折下来的小桌子上凑合地开展工作。我的另一个朋友在自家地下室里找了个角落办公，在那里她觉得工作得既开心又高效。我还有一个朋友自掏腰包，在他家附近的联合办公场所租了一个封闭的小空间。因此，我们可以考虑的选择有很多。

对于每个人来说，创造有效的工作空间的办法各不相同，而且其中还可能包括你的电子工作空间。也许你的雇主寄给你一台笔记本电脑供你在家工作时使用，但你发现在个人手机上查看邮件会更方便。这没有关系，但你得意识到，打破工作和生活的平衡并使自己时刻处于工作状态，是件多么容易发生的事。一直处于工作状态本质上没有什么错，只要这是你有意识的选择，但不要让自己意外进入这样的状态。

8.3 在缺少空间时创造一个空间

不能为工作创造专用空间，是远程工作的一项严峻挑战。征用餐桌、在沙发上工作或在后院工作都可能带来很多潜在的问题。

- 在这些共享区域里工作可能会给你的家人带来困扰（我将在第 8.4 节中介绍解决这一问题的方法）。

- 没有专用的工作空间会让你更难离开工作回到你的个人生活中。工作和生活可能会变得密不可分，这意味着你会感觉自己一直在工作，从来没有离开过办公室。这会给你带来很大的压力。

虽然我并没有见过这个世界上所有的人，但我也从未见过任何人能在没有找到办法创造专用的工作空间的情况下，还成功且持久地进行远程工作。我认识一些尝试过这样做的人，他们渐渐在工作中感到压力、不满和沮丧——我当然希望这永远不会发生在你身上。出于这样的考虑，以下列举了一些针对如何为工作腾出空间的富有创造性的建议。

- *考虑租用联合办公场所*。即使你不会每天都在租用的空间里工作，但能把你工作日的大量时间花在别处也大有帮助。联合办公场所通常按天、按周或按月出租单独的专用办公室，还有开放式工作区域可供使用，在那里你可以拥有自己的办公桌。你所在城市的某些地区也可能会提供你负担得起的办公空间租赁服务。在我住的地方，市中心有几处旧宅已经改建为联合办公场所，其中曾经是一间卧室的房间如今月租相当低廉。
- *研究创新家具*。我有个朋友住在一居室的公寓里，她不想把她的餐桌用作办公桌，因为工作日结束后她的办公桌还在那里。她意识到自己白天花在卧室的时间不多，所以便购买了一种创新式的床。起床之后，她可以把床折进一个壁柜里，然后从床底展开一张桌子。桌上有足够的空间放她的笔记本电脑，她还在床底贴了一张塑料对开纸页，可以往里面放一些记事本。一天的工作结束后，她把笔记本电脑收进包里，把床放下来，然后去公寓的其他区域享用晚餐、看电视和放松。

  我的另一个朋友把一个木棚改造成了办公室。他加装了一个空调，在一面墙上切出了一扇窗户，还重新整理了存放在木棚里的东西（他承认他办过一场相当大的庭院甩卖活动，售卖那些他觉得不需要的东西）。如此，他有了一个离开家的僻静去处，也让他在结束一天的工作后能离开工作区。

  我看到的最有创意的方法出自一位伴侣也在家工作的朋友。他的伴侣之前一直在家工作，所以他们有一间房间用作家庭办公室。他们试过共享那个空间，但两人都无法好好工作。所以我的朋友买了一些天花板轨道——那种你在医院里看到的能把房间分成两个区域的东西。她在天花板轨道上挂上了漂亮的窗帘，白天拉起，围住客厅的一部分。她有一张可以向上伸展到办公桌高度的咖啡桌，这就变成了她的办公桌。下班之后，她就把窗帘收到沙发的一侧避免碍手碍脚，把笔记本电脑收进包里，再把桌子收回咖啡桌的高度。

关键点在于要发挥创意。在家中寻找在工作日里可能未被充分利用的空间，再找些创新家具或利用其他办法来让其变成办公室。如果你有院子，不要忘记它。在附属建筑物中可以增加一个小型取暖器或空调，使它们更宜居。即使是一个封闭的弹出式帐篷也可以提供一种至少能时不时将你的工作和生活分开的空间。

如果你觉得远程工作可能会更长久地持续下去，那么可能是时候考虑更换住所了。如果财务状况允许，换更大的公寓或者带有专用小房间或办公空间的住所，可能是一个不错的选择。

8.4 和家人一起工作

在家工作最困难的一点也许是要与不能完全理解你整天在做什么的人同在一个屋檐下。我的妈妈来看我时就有这个问题：尽管我很幸运，有一间拥有独立卧室和卫生间的房间供她使用，但她仍然认为贸然进入我用作办公室的闲置卧室没有任何问题。毕竟，在她看来我就像小时候一样在“玩电脑”，打断一下又能有什么坏处呢？

解决这个问题的诀窍是为他人设定期望并降低自己的期望。如果你的工作中经常有连续的会议，这可能就行不通了。你需要安排更多的间歇时间，以便你的家人可以看到你。

我的一位同事在她用于工作的房间的门上摆了一块巨大的白板，正上方挂有一个电子钟。板上每天都清晰地标注了会议时间，相邻会议之间都有大块的间歇时间。“我的孩子可以等 30 分钟或 45 分钟，”她告诉我，“只要他们知道之后我能陪他们玩 15 分钟或 20 分钟。但老实说，他们通常 15 分钟之后就会厌烦我了，所以在他们碰到其他必须与我分享的事情之前，我可以再开一个会。”她介绍我用一个名为 Clockwise 的在线应用程序，这个程序集成了谷歌日历，能把你的日历中没有规划的时间作为专注时间标记占用，让你在一天之中能有时间留给你自己或家人。

在你设定了这些期望后，你就必须尊重它们。如果会议超时了，你就为即将退出表示抱歉，并解释你还有另一场会议。你也确实有另一场会议，是和你的家人一起开的。安排好你的休息日，也在日历中标出：不仅要腾出时间处理家务，也要腾出时间与家人联络感情。

如果你在家工作，你可能需要和你家中的其他成年人开诚布公地沟通一下期望和共识上的变化。成年人至少可以了解年幼的孩子有时不明白的逻辑和道理。谈一谈工作的现实状况以及家中仍需做出调整的地方，并就新的方式制订书面计划以及达成共识。我有一个朋友在家工作，她的伴侣总会在她开会时想要进来打扫卫生。“然后我明白了，”她告诉我，“那是他惯常打扫卫生的时间。后来，我不得不让他把打扫卫生的时间挪到晚上和周末，但他把擦拭灰尘的时间改到了下午，然后我们一致认为需要再买一个吸尘器，这样我在晚上就能帮忙，就能更快打扫完。而且说实话，在打扫卫生的这半小时内我不用思考任何事情，也算在下班后的一点放松活动了。”

你要发挥创意，并批判性地思考问题。不要期望你的孩子能有成年人的行为，他们习惯于在家中获得父母的全部注意力。不要期望你之前工作时通常都在家的伴侣能立即重新安排他们的计划以适应你的变化。坐下来，谈一谈现在的情况，然后制订一个新的计划。

8.5 建立每日例程

大多数在办公室工作的人都有规律的作息。他们通勤到办公室，沿途也许会听听广播或播客。到达办公室后，他们可能会去休息室喝杯咖啡，然后坐在办公桌前处理当天的邮件。他们做好自己的工作，按计划参加会议，然后回家。也许，他们习惯在回家的路上停下来买杂货或吃饭。回到家后，他们可能会看看晚间新闻或电视节目，并与家人共度时光。

每日例程的内容是什么不重要，重要的是有一个每日例程。对于远程工作者来说尤其如此，因为它有助于你在心理上分割开工作和家庭生活。

我的一位同事设定的每日例程在我看来可能是远程工作者的模范每日例程——不完全是因为她的每日例程的内容，而是她的每日例程的结构。她早上起床，喝杯咖啡，送孩子们去上学，然后去附近的街区慢跑。这段慢跑是她的“通勤”过程。她每天早上都会听播客，然后开始过渡到工作状态。回到家后，她淋浴、换上工作服，然后坐进她的办公区域里办公。她会计划好午餐时间，并在日历上标记占用这块时间。她的雇主相当支持员工进行远程工作，在公司的每个休息室里都安装了一台平板电脑。当在家中准备去休息时，她可以用手机拨通那个平板电脑，然后去厨房吃点零食。这样，她就可以像在办公室工作一样，与任何可能在休息室里的人聊天。下班后，她会在附近的街区散步。这是她通勤回家的过程，她说在这段时间她可以放松休息、听听喜欢的音乐。孩子们通常在她完成工作之前就放学回家了，但他们知道要等妈妈散完步之后才能去打扰她。

我钦佩她的一件事是她对每日的严格规划，我也效仿着她在做这件事。她把所有事情都体现在日历上，并严格遵循。她的一天没有通常的办公室环境中自然而然发生的场景，办公室环境中更可能发生随意的对话，但她也说服了许多同事去严格计划他们一天的工作时间。当他们都去上班之后——有些人在办公室工作，有些人在家工作——一个首要任务就是在自己的日历中寻找空白区域。他们会和在同样时间段有空白区域的同事安排 10 或 15 分钟的会议，来填补日历中的空白区域。从本质上讲，他们是在刻意地复刻办公室里的偶遇情境。

无论你的每日例程中有什么，关键是要有一个每日例程并坚持遵守。这将帮助你保持头脑清醒，每日都能以专业人士的身份出现。

8.6 明确地定义远程工作文化

虽然创建和推广支持远程工作的文化是整个公司的职责，但每个远程工作和身处办公室的员工都可以做很多事情来帮助推动这种文化。对于远程工作者来说，参加会议特别具有挑战性，尤其是当他们是少数群体时。帮助营造一种拥抱远程工作的文化，并以适当的礼仪对待办公室的工作人员和远程工作人员，是一件重要的事情。

- 视频通话常会有一两秒的延迟。组织中的每个人都应该明白这一点，如果他们提出诸如“有人要补充什么吗？”的问题，请养成询问之后几秒稍做停顿的习惯，这样能使远程参会者有机会做出回应。
- 嘈杂的会议室会给拨入电话的人带来糟糕的体验。开小差的声音、糖果包装纸的沙沙作响声和笔头的敲击声都会使谈话难以进行。会议主持人需要意识到这一点，并提醒会议室里的每个人保持安静，远程参会者也会被期望开启静音功能以减少背景噪声。
- 我合作过的一些公司会使用发言棒机制来提醒参会者保持安静。他们会使用一些物理标记——可能是解压球或其他一些物体——来标示谁可以发言。对于会议室里的人来说这是一个显眼的提醒，当你手中没有这个物件时就要保持安静。当远程参会者说话时，这个物体会被放进一个容器中，比如一个杯子中，以表明此刻远程参会者持有它。
- 远程参会者被要求表现得像在办公室一样，即要按照办公室的习惯或规则着装，及时出席会议，并处于专业的工作环境中（即使他们是在家里）。
- 会议主持人最好提前几分钟到场，以便确保会议设备已设置完好，会议能在预定的时间顺利开始。在每次开始会议时，会议主持人都应先进行简短的介绍，或至少让每个人互相打个招呼，以确保每个人都能听到并被听到，而不必每次都经历痛苦的“大家都能听到我的声音吗？”的过程。

另一个需要考虑的是，在临时交谈方面存在的办公室工作人员和远程工作人员之间的不平等。每个人都可以并且应该警惕将远程工作人员排除在外的临时办公室讨论和决策。我曾工作过的一家公司对这个问题有独特的应对方法：在办公室里他们不按组分配位置，而是故意打乱员工的座位。程序员可能坐在财务人员旁边，网络工程师可能坐在人力资源人员旁边。采用这个方法的目的是，我能更加刻意地走过去和一位同事交谈，从而能提醒我们可能把某个远程工作的同事排除在外了。当然，团队可以在会议室开会，这样做显然会提醒你安排一些事情并提醒你远程工作的同事参与会议。这个解决方法并不完美，但它有助于使办公室工作人员注意到远程工作同事的存在。

8.7 如同在办公室一样进行社交

刚刚开始进行远程工作的人面临的最困难的一件事就是错过了所有的办公室闲聊。尤其在领导者没有明确建立远程工作文化的公司里，远程工作者很容易感到被排除在外。下文给出了一些可供参考的建议，以便使你更有和世界相联系的感觉，以及对团队更有归属感，即使整个团队都在远程工作。

- *通过 Zoom、Teams 或你所在组织使用的任何通信平台定期举办闲聊活动。*在下班后举办一两个小时的这种活动。把重点放在小团体上：你的团队、你的直属同事或类似的群体。禁止谈论工作，把关注的重点放在大家这个周末要做什么、各自的生日都是怎么过的，以及其他与个人生活相关的内容上。
- *严格保持工作日历的更新。*在日历上标记所有事情，甚至是午餐这样的私人事务。然后告诉你的同事们："嘿，如果你要找我问点东西，就去看看我日历上的空闲/忙碌时间。如果看到我有空，就给我发一个 Zoom 链接。如果一分钟之内没有收到我的回复，就把你的问题用邮件发给我，这样我们就可以更经常联系，即使只有几分钟。"
- *寻找可以让同事进行随机联络的工具。*Slack 有一个名为 Donut（见 Slack 官网）的免费插件，用于随机连接同事进行快速视频聊天。这是在预定的会议之外建立人际关系的好方法。你们可以谈谈正在做的事情，增进对公司其他人在做什么的了解。

与同事之外的人建立人际关系也同样重要。寻找与你职业有关的开放 Slack 小组，然后去参加大量虚拟活动。这不同于和同事一起喝咖啡或饮料，但仍然有助于让你融入社群。比如，在搜索引擎上搜索"远程 angular slack 小组"之类的关键词，就可以找到几个适合 Angular 框架使用者加入的 Slack 组，你可以根据自己的兴趣调整搜索关键词。

8.8 远程工作：永久还是暂时

在 2020 年新冠肺炎疫情之后，很多人都开始远程工作了。当时我们很多人都不清楚——现在也不太清楚——这种远程工作是否会永远持续下去。尽管一些公司的员工已重回办公室工作，其他公司也宣布了最终会让员工重回办公室工作的计划，但我们中的一些人仍旧不确定这类远程工作将持续多久。一些人利用世界对远程工作模式显露出的友好态度搬到别的城市，这么做可能是为了省钱、为了去喜欢的地方、为了离家人更近，或出于其他个人原因。总之，对许多人来说，远程工作绝对不是暂时的。

不要让你用于远程工作的临时办公处意外地变成永久性的。某些你可以忍受几个月或一年的事物，可能会以你毫无察觉的方式逐渐消磨你，直到你最终再也忍受不住。如果某件事会永远持续下去，或者只是在可预见的未来持续下去，那么请坐下来思考一下，仔细检查你对生活和工作的所有设想：你需要多少空间，你在哪里工作，你从事什么样的工作，家人与你相处如何，等等。把这一切都摆在台面上，和对你来说很重要的人一起讨论，深思熟虑地制订计划。你需要自愿去搁置所有的设想，以全新的眼光看待你面临的情况，考虑自己的独特需求和边界，并找出合适的解决方案。

8.9 练习建议

对于本章，无论你是远程工作者还是办公室工作者，我都希望你去思考远程工作生活。请你制订一份远程工作计划，或者如果你已经在远程工作了，请评估你当前的远程工作条件。

- 你会创造什么样的空间来工作？能满足我在本章中列出的一些标准吗？
- 你会为自己创造什么样的远程工作每日例程？比如，早上的通勤过程会是什么样的？
- 如果你要起草一份办公室礼仪规章让远程工作者感觉更有参与感，那么这份规章会是什么样的？
- 如果你从来没有体验过远程工作（或者只是偶尔有过），你会想念办公室里的哪些东西？你要如何通过使用工具、流程或礼仪规章来减少远程工作为你带来的损失？

第 9 章　成为团队合作者

“你就不能让我写写代码，别来打扰我吗？”这话我说过不止一次（还有“让我运行一下服务器好吗？”“让我构建一下 DevOps 流水线好吗？”等），而且我得到的回答永远都是否定的。团队合作是把技术做好不可或缺的要素，而能够成为一个积极、高效的团队合作者可能是任何雇主都会要求雇员拥有的最重要的技能之一。

9.1　团队的跌宕起伏

如今我年长一些了，能正视自己的过去了，我可以无所顾忌地承认，我并不总是一个优秀的团队合作者。如果你看过电视剧《生活大爆炸》（*The Big Bang Theory*），我和谢尔顿・库珀有太多共同点了。你也许更有团队合作天赋，本章中的一些忠告对你来说可能看起来有些显然。但是，如果你是像我一样的人，那么对于我给出的提示，你必须每天积极关注并真正努力和投入精力去做。

我的一项弱点源于我的一种长处：我是一个“把事办成”的人。在会议上，我会清楚地表达我的观点，而且我往往是第一个发言的人，这是我的长处。但在那之后，我会誓死捍卫自己的观点，坚信我的方法才是引导团队前进的最佳方式。我希望团队中的每个人都站在我这边，团结在我的想法周围。

我现在确实不再这样了，但我在年轻时可能真的有点差劲。在作为一名独立合同人工作了几年后——团队中实际上就只有我自己——我才意识到一个高效的功能团队比任何个人独自能做的事都要多得多。我一直有点敏感，很容易感觉受到了伤害，但我花了很长时间才意识到其他人也可能同样敏感，也同样容易有受伤的感觉。有了这种感悟后，我开始成为更好的团队成员，到了我现在这个人生阶段，我认为自己在这方面已经变得好多了。

优秀的团队可以在技术上实现惊人的成就。我曾与多个优秀的团队共事过，他们有的创立了世界一流的认证考试，有的设计并交付了了不起的软件产品，还有的开展了开创性的社区活动。但是身处一个团队中意味着你有时必须收敛自己的锋芒。当你能提出一些有价值的东西时，你不能害怕将它说出来，但也不能以此压制其他人。你要把自己的想法和经验带给团队，但前提是用提供而不是强加的方式。你得承认，即使你绝对确定自己的方式是最好的，对团队来说，它也可能并不是最佳的方式。

团队当然是由人组成的，人既能带来乐趣，也能带来考验。我们给团队带来的影响好坏皆有：我们的经验、偏好、成功与失败等。我们带来的东西经常与同事带来的东西发生冲突，而冲突使团队合作变得真正具有挑战性。但如果理解和管理得当，冲突也可能是灵感和创新的来源。好的团队不会试图压制或避免冲突，他们会拥抱冲突并以健康的方式利用它。

所以本章所谈的内容都是关于如何成为更好的团队合作者。正如我所说，尽管随着时间的推移我确实成长了并变得更善于进行团队合作了，但对我而言团队合作并不总是自然而然的。我仍然需要每天投入精力锻炼自己的团队合作能力。因此对我来说，最佳的方法就是制定一份行为检查清单，我可以每天下班后回顾这份清单（为了帮助自己在团队工作中保持最佳状态，我确实这么做了）。

9.2 成为更好的团队合作者的行为检查清单

为了使自己成为更好的团队合作者，我的行为检查清单如下。

- 知道自己为什么在这里。我会确保每日都提醒自己，团队的使命是什么，我在团队中的角色是什么，而角色非常重要。我需要尊重这样一个事实，即我在团队中的角色拥有某些特定的职责，就像其他团队成员所扮演的角色也拥有特定的职责一样。我可以向团队中的其他角色提出建议，也可以接受他人给我的角色提出的建议，但最终我们都需要尊重每个角色各自的职责。例如，作为 DevOps 工程师，我常对编程语言有一些坚定的看法。有些语言在 DevOps 流水线上更容易部署——它们可能有更好的单元测试框架，或者能创建更加自包含的部署包——于是我更喜欢用这些语言。但是，尽管我可以提出这些意见和考虑因素，但通常还是由软件开发人员来决定选用的语言。他们需要考虑语言对当前任务的适用性、自己的编码和维护能力，以及其他问题。我们除了都要牢牢把握团队的整体使命，还要尊重各自扮演角色的边界。

- 对失败给予支持。实践证明，人类通过试验取得的学习效果最好，比如我们常常在经过大量失败后才找到完成某件事的最佳方式。在团队中，我的一项个人使命是确保我的队友在失败时也能有安全感。我会帮团队直接进行事后复盘，讨论我们做错了什么以及可以从中学到什么，而不是追究责任。
- 礼貌地沟通。这是指要表达而不是压抑自己的想法。将我的经验和观点带给团队相当重要，这是我拿了薪水后该去做的事。但给团队中的其他成员留出空间做同样的事情也很重要。我需要营造一个安全的环境。如果团队中的某个人的沟通方式不当，比如“这是个愚蠢的想法”之类的话显然表明环境不再安全，我需要站出来让谈话回归更安全的环境。
- 作为一个团体全力以赴。我待过的许多团队每周或每两周都会召开会议，在会上我们可以互相更新状态、回顾整体工作进展。在会议开始时，我都会尝试询问是否可以快速回顾一下当前的目标和使命。这种方式能让每个人达成共识，并确保所有后续对话都专注于实现共同使命。
- 在 48 小时内解决冲突。如果我对某个队友的所作所为或所说的话感到生气，我会先冷静一段时间，但我不会把冲突留到好几天之后再去解决。我在第 13 章里分享了寻找上下文的方法，我常用这个方法来尝试缓和局面、更好地理解我的队友以及公开解决冲突。
- 寻求帮助。示弱很重要，因为这样做可以告诉团队中的其他人，我并不要求他们总能知道一切。我希望我的队友觉得他们可以在需要时向我求助，所以我会确保我也在向他们求助。即使我只是在要求某人去核实代码，或确认我考虑到了服务器迁移过程中的方方面面，我也希望他们知道我需要他们。
- 分享一些私人生活。这对我来说不是件容易的事，因为我是个比较注重隐私的人。但我也会努力分享一些私人生活——我的家人是谁、我们闲暇时喜欢做什么，以及我们可能面临什么困难等。我也想知道队友们的这些情况。这种分享让我们更有人情味，我们越熟悉，就越容易接受彼此的错误和性格缺陷，也就能越有效地合作。
- 帮助队友取得成功。我花了很多年时间专注于自己的成功，但我已经意识到，我其实更愿意用帮助过多少人获得成功来衡量自己的成功。我请我的队友分享他们对成功的定义，并询问我能够如何帮助他们实现成功。他们几乎总是会在我给予帮助后做出报答，这意味着我们都在帮助彼此获得成功。除了完成团队的使命，我们还能够互相帮助以完成自己的个人使命。

- 停下来倾听。我在工程思维的影响下长大：当我看到一个问题时，我会立即着手解决。我从中学到的是，如果我能在贸然做决定前停下来倾听团队的想法，那么我往往能与团队一起找到更好的解决方案。我会请我的团队帮我确认我对问题的理解，然后我们会一起进行头脑风暴并寻找解决方案。团队中的每个人都偶尔需要一场胜利——一个他们想出的点子解决了所有问题的高光时刻。如果我希望人们时不时让我感受到这种胜利，那么我也要非常努力地让其他人也能感受到这种胜利。
- 做追随者。阅读至此，你可能已经看出我有一些偏向阿尔法人格[①]。但是在团队中，即使我是团队名义上的领导者，有时我也会主动成为追随者，让其他人带头。我做追随者并不总能做得很好，我一直都在这方面进行努力，但这样做能让团队中的其他成员有机会发光，而且我发现，他们也从不让人失望。
- 了解你的才能。我发现有一件事情意义非凡：与我的团队成员坐下来讨论我们每个人做得好的地方、做得不够好的地方以及希望从团队工作中获得什么，每年进行一次这样的对话或每当团队成员发生变化时进行这样的对话。在开展这类讨论过后，我的团队成员有时会找到我们的上级，要求对我们的工作角色进行微调，因为我们意识到我们没有充分利用个人优势。了解我的团队成员——每个人喜欢自己工作的哪些方面、他们想提高哪些方面、他们喜欢如何沟通，以及其他个人“怪癖”——几乎总能让我们工作得更有效、更快乐。
- 积极。公开对他人和他们的成就表示感谢，不要说闲话，露出微笑。随机对他人说你感激他们在做的事情，并祝他们今天愉快。把问题看作机会，并表达出对这些机会感到兴奋。拥抱差异，而不是评判对错。每天都去上班，做那种能激发团队活力的人，而不做让团队士气低迷的人。
- 干脏活。我一直都和我的团队明确表示，我们可以做任何事。我知道大家有时会担心，如果我们承担了所有的脏活，其他人都不会拦着，于是我们就会无法摆脱这些脏活了。如果你的团队现在是这样，那这就不是一个健康的团队。你应该努力修复或做出改变，因为在健康的团队中，当我自愿去做没有人喜欢做的工作时，通常每个人都会加入进来与我共同分担。
- 询问我可以如何帮忙。我尝试每天向团队中的每个人至少问一次这个问题。无论他们在做什么，我都想知道我是否可以使其工作效率更高，诸如此类。我们有共同的使命，我

① “阿尔法人格”的特点是自信、有主见、勇于承担责任、喜欢指挥他人。——译者注

想要和他们一起，尽自己的一份力。

- *遵循白金法则*。黄金法则是“以你希望别人对待你的方式对待他们”，但我发现我不喜欢这条法则。当别人对我说“我非常感谢你，祝你今天愉快”时，我并不太清楚该回复什么。但我意识到了他们在遵循黄金法则，以他们希望我对待他们的方式来对待我。对我来说，白金法则是“以别人希望你对待他们的方式对待他们”。要遵循这条法则需要进行细致的观察，我有时则会直截了当地询问对方希望如何被对待。但这值得我们付出努力，因为最终我们更多地了解到了该如何成为更有效的队友。
- *反思*。最后，在每天结束时，我会花一些时间反思当天我是如何与团队合作的。我是否做过任何不太积极或无益于推动团队朝着目标前进的事情？换句话说，我是否展现出我希望自己展现的样子？

9.3 与低效的团队和队友打交道

当我在某个团队与他人合作不畅时，我会采取某种逐步升级的程序。

- 我试着真正反省，确定有多少问题在我这边，有多少在对方那边。问题从来都不会全部出自对方身上，总有一些问题来自我自身。如果有人说了让我感到不快的话，我可能会问自己：“我是不是太敏感了？”为了验证这一点，我可以看看其他队友听到这些话的反应。如果他们也觉得不快，这表明不完全是我自己太过敏感。最后，我会尝试理解对方的意图：队友是有意的还是无意的。
- 我尝试通过询问队友的上下文和分享我自己的上下文来详细讨论当前的问题（我在第13章中更全面地介绍了这个过程）。我会问：“我想知道你今天是怎么了。你心情还好吗？你在烦恼什么事吗？我想就你刚才的用语和你说点我的看法，我有点好奇这样的话对你意味着什么，你打算让别人怎样理解你的话。”构建共同的上下文通常是解决问题或至少是消除误解的最快途径。
- 如果分享上下文没有产生我想要的效果，我就会去寻求帮助。我会先询问其他队友：“××的这种话真的让我挺不开心的，只是我这么觉得，还是你也有这种感觉？你觉得我们可以跟他讨论一下此事吗？”
- 假设我到目前为止的努力都没有奏效，我会上报给上级。我几乎不会要求他们解决问题，相反，我向他们寻求帮助和建议，然后自己解决。采纳并实施这些建议后，我会向我的上级分享结果。如果我自己的尝试没有成功，为了寻求积极的结果，我可能会请他们介入并帮助促进对话。

- 在我的职业生涯中，我只走到过几次（谢天谢地）“我可能需要考虑离开团队”这样的地步。这可能是因为内部调动，也可能是为了换新工作。如果我真的确信团队或队友的问题不完全是我想象出来的，并且我自己没有成功解决问题，我的上级也没有成功或不愿意解决问题，那么可能是时候离开了。这样的工作环境既无法让你成为想要成为的人，也无法让你实现想要实现的目标，不值得你花费生命中 1/3 的时间在上面。

在寻求解决问题的方法时，我确实会尝试尽可能避免引发冲突。我会尽量明确表示这个问题可能只是我的误解，我希望解决误会。我可能相信这种话，也可能不相信，但这样可以使我避免用直接攻击的方式（“你说的这话我不喜欢听”）展开对话。要想将谈话快速转移到健康的地方，最简单的方法通常是重复我对问题的理解并提供机会让别人纠正我。

我也会考虑我的团队的健康程度：我们有明确的共同使命吗？我们的个人优势是否得到了有效的发挥，弱点是否得到了有效的弥补？我们是否各自都讲过喜欢怎样工作，是否为最好地适应所有人而达成了任何必要的妥协？如果没有，那么着手解决以上问题至少能将团队提升至一个更健康的水平。

9.4 营造包容性强的工作环境

作为一名出色的团队合作者，你可以做的另一件事是帮助营造包容性强的工作环境。

现在我想暂停一下，我承认，特别是在技术行业，工作场所多元化的主题太复杂了，无法在一本书的某个章节中说清。这个主题值得详细探讨，并应从不同的视角进行探讨。我绝不是在试图回避这一主题，我只是想在此强调我们需要认真研究这一主题。我也完全能意识到，我自己的观点只反映了众多视角和经验中的一部分。事实上，这是争取更多元化的工作场所的意义之一：你最终能更全面地了解众多的视角和经验，因为其他人的不同视角和经验有助于描绘出我们和我们的组织所处的这个世界更广阔、更完整的样貌。

即便如此，我仍想在此提供一些建议，来帮助你在日常工作和生活中为营造这种包容性强的工作环境做出微小而有意义的贡献。

9.4.1 帮助

首先看看你是否可以做些什么来帮助技术团队拓宽漏斗顶部。也就是说，即使今天的工作场所不像它们应有的那样多元化，你可以做些什么来帮助未来的工作场所变得更加多元化？为了让未来的工作场所能更好地反映出我们所处世界的构成，你可以去一些教导孩子们编码、搭建网络或者修理计算机的组织中当志愿者。

- Black Girls Code 和 AllStarCode 就是两个这样的组织，分别专注于教导黑人女孩和年轻黑人男性。
- 我还支持过 Tech Impact 的 IT Works 计划，该计划针对来自弱势背景下的孩子，以帮助他们获得入门级的技术工作。
- 拉丁裔 STEM 联盟专注于帮助拉丁裔群体，涵盖科学、技术、工程和数学领域，还包含一个精彩的机器人项目。
- CODeLLA 旨在教拉丁裔女孩编码，还开展过一个非正式的“拉丁裔女孩也编码”（Latin Girls Code）运动，这在社交媒体上能轻松找到。

这些只是几个例子。关键是要找到这些组织并给予支持，通常你要用你的时间来把你的技能传授给那些平常可能无法获取到这些技能的年轻人。也许这和成为一名出色的团队合作者无关，但这和在未来建立更好的团队有很大关系。

9.4.2 给予尊重和支持

在你度过一个个工作日之时，请注意我们每一个人都有不同的文化背景，在不同的环境中长大。这些差异使我们变得有价值，但也使我们变得脆弱。我们的每一个与众不同的特质，都可能导致他人打压我们或让我们感到羞耻。在我这一代，技术界的很多人在学校都经历过这种情况。我曾经是我们学校新开的计算机实验室里自愿帮忙的两个孩子之一，我为此经历了各种各样的伤心事。*极客*和“*书呆子*”在当时并不像现在一样是有趣的称谓，它们在当时是用来伤害人的一种称谓。我那时遭到排挤，而当我讲出这件事时，我被人告知应该“坚强起来”。这是一句常见的话——“坚强起来”。当人们抱怨受到取笑时，这句话通常是用来进一步取笑他们的。那些告诉我们要坚强起来的人，通常是那些根本不会受到取笑的人，而且他们可能处于永远不会受到取笑的位置。

你要试着认识到这个事实。没有人希望别人在未经同意的情况下拿他们开玩笑。如果这件事从来没有发生在你身上，你就不可能理解它会让一个人有多痛苦。一觉醒来，知道你必须去上班，而那里的人会取笑你，不把你当作平等的人来对待，这种体验是很可怕的。鉴于不开那些玩笑、不做出那些评论等事情是那么容易办到，那么什么也不说或者给予赞美又是多么容易。既然不去伤害别人要容易得多，为什么会有人选择去伤害别人？

我清楚这种“有些人就跟雪花一样脆弱，他们需要坚强起来”的观点，但是除了这些你仍有很多可以对他们说的话。你可以选择告诉他们你希望他们今天愉快；你可以在会议中给他们留出发言的空间，让他们的声音能被人听到；当别人对他们不友善时，你可以为他们挺身而出。如果你是那种喜欢以牺牲他人的利益为代价来开玩笑的人，你的生活不会因为保持沉默或找到更合适的笑话而显著受损。

我们都想有归属感，这是我们的一种基本需求。归属于一个群体能带来安全感，这也是人类是社会性动物的一个原因。在高中时，我们都想加入受欢迎的那群人中，尽管我们大多数人在成长过程中会逐渐摆脱这种想法，但我们仍然希望有归属感。在日常生活中，你可以做很多事情让他人获得归属感。

提供包容性强的工作场所不是我们为了避免诉讼而进行的人力资源管理活动。我们应该这样做，是因为我们是在与其他真实的人一同工作。我们可能并不都能意识到在工作中的归属感，因为我们从未脱离这种感觉。但是，如果你考虑一下其他人的感受，即使是一件小事，若能为他们减轻这种如履薄冰的感觉，这就是一份真正的礼物，是他们作为我们的同胞所应得的。

9.5 扩展阅读

- 《你就是团队：从优秀走向卓越队友的 6 种简单方法》（*You Are the Team: 6 Simple Ways Teammates Can Go from Good to Great*），迈克尔 · G. 罗杰斯（2017 年独立出版）。
- 《团队领导力 17 法则：跳出管理陷阱，零消耗带人成事》（*The 17 Indisputable Laws of Teamwork: Embrace Them and Empower Your Team*），约翰 · C. 马克斯维尔（2013 年由 HarperCollins Leadership 出版）。
- 《团队灵魂：赢得团队合作的现代寓言》（*The Soul of a Team: A Modern-Day Fable for Winning Teamwork*），托尼 · 邓吉（2019 年由 Tyndale Momentum 出版）。
- 《工作归属感：培养包容性组织的日常行动》（*Belonging At Work: Everyday Actions You Can Take to Cultivate an Inclusive Organization*），罗德 · 佩里（2018 年由 PYP Academy Press 出版）。
- 《脱节：如何在工作中传递真实感、意义感和归属感》（*Disconnected: How to Deliver Realness, Meaning, and Belonging at Work*），科琳 · 麦克法兰（2020 年由 New Degree Press 出版）。

9.6 练习建议

在本章中，我希望你思考一下你最想加入的团队类型。

- 列出你心目中理想队友所具有的属性。他们每天会如何对待你？他们会带来什么价值？在理想情况下，他们会如何与你互动？
- 对照上述属性，在这些属性中，有哪些是你每天对其他队友表现出的？
- 找一些队友问问他们是否愿意进行有关团队本身的讨论。要求他们创建类似的属性列表，可以是匿名的。等每个人都创建出了他们的列表后，对比这组列表。是否有一些属性是每个人都希望看到的？存在哪些差异？这些差异表明，每个人都是独一无二的，因此我们不能总是以我们希望别人对待我们的方式对待我们——我们需要以他们希望被对待的方式对待他们。
- 找你的一位队友了解其是否曾对自己的某份工作没有归属感——不管是否是现在的工作。即使你难以在工作中找到归属感，听听其他人对此的看法和他们的经验也会对你很有帮助。

第 10 章　成为团队领导者

许多技术人员都回避进入管理或领导层，这非常可惜。尽管管理者和领导者无疑并不适合所有人，但它们可以成为你的职业生涯中的亮点，也能使你有机会对他人的职业生涯产生积极影响，前提是你能做好这份工作。

10.1　做出成为领导者的决定

我在技术界的很多朋友都明确向我表示过，他们对管理没有兴趣。如果我问为什么，他们会给出各种各样的理由，但这些理由有些共通之处，可以归结为他们在自己的生活中遇到过糟糕的管理者，他们不想成为那样的人。

我曾和一些管理者有过糟糕的交流，也和真正有天赋的领导者一起有过愉快的经历。在我职业生涯的某个时刻，我回顾了一生中得到过多少优秀领导者的帮助，然后我决定："我也想这样做。"我突然想要为组织做出指导性决策，我希望有机会给其他人的职业生涯带来积极的影响。我很高兴我认识到了这一点，我也从中受益极多。

管理和领导并非每个人职业生涯的一部分，但是，你不应该在阅读本章之前就做出不想成为管理者或领导者的决定。如果在你通往成功的道路上包含管理或领导，我希望本章给出的一些提示，能让你在这条路上走得更愉快、更高效。

10.2 管理与领导

我想在此咬文嚼字一番。我即将提出的定义绝不是通用定义，但在本章中，我将用它们区分一些不同的职责和行为。

首先，我会给出监督者的定义。在本章中，监督者是监督一群人做他们该做之事的人。我知道有些人可能对这个角色不太有好感，因为他们认为从某些方面来说这只不过是在充当保姆而已。但是，监督者也可以成为你涉足管理领域的一种方式。你承担了更大的责任，并开始探索管理和领导在实践中的含义。如果你曾经工作的团队里有团队领导者，比如首席软件工程师，那么你可能已经亲眼见识过优秀的监督者，即使他们没有被这么称呼。

下一个概念是管理者。有的时候，管理者很像监督者，他们要确保人们按时上班，对违反规定的人进行纪律处分，等等。但真正优秀的管理者能合理配置资源以实现一个或多个目标的人。管理者可以是团队里的一员，但不一定是团队的领头人。一个和其他软件工程师同组共事的首席软件工程师很可能也承担着一些管理职责。

领导者是完全不同的概念，也是本章要讲的重点。领导者是走在最前面的人，他们向团队成员展示目的地在哪里，勾勒出通往成功的道路，并能向团队成员展示到达目的地的路径。领导者是帮助每个团队成员理解团队使命的人。一位卓越的领导者能够帮团队消除障碍，以确保团队能够集中精力完成工作。领导者不是完成所有工作的人，在很多情况下，他们甚至可能不了解所有需要完成的工作。但他们是为团队创造愿景的人，也是帮助团队成员了解他们能如何为团队使命做出贡献的人。

领导者也是对团队成员负责的人，他们将这些团队成员视为人而不是资源，他们会关心团队成员的精神状态，会帮助指导团队成员的职业生涯发展。领导者会培养新的领导者，帮助团队成员提升到他们职业生涯所需的任何水平。领导者会意识到团队中的某个人何时不再与其他人同路了，领导者会在他们前往职业生涯的下一站时送上祝福。

值得注意的是，职位名称并不一定能告诉你某人是否是领导者。一个网络运维经理如果表现出相应特征也可以成为领导者，“单纯的”监督者也可以是领导者。相比你的职权范围或者你在组织架构中的位置，这更加取决于你的行动方式。

你可能曾为自称领导者但没有表现出这些行为的人工作过。如果是这样，这些人就不是我所认为的真正的领导者。如果成为领导者能带你走向成功，那么不要回避担任领导者。

10.3 领导者的路径

担任领导者完全不复杂，因为你只有一个简短清单内的事情要做。但是担任领导者又很难，因为你必须每天露面并投身到那个简短清单上列出的事情中，并准备好帮助你的团队完成既定使命。

首先，你创造出一个愿景——描述你想象中的团队未来的样子。如果你领导的是整家公司，可能是公司在几年之后的样子；如果你领导的是一个较小的团队，可能是团队在一年或者更短的时间后的样子。

你的愿景中需要设定一些具体可衡量的目标，任何能访问到可靠数据的人都可以对照这个目标并判断"是的，你成功了"或者"不，你没达到"。但是你着眼的不是每周的小目标，你考虑的是团队的首要、总体目标，换句话说，就是大局。这些总体目标可能包括对团队本身活动的描述，以及团队具体将要达成的结果。你的愿景还需要是可实现的，你在判断"什么是可实现的"时，需要使用你自身的经验、你所做过的调研和你掌握的数据。如果你能够说出"看，我们已经接近了我在我上一份工作中取得的类似的成果，我知道后续该怎么做"，那么这是一个良好的可实现的迹象。或者，你对"可实现"的信心也可以来自这样的想法："其他所有与我们做同样事情的公司都已经实现或正在实现这一目标，而且我有相关的数据来证实这一点。"这也行得通。但是你的愿景不能是纯粹的幻想或直觉，需要有一些证据来证明它是一个现实的、可实现的愿景。让我们来考察一则愿景描述，看看如何使其变得有效，以及领导者如何用其来领导团队。

我们的团队将成为一个由世界级的敏捷实践者组成的多元化团队，我们会在所有项目中例行交付更多产物以及更加零缺陷的部署包。

这是一个糟糕的愿景描述。这个愿景描述表明团队在某些目标上和某些领域中没有实现预定目标，但是没有提供足够精准、明确的信息供领导者指导团队工作。这种愿景描述既不客观，也无法衡量。究竟什么是世界级的，我们如何知道是否达到了？更多产物具体指什么？多元化又是什么意思，用可量化的方式如何表述？真正的愿景描述应该是以下这样的。

---

4 年后，我们的团队将完全由持有认证的敏捷实践者组成，他们按照明确划分的 4～6 周的冲刺周期工作。我们每年会在这些冲刺周期中交付 10～12 个软件部署包，并且

我们将把缺陷率维持在每个部署包少于 5 个障碍性问题。团队中至少有 40%的成员来自传统上未被充分代表的群体。

这才一个构思完善的愿景描述。它给出了 4 年的时间线（实际情况中，你可能每隔几年会调整一下时间线，如果 4 年是合适的时间线就保持下去）。这些目标可能是延伸目标，这个意思是团队现在还没有实现这些目标，距离这些目标也还较远。不过这些目标是可衡量的：开发的冲刺周期、每年在这些冲刺周期产出的软件部署包的数量，以及试图达成的缺陷率目标等。

这个愿景描述好在你能够看清团队现在所处的位置，以及为了实现愿景团队需要到达的位置，然后开始在两者之间构建一条路径。作为领导者，你可能会做出以下决定。

- 我需要每个季度让两名团队成员获得敏捷认证。我会错开他们的时间，这样就可以安排时间让他们去准备，而不必让整个团队停工。
- 我们现在的冲刺周期是一年，所以我打算缩短下一个冲刺期，尝试将冲刺周期控制在 3 个月内。
- 我们每月将进行一次敏捷审查，以便更好地巩固敏捷原则，并确保我们从错误中汲取教训。
- 当有新职位空缺时，我将致力于面试多元化的应聘者，包括内部的和外部的。我会始终聘请最适合这份工作的人，但我也意识到能为团队带来新视角的应聘者是最佳人选的标准之一。
- 我们将积极致力于使单元测试成为常态，以降低交付的每个软件部署包的缺陷率。我需要让每个人接受正确的培训，并监督培训进展。

这些是团队可以做的实际、可操作、可见的事情。作为领导者，你可以向团队展示这个列表。切换到管理者的角色，你会发现你需要有效地利用一些资源，你可能要在组织架构中向上协商来获取这些资源。你也许会对你的老板说："还记得你说你想要更多、更小、更可靠的软件部署包吗？它们就是要实现这个目标后你能得到的东西。我们需要稍微对团队和流程进行投资，这样我就能让他们腾出时间来做这件事。"

在组织结构中向上协商 向上管理是任何一名优秀的领导者都拥有的重要职责。我们常常以为管理只是指管理向你汇报的人，但管理自己汇报的对象是领导者的另一种行为。下面我将提供两个例子。

有一天，我的老板来找我，解释了公司事项的一些优先级变化，要求我重新调整团队活动以支持这些优先事项。我查看了要求，并解释说我需要再增加至少一名软件工程师才能实现这一目标。"没有多的人员配额了。"我得到了这样的回复。"好吧，"我说，"但我就得把你之前要求实现的目标变成可选项了。我们会尽力完成可选项，但不能保证能否真的完成。”我供职的这家公司支持这样的协商行为，因为公司承认由于我所处的位置离实际工作更近，所以我会更加了解哪些事情是能办到的。

还有一回，我领导的团队中有几人离职了，而空缺未能得到填补，因此项目进展变得很缓慢。我没有直接去找领导解释困境，而是给领导提出了 3 个可能的解决方案。“我无法实现我们最初确定的目标了，”我解释说，“但鉴于当前的情况，我找出了 3 个我认为可行的解决方案。”我们将这些解决方案用作协商的基础，我的领导帮助我了解了公司当前的优先事项，而我帮助她了解了目前团队可以做到的事情。

在组织结构中向上协商是一项强大的技能，一家运营良好的公司会理解这是整个业务的重要组成部分。

这种在组织结构中向上报告的行为是优秀领导者应做的事情。组织告诉你它想要一些东西，比如采用敏捷方法或提高生产力，而你作为领导者为此创造出了一个可落地的愿景，以及实现愿景的路径。没有什么是免费的，资源是有限的，所以你要弄清楚这个愿景需要组织花费多少设备、时间、人员和金钱上的成本。作为领导者，你要负责让这些投资创造出期望的回报，并且应该乐于为此承担责任。

有了良好的愿景描述和能实现愿景的计划，你就可以开始向你的团队成员展示适合他们的位置了。有了一个真正清晰的计划，每个人适合什么位置通常就很明显。有的团队成员可能会发现她需要获得敏捷认证，有的人可能会说：“我想我最好开始收集有关单元测试的资料。”自此，你作为领导者的工作就是使每个人走在正轨上。在日常混乱的生活中，我们很容易忘记团队愿景，而你的任务就是帮团队时刻盯住这个愿景。

10.4 进入他们的上下文

在将愿景付诸行动的几个月后，一位团队成员找到你，说：“我们真的需要增加这个额外的功能，因为用户已经多次为这个事联系帮助台了。”

但是团队的冲刺周期已经开始两周了。如果你此时增加新功能，就违反了敏捷原则，也会降低当前的工作质量。你参照愿景描述来决定该怎么做。此时增加此功能是否有助于团队实现愿景？若答案是否定的，你就不应增加此功能，因为愿景比这个功能更重要，团队需要坚持对愿景的全力投入。你向团队成员解释了你的想法，但他持怀疑态度，仍然认为现在就增加此功能是最好的做法。

如果你的团队成员不同意你的意见，你会怎么做？你会如何处理这种分歧，以及在工作环境中必然会出现的许多其他分歧、争论、误解和争吵？为了处理这些，你要了解团队成员心里是怎样想的，方法就是进入他们的上下文。

微处理器可以在这两个空间（内核空间和用户空间）中的一个里执行代码。内核空间是一个受保护的环境，专为维持整个计算机运行的敏感的操作系统级代码而设计。用户空间用于常规应用程序。这两个空间是分开的，因此单个应用程序不会轻易使整个计算机崩溃。

微处理器不能同时执行内核空间和用户空间的代码。这样做会使其中一个影响到另一个，这就违背了将二者分开的用意，因此，为了从一个空间切换到另一个，微处理器必须执行上下文切换。这是一种耗时的刻意行为，它使进程进行了思维转变。“好吧，”它会对自己说，“我现在处于内核空间的上下文中。我需要有些不一样的行为，我处于用户空间的上下文时不被允许做的某些操作现在可以做了。深呼吸，开始了。”

作为领导者，你需要变得有点像微处理器，发展出能或多或少根据需要切换上下文的能力。

当你读完这一段时，我希望你坐下来闭上眼睛思考，聆听内心的独白。当你静下心来的时候，你在想什么？我刚刚这样做了一下，发现自己在想周末要开车来拜访的朋友，我们已经有一段时间没有见面了，我期待着拿出一瓶好酒，和他边品尝边一起聊聊近况；我还在担心每晚都打翻平台上东西的浣熊，以及为了结束这种状况而不得不做的事情；对了，我还要把垃圾拿出去倒掉；我可以来一杯冰茶；我的下巴有点疼，我一定是睡着的时候压着脸了，或者是我又咬紧了牙关，我可能已经有 9 个月没去看牙医了……

那是我一天中某个时刻的内心独白，是我的上下文，是我当时脑海中想着的事。所以在我的爱人问我有没有核实过烟囱清理工的事情时，我厉声说：“没有！”我脑海中已经有太多家务事了，又多来了一件。再加上我的下巴还在疼，我不想听到这件事，也不想用这种方式听到这件事。

然后我们吵架了，当然，这是因为我的情绪失控了，但主要是因为我的爱人正处于另一个与我完全不同的上下文中。我爱人的父母正在经历一些艰难的财务决定，我知道这个情况正在影响我的爱人及其兄弟姐妹，使他们忧心忡忡。我的爱人的上下文是试图确保这次烟囱清扫工作得到妥善处理，因为家里发生了太多事，这件事就很容易被落下，而我又在这里无缘无故地发脾气。但在我的脑海里，我所做的是有道理的。在我爱人的脑海中，他所做的也是有道理的。

我们都在不同的上下文中运作。我们有不同的头等大事要想，有不同的问题要担忧，对在各种情况下发生的事情有不同的看法。正是这些差异造成了冲突。作为领导者，将自己置于他人的上下文中以便理解正在发生的事情是你的工作。你并不应该让他们忍耐一切并完成工作，你有责任去领导他们。为了领导他人，你需要对你期望的跟随者们有所了解。如果人们觉得你的选择很愚蠢，他们就不会跟随你；你需要弄清他们觉得什么是明智的、什么是愚蠢的，并以他们的视角帮他们理解为什么你的选择是明智的。

团队成员：“敏捷很蠢，你不可能在 6 周内完成任何事情。”

团队领导者：“好吧，不管是聪明还是愚蠢，公司需要我们提高响应速度。如果我们不想用著名的敏捷方法论也可以不必用，尽管我确实想看看这些原则及其转变的效果。”

团队成员：“这不过是又一个无用的变革。我们每两年都搞一次——没什么正当理由就要我们改变做法。”

团队领导者：“嘿，你显然是有什么担心的事情，告诉我你在想什么。”

团队成员：“说了也没用，你只会做你想做的。”

团队领导者：“也许不是呢，请暂时忘掉我的看法。如果我错了，那我就是错了，我会承认这一点。和我说说你的想法，如果我的计划确实愚蠢，那我就不会执行。”

为了理解其他人的上下文，你需要提出问题。我知道并不是每个人能自如地表露情感，我有时也会觉得不自在。我是一个爱挖苦人、有工程师头脑的计算机迷，比起谈论感受，我更愿意组装服务器。但是当我担任领导职务时，了解我的团队所处的精神状态是我的职责。如果我要说服他们跟随我，我需要了解他们看重什么、他们的优先事项是什么，以及他们关心什么。我需要找到一种方法，让我们在需要一起做的事情上保持一致，为此，我必须问他们很多关于他们的问题。正是这些问题以及他们的回答才能让我进入他们的上下文。你知道吗？也许我错了，他们是对的，他们只是不擅长以我理解的方式表达他们的想法。做出转变以从理解他们的视角去理解他们的想法是我的职责。

那么，为什么你不能指望你的团队忍耐一切并完成他们的工作呢？因为他们是人，而人不该忍耐一切。他们可能会试图忽略自己的感受，表现得好像一切太平。但是如果你鼓励或允许他们这样做，你就不是在建立一个健康的团队，更不是在建立一个会跟随你的团队。

成为一名真正的领导者并不是靠获得一项新的工作职称和薪水增长来实现的，而需要你去赢得团队成员的认可。请记住，作为领导者，你可能是团队中最没有能力完成任务的人。你的团队成员的工作是完成任务，而你的工作是赢得他们的追随，并帮助他们获得各自都想要的结果。

我承认，并不是每个人都会成为完美的团队成员。如果一些团队成员认为你的愿景都是错的，那他们可能不太适合你的团队。“这就是我们的目标，”你可能会说，“当然你并不一定认同它，但如果你不认同它，那么我就要设法为你找到一个目标与你兴趣一致的团队。”

这并不是让团队成员选择“要么照做，要么走人”：如果你制定的愿景和规划的路径能够实现公司的目标，那么你的团队成员应当遵从它。你当然会向团队成员寻求反馈，你可能会寻求他们的帮助来设计实现愿景的正确路径。如果你们真的在合作，并且你帮他们理解了你制定的愿景及其对公司的重要性，那么一个优秀的团队就会建立起来，你们就能有效完成工作。但有时——尽管我希望这种情况非常少——当前的某个团队成员对新的旅程不感兴趣，那么你的工作就是帮助他找到他真正想要参与的旅程。

10.5　积极地领导

我为一些所谓的领导者工作过，他们过于用力地成为集体的一分子。每当他们被要求做明知不受欢迎的事情时，他们都会试图向团队成员表示同情并将责任推到别处。

> “看，高层领导说我们不管投入多少时间都必须完成服务器迁移。我知道，我知道——我告诉过他们我们已经努力了一个星期，但他们就是不听我的。”

这不是在领导，也不是在管理。除了有点烦人，我不确定这是什么。记住：领导者要有愿景，这个愿景能要有利于实现组织需要的成果。领导者要为实现这个愿景制定一条道路，并努力激励他的团队坚持走这条道路。领导者应帮忙移除团队和愿景之间的障碍，并且会承担责任。

作为一个领导者，若你的出发点是消极的，你就是在破坏能实现自己愿景的道路。当你变得消极时，整个团队就有理由变得更消极。这会降低他们的生产力，影响他们的心理健康和幸福感，也会降低他们跟随你的欲望。

> “伙计们，是这样的。我们都知道销售都需要我们在新活动开展之前迁移这台服务器，而活动在下周就要开始了。我们已经为此奋战了一个星期，你们告诉我已经解决了最后的障碍。明天是我们答应他们的最后期限，所以我们必须做到。我知道这意味着大家要工作一整晚，但我会在这里陪着大家，因为这是我们承诺过会完成的事，我们就必须完成。其他人都在指望我们。就我看来，你们 6 个人不必整晚都在这里。你们想要轮班吗？”

积极的领导并不意味着你必须在任何情况下都面带笑容。坏消息会出现，坏事也会发生。积极的领导指的是你能够说这样话：“我知道情况不是很好，但我们需要克服它，那我们要怎样才能做到？”你这么做是在提醒每个人在实现愿景的过程中所起的作用都是独一无二的。这使他们知道，你也会尽自己的力，就像你要求他们尽力一样。如果你已经创建了一个可实现的愿景并勾勒出实现它的清晰路径，那么剩下的就是完成工作。

10.6　领导者会犯的错误

我们都会犯错。错误的意义在于我们可以从中学习经验。而指导的意义，正如我试图在本书中所讲的那样，在于分享你的经验，这样其他人就可以避免犯你犯的错误。出于这种考虑，下文列举出了一些领导者可能会犯的错误。

- 不诚实。如果你的组织正在做愚蠢的事情，你不必粉饰，但是你也无须因此向你的团队成员表示同情。你应让你的团队把重点重新放回实现愿景上，如果有需要，你应重新设计实现愿景的路径，重新让每个人明确他们各自的职责。
- 责怪他人。领导者要负起责任。你的团队成员可能会犯错，在某些不幸的情况下，你甚至可能不得不针对这些错误采取正式的纪律处分。但请确保你在寻找防止这些错误发生的方法。微观管理不是好的解决办法，你应确保每个人都知道自己的职责，并提供客观的衡量标准让他们用来判断是否成功，才能最大限度地减少这些错误。
- 否决想法。大多数技术人员都是充满激情、富有创造力的人，他们想要改善他们所处的世界。不要压制他们，你应让他们表达自己的想法，并倾听这些想法。你也需要承认你的团队成员可能比你聪明得多，并依靠他们的帮助来构建通往愿景的道路。
- 让错误就这么过去。错误提供了学习的机会。为了最大限度地利用错误，你应和团队成员一起讨论它们，并找到一种新的方式以防止将来再出现这个错误。将错误记入项目笔记和记录中也很重要。你要创造出一个没有恐惧的环境，让团队成员乐于承担责任，因为他们知道犯错后重要的是从中学习经验，而不是接受惩罚。
- 说得太多。“少说话，多微笑”，就如音乐剧《汉密尔顿》的歌词里所说的那样。作为领导者，你的工作是帮你的团队看到愿景，然后支持他们实现愿景。除非你去倾听他们的想法和需求，否则你无法给予他们支持。
- 沟通不畅。书面和口头沟通技巧对领导者而言至关重要。比如，你应记住并非每个人都会用同样的方式解读同一个表情符号。你要努力以尽可能明确的方式进行交流，并注意你的信息是否有可能被对方误解。你要倾听、学习，然后调整。
- 遗忘。记住你在生活中遇到过的糟糕的领导者，不要忘记他们，也不要成为他们。

10.7　超越一般的领导力

真正高效的领导者还有最后一项任务，就是照顾好你的手下。这项任务既包括尽可能地保护他们不受上层的指责，以及帮助他们专注于使命，还包括要努力照顾你的团队，无论是从个人角度还是从专业人士角度。

关注你团队中的个人对成功的定义。询问他们希望过什么样的生活，以及他们认为怎样的职业生涯能使他们获得这样的生活。询问你可以如何帮助他们创造这样的职业生涯——如果帮不了什么就提供些建议。当你在他们的职业生涯定义中看到你可以提供帮助的东西时，请主动提出帮忙。也许你可以指导他们成为领导者，或许你可以帮助他们增进对公司的了解，以便他们能更好地将当前的工作与其职业生涯目标相匹配。

我很幸运，我遇见的领导们几乎总是帮助我成长为我想要成为的任何角色。我最初的一份工作是在一家计算机软件零售商兼职零售销售助理。大多数零售店都有一名经理和一名助理经理，通常还有一个或多个钥匙保管人。这些钥匙保管人持有商店的钥匙，负责给商店开门和关门，也会做与清点收银台以及开门和关门相关的文书工作。但我的经理认为，每个人都需要知道如何做每件事。虽然我每周只在那里工作将近 12 个小时，但我很快就学会了一切工作流程。我可以做经理的大部分工作，当附近商店有助理经理的职位空缺时，我很轻松地被录用了。我一直没有忘记那位经理的工作态度。

即使在今天，我仍然确保我团队中的每个人都知道如何完成我的工作，即使他们（尚）没有权力这么做。总有一天，他们会有向上走的机会，到那时不论是他们还是公司都能比较容易做决定。当然，这一切都取决于他们是否想朝这个方向发展。我一直很小心地询问他们自己的目标和价值观，所以我不会把他们推向错误的方向。在某些情况下，我建议他们专注于工作的特定方面以促进能力的提升，我们也会讨论如何能帮助他们获得比当前工作更符合他们目标的工作。我当然希望这样的新工作仍然是我所在的公司提供的，但即使不是，我也很高兴他们做出了适合自己的选择。

10.8　成为领导者之前

我已经在本章中用了大部分篇幅来定义和描述领导力，在这一节我想花一点时间对转变到领导者角色进行讨论。在我初次担任领导职务之时，我完全没有准备好，最终我离开了那家公司做回了个人贡献者。10 多年后，我才终于勉为其难地同意重新担任领导职务，我发现自己更有准备了。在我写本书的时候，我的一些同事（其中一个来自我自己的团队）都经历了类似“成为领导者又立马退出”的事情，所以我认为，当成为领导者的机会摆在你面前时，对此提出一些问题是相当值得的：你知道这个领导职位的日常工作是什么吗？那是你喜欢的工作吗？你是否具备胜任该职位所需的所有技能和经验？

永远不要仅仅为了头衔或金钱而接受领导职位。一步一步成为领导者通常被视为唯一的上升途径，从薪水角度来看，在许多组织中也确实如此。但仅仅为了薪水而接受这类职位可能适得其反。成为领导者的理由应该是，你想要去领导他人，你想要精通此道。领导力是一种技能，和任何其他技能一样，虽然我认为这种技能任何人都可以掌握，但不是每个人都会喜欢成为领导者。领导者的工作也因组织而异，因此请务必收集好信息，分析你将要从事的工作。

10.8.1 不要晋升到你无法胜任的阶层

在 1968 年出版的经典著作《彼得原理》（*The Peter Principle*）中，劳伦斯 · J. 彼得提出了一个概念，与我们所讨论的是否要成为领导者有关。这个概念的大概意思是，等级制组织中的人往往会被提升到他们无法胜任的阶层。

假设你是一名出色的入门级软件开发人员。你做得很好，然后你终于晋升为中级软件开发人员。一开始，额外的职责使你过得有些挣扎，但随后你掌握了这些工作并开始取得成功。一段时间后，你成为了高级软件开发人员。你需要承担一些团队培养的职责，同样，一开始你过得有些挣扎，但最终你找到了自己的最佳状态，开始做得很好。接下来，你晋升为软件开发经理这样一个完全的领导者角色。你不再做编码工作，而是负责领导曾经和你同级的整组人。你的薪水很高，得到公司信任的感觉也很好。一开始你过得有些挣扎，因为这是一项全新的工作，但最终……

你一直在挣扎，情况并没有好转，因为你已经晋升到你无法胜任的阶层了。由于你没能成功，你不太可能获得进一步晋升。这甚至不是你的错，真的，你只是被安排到了一份你缺乏合适技能的工作上。你作为软件开发人员的强大能力并没有转化为强大的领导技能。从另一种角度来看，是你做了一份你不具备资格去做的工作。这就像 UNIX 系统管理员以某种方式找了一份数据分析架构师的工作，薪水会很高，工作内容可能看起来也很有趣，但你过去的技能并不能让你在这个位置上获得成功。

尽量避免晋升到你无法胜任的阶层。如果你想要晋升到领导职位，请去了解这些职位需要承担什么样的责任，以及你需要具备哪些技能才能胜任这些职位。

10.8.2 学习领导技能

领导技能是可以学习的。这个过程就类似于学习一项新的技术技能，你先学一点知识，做一点练习，然后去担任小角色，就能为担任更重要的角色做好准备。这里给出了一些学习和练习领导技能的方法，这样你就可以在适当的时候轻松地担任领导角色。

- 与你组织中的一位现有领导建立指导关系。我强烈推荐你以这种方式了解你即将从事的领导工作的真实情况，包括所有“丑陋”的部分（比如不得不解雇员工或者裁员，或者要进行不愉快的工作绩效讨论）。
- 请担任技术领导职位，如果你的组织中有此选项。在技术领导者角色中，熟练的技术人员可以非正式地承担一些协助领导职责，工资通常能获得小幅提升。这是组织在一定程度上分摊领导者工作量的一种方式，也能让其他员工尝试对领导力要求不太高的职位。
- 加入提供领导机会的组织。理想情况下，你可以从在小范围领导一个团队或一个项目开始，以便积累经验以及确认自己是否喜欢成为一名领导者。

10.8.3 衡量自己的成功

作为个人贡献者，我们通常很容易衡量自己一天的工作成效。也许你成功运行了一个服务器，写完了一个代码模块，将数据可视化地显示出来了，或者做成了其他类似的事情。换句话说，你产出了一些东西。而作为领导者，要判断自己的一天是否进展得不错则可能要困难得多。比如，你要经常参加更多的会议，而且尽管你可能在给你的团队传达行进命令，但他们才是做事的人，而不是你。因此，领导者必须找到新的方法来判断自己一天的工作是否顺利。如果你有志于成为一名领导者，你就必须找到并习惯使用这些方法。

作为领导者，我试图将关注点转到“我这周工作得怎么样”上而不是逐日评估工作成效。这样做是因为有时我的工作并不会在当日看出成效。所以我会特意记下进展顺利的事情，以及我觉得我可以改进的事情。在一周结束时，我会回顾这个列表，而且通常我会把这个列表保存好几个月。在混乱的日常管理生活中，有时候这是唯一可以提醒我确实在这里或那里取得了成功的方法。

10.9 扩展阅读

- 《勇敢的领导者：释放你最自信、最强大、最真实的自我来获得想要的结果》（*Brave Leadership: Unleash Your Most Confident, Powerful, and Authentic Self to Get the Results You*

Need），金伯莉·戴维斯（2018 年由 Greenleaf Book Group Press 出版）。

- 《服众之道：点燃员工热情的服务型领导》（*The World's Most Powerful Leadership Principle: How to Become a Servant Leader*），詹姆斯·C. 亨特（2004 年由 WaterBrook 出版）。
- 《教练型领导力：适用于各级领导者和经理的原则、实践和工具》（*Powerful Leadership Through Coaching: Principles, Practices, and Tools for Leaders and Managers at Every Level*），迈尔克·K. 辛普森（2019 年由 Wiley 出版）。

10.10 练习建议

在本章中，我希望你花点时间想一下你认为有效且乐于为之工作的领导者，并思考他们具有的一些特点。

- 有哪些领导者向你传达过愿景，使你能够理解并且清楚自己的职责？他们是怎么做的？
- 你见过最好的领导者是如何激励你来实现他的愿景的？
- 与你共事过的领导者是如何尝试了解你的上下文，使你能更好地理解他们需要你做什么的？

第 11 章　解决问题

难题是工作中的调味品，它们使我们摆脱烦琐乏味的日常工作，给我们带来了挑战。当然，如果你不是一个自信的问题解决者，难题可能会给你带来压力，有失败的可能。但是有了正确的方法，你可以让解决问题变成一个可重复、可靠的过程，从而使你成为赢家。

11.1　诊断故障与解决问题

我想强调的是，本章关注的是*解决问题*，而不是*诊断故障*。不过，我确实意识到这些术语似乎非常相似，所以我想花点时间来区分二者。

*诊断故障*在我看来是一项技术活动。当某些东西不能正常工作，而你正在寻求办法使它们恢复正常运作，这就会导致诊断故障。诊断故障有一个固定和确切的结果：将任何损坏的东西恢复到其正常的工作状态。

*解决问题*对我来说不一定是一项技术活动。它可能发生在人与人之间，也可能发生在企业之间，而且它并不一定意味着什么东西坏了，可能只是某件事情没有按照你或另一方最希望的方式奏效。解决问题的结果往往是主观的，最终的目标并不总是得出一个固定的解决方案，而是一系列可能的解决方案，每个方案都是各种权衡的产物。

11.2　清楚地说明问题

我将在本章用一个实例以及一些简单的图表来说明我对解决问题的看法。假设我有一个供应商，我与之签订合同，为我所在的公司提供某个交付物。这个交付物也许是某种应用程序、一份文档或者某种形式的分析结果。我们商定了价格和交付日期。换句话说，就我想要什么和供应商要提供什么，我们已完全达成一致。让我们用图表来表达这个协议，在图 11-1 中，圆形代表我，正方形代表供应商，我们之间有一条对齐的直线，这表示不存在任何问题。

图 11-1　直线对齐代表没有问题

现在，我们抛出一个问题。在图 11-2 中，发生了一些变化。假设一些内部业务压力导致我所在的公司需要更早地获得供应商的交付物。现在供应商和我不再对齐了：供应商准备遵循合同约定的交付日期提供交付物，而我突然改变了要求。

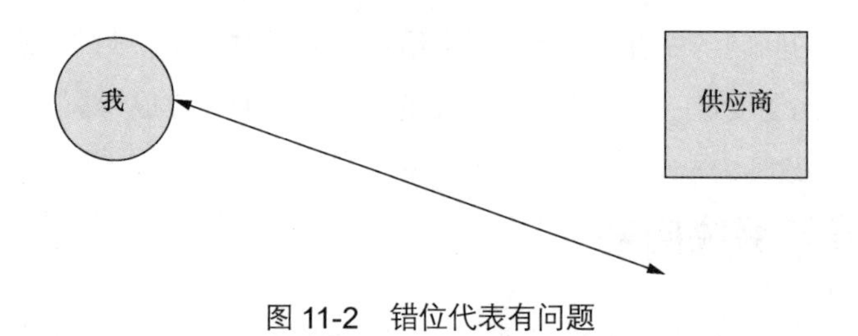

图 11-2　错位代表有问题

作为需要解决这个问题的人，我想知道要如何将直线移回对齐位置。如果你愿意，可以将此图视为台球图示，箭头表示主球的行进路径。我要在图中添加什么，才能让主球将某物击入供应商这个“袋”中？

避免过度关注错位的根源

你会注意到，在这个场景中我没有具体说明为什么公司要提前交付日期。在解决问题时，我尽量避免过多关注问题的原因；我会转而尝试着眼于错位的本质，找出一个解决方案并实施。这种态度不同于你在诊断技术故障时的态度。在诊断故障时，我们经常需要仔细调查问题，因为我们能从中获得解决方案相关的线索。

但在解决问题时，花太多时间思考为什么公司要把交付日期提前并无太多益处。也许是公司正受到来自某个客户的压力或者其他什么原因。大多数情况下，我无法改变导致错位的原因，因此专注于此会浪费时间，而且会使我感到不必要的沮丧。

11.3 确定你的杠杆

首先我会列出一个杠杆清单——当前情况下有哪些我可以改变的方面。并非所有的杠杆都必须起到作用，此刻我只是想弄清我可以对当前情况产生什么影响。在这个场景中，我可能会考虑使用以下杠杆。

- 金钱。也许供应商会受到交付物价格提高的激励，尽管公司财务部门可能无法给我更高的谈判价格。
- 关系。假设供应商的动机是有活可做，那和我所在公司建立良好的关系可能对它有价值，这种关系从长期来看可以给它带来更多业务。因此，如果我能保证以后给它带来更多业务，供应商也许能够同意新的交付日期。
- 交付物。我能否改变交付物的性质，这样供应商要做的事就会变少，从而使新的交付日期更容易实现？我可以删掉一些应用程序功能、缩短文档长度，或做一些其他的实质性改动吗？
- 替代方案。我可以更换供应商吗？受合同、业务关系和其他因素的影响，这个杠杆可能很复杂，但这也是我可以考虑的。

假设我去找供应商，说："嘿，如果你们能更快地提供交付物，我可以多加 10%的钱。"但是，如图 11-3 所示，这个杠杆可能还不够有吸引力。供应商可能会说："好吧，我可以加快速度，但仍然无法在新的交付日期前完工。"所以我还没有"完全对齐"。

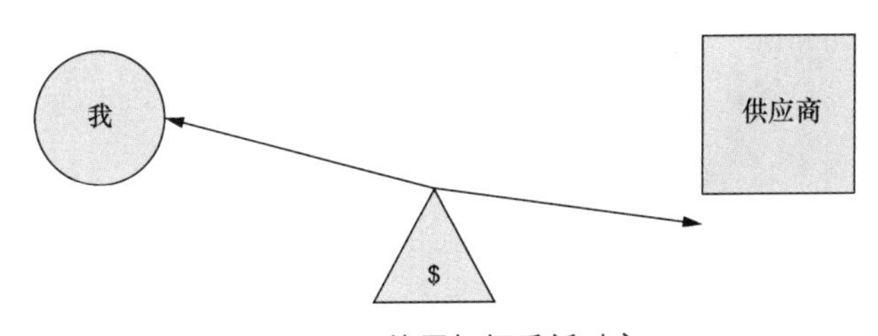

图 11-3 使用杠杆重新对齐

上述杠杆有些用，但没能解决问题。好吧，我们来试试另一个杠杆。我还会改变交付物的性质，尝试让这条直线对齐——也许是再抬高一点点，但足以让我们达成协议，如图 11-4 所示。

这个例子展现了解决问题的精髓：清楚地陈述问题，然后认清你可以用来解决问题的杠杆。拉动正确的杠杆来重新实现对齐并解决问题。

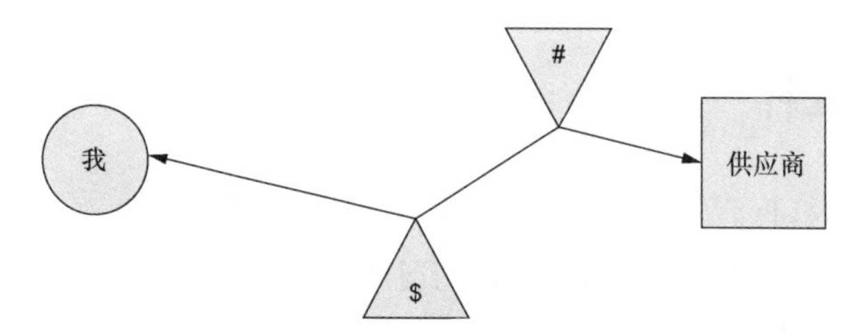

图 11-4　使用其他杠杆来实现完全对齐

当你以这种方式解决问题时，困难之处是清楚在任一给定的情形下，你可使有哪些杠杆。这就是经验的用武之地，而你的不断学习也可以发挥重要作用。导师或者管理者也应该帮你弄清哪些杠杆适用于哪种特定情况。此外，你可以进行独立调查，在你的组织中通过与同事交谈，以及对你的领域进行一般性调查，来增进你对当前情况以及你可使用的杠杆的理解。

问题解决与向上管理

不止一次，我的下属带着问题来找我，但没有给我带来任何可能的解决方案。换句话说，他们要我来解决问题。这种情况下，我总是会拒绝。

向上管理这个说法你经常能听到，我发现解决问题是向上管理的完美应用场景。这是什么意思呢？

与其要求作为领导的我向下管理，来帮我的团队解决问题，我更希望我的团队带着潜在解决方案和问题一起来找我。我希望他们明白不同杠杆适用于不同情况——我一直在努力帮他们做到这一点——并挑选出几个潜在解决方案给我。对于他们提议的每个解决方案，我想知道他们建议采用哪些杠杆，以及希望得到什么结果。

向上管理是将解决方案带给你的领导，而不是期望他们为你提供解决方案。

解决方案的一种选择可能是多花一些钱，并缩小初次部署的功能集；另一种选择可能是停下另一个项目的开发，将人力转移到这个项目中。

每种办法都有缺点：拉动杠杆总是意味着你要付出代价或放弃某些东西以获得其他东西。拥有多个解决方案并能够快速了解每个解决方案所代表的权衡标准，有助于我最终做出更好的决策。

向上管理还为我团队中的成员创造了晋升途径。因为他们接触到了决策过程，并且由于他们知道了在特定情况下可以使用哪些杠杆，他们能开始分担一些我的工作。能够胜任我的工作，他们就能最终获得我的工作，无论是通过公司内部的晋升，还是借由这些新的经验在其他地方获得更好的职位。

11.4 谈判的解决办法

谈判是解决问题的一个重要方面。我发现人们有时并没有察觉到谈判的两个要素，因此我想指出来。

- *在任何健康的谈判中，双方通常都会有得有失。*我可能会出更多的钱让供应商加快交付速度，但供应商也必须更加努力才能实现这一目标。这就是为什么一些最好的谈判都以既没有人赢也没有人输的情况告终。
- *将谈判视为在对立利益之间寻找最佳的平衡。*谈判没有输赢，你应该尽量避免把它看作一场竞争。谈判需要共同的努力，去寻求能尽可能满足各方需求的最佳结果，同时承认任何一方都不会完全得到他们想要的一切。

为什么买车是一个糟糕的谈判例子

我不知道买车的过程在美国之外的地方是什么样的，但在美国，很多人认为买车是对谈判技巧的终极考验。我的一些朋友会因为通过“谈判”获得 1000 美元的折扣感到无比快乐。

但买车并不是真正的谈判。你想买一辆车，经销商想卖给你一辆车，因此，你们一开始就是完全对齐的。但如果经销商的起价对你来说太高，你有什么杠杆可用？现金支付并不能起真正的激励作用，因为经销商通过发起贷款能赚很多钱；事实上，支付现金的客户的价值反而更低。

你要求降价 1000 美元，但能用什么交换？经销商能从中得到什么好处？你的无尽的感激吗？若你没有任何实质性的东西可以用来交换，这意味着买车不是一项谈判。

那么这是什么？是游戏而已。经销商有动机去猜测你何时可能走掉，并且完全能意识到你在寻找获胜的快感。所以经销商和汽车制造商有各种各样的手段让你认为自己赢了，而他们却得到了他们想要的东西。他们给你 1000 美元的折扣，你很高兴，但他们从不会告诉你，制造商会提供标准的 1500 美元后端销售返利会抵销这笔费用。或者他们通过增加漆面保养套餐、更好的脚垫和其他细节提高了车辆的价格，这些项目的价格都被故意抬高了以给你“谈判”的空间。

同样，在任何健康、真正的谈判中，每当你得到一些东西都会同时失去另一些东西。如果这种情况没有发生，你就不是在谈判——你只是在玩游戏。

因此，谈判就是去了解你必须拉动哪些杠杆，以及通过拉动每个杠杆你会有多少得失。以下简短的例子可以用来说明谈判技巧的优劣。

- 你正在就一份新工作的基本薪资进行谈判。雇主出价年薪 15 万美元，而你要求增加 1 万美元，但你没有回报任何额外的东西。

这是一个糟糕的谈判案例：你试图拉动一个杠杆来获得更多的钱，但是你这一侧的杠杆上没有增加任何东西。

- 你正在就一份新工作的基本薪资进行谈判。雇主出价年薪 15 万美元，而你要求增加 1 万美元。然后你指出你所在地区的基本薪资中位数比雇主提供的高出 8000 美元，而且就业市场上的申请人数量极少，但空缺职位相当多。额外的 1 万美元会使雇主的出价略高于中位数，但这是因为市场目前对雇主略为不利。

  这是一个很好的谈判案例：你展示了数据，在你的杠杆上增加了一些东西，即市场状况以及市场为所有空缺职位提供合格候选人的能力。

- 你的老板要求你参与一个特定的项目，帮忙使项目在本周末前完成。你提出放弃你的一些其他任务来帮忙，但被告知那些任务也必须完成。你提出反对意见，指出你没有足够的空余时间，你的老板反驳说你的薪水很高，而且现在很少有其他公司会以这样的薪资雇用你。

  我认为老板的态度相当差劲，但至少这是一场有效的谈判：时间和就业的杠杆正在寻求平衡。请注意，拿工作来威胁员工不是任何老板应该轻易使用的杠杆，因为这会鼓励员工去寻找新工作。这给我们一个启示：一个特定的杠杆可能有效，但并不意味着拉动它是明智的。

- 你与一个供应商的合作有些问题，这个供应商工作完成得很出色，但几乎总晚于你们最初商定的期限。你想继续与他们合作，因此你向他们提供了一系列合同。你告诫他们必须在每个截止期限内完成工作才能保证长期的合作，只要他们耽误了一次，那未来的所有合同就都无效了，你会去寻找新的供应商。

  这是一个很好的谈判案例：你拉动杠杆（提供长期的合作）以换取你想要的东西。

当你拉动任何杠杆时，杠杆会远离你并靠近其他物体或者靠近你并远离其他物体。在完美的商业关系中，局势中的所有杠杆都要被小心调整以创造最佳的平衡。

11.5 练习建议

在本章中，我希望你回顾一下自己生活和工作中涉及解决问题的一些经验。这里没有正确或错误的答案，本次练习更多是对问题进行思考，以达到能更加不假思索地运用问题解决技巧。

- 假设你不满意网络提供商收取的价格，你有什么杠杆可以用于这种情况？

- 想一想你最近几个月在工作中遇到或观察到的一些问题，或者团队或公司层面的可能没有对你个人产生直接影响的问题。造成问题出现的原因是什么？每一种情况中有哪些杠杆适用？最终哪些杠杆被拉动了，效果如何？
- 你最近在工作中或者个人生活中目睹了哪些不健康的谈判？不健康的谈判是指那些只涉及给予或获取的谈判，而不是更健康地涉及给予和获取的谈判。

第 12 章　征服书面沟通

对于成功的职业生涯来说，没有什么比与他人有效沟通的能力更重要的了。但有效的沟通需要一定程度的思考和实践，而许多人缺乏这些。幸运的是，你可以通过一些简单的步骤，来使自己的交流更加专业和有说服力。

我想先提出一个关键点：本章是关于沟通的。书面沟通和口头沟通是沟通的两种途径，但在本章中，我将专注于书面沟通。你在本章学到的几乎所有内容都适用于第 13 章。我只是觉得书面沟通与口头沟通相比，更容易被征服，所以我将从这个途径开始介绍。

12.1　沟通就是讲故事

沟通的目的是将信息从一个人传达给一个或多个其他人。如果人和计算机一样——有无限的耐心、绝对的无私，还具有完美的注意力广度和记忆力——沟通会更容易。但人不是计算机：他们有自己的优先级，他们会对事物失去兴趣，他们也没有完美的记忆力。这就是为什么良好的沟通需要你做的不仅仅是向某人传达信息：你需要用某种方式包装你的信息，以得到你期望的结果。

我的前公司的一位同事曾经在某次团队会议上提出过这样一个问题。

我想提出一个看法，因为我认为这很重要，我也想知道是否还有其他人有这种感觉。在上次组织重组期间，我们曾说过希望建立与客户成果一致的团队，但我们也知道某些团队必须在后台为共享服务提供支持，这很好，因为对于支付处理或身份验证之类的事情，这样做显然更有效。这些都是共享服务，所以将它们集中在一个地方更有意义。但

我和马西谈到过，其中一些共享团队确实有面向客户的成果。因为支付处理确实会暴露出客户体验，而且信用卡信息安全性之类的问题显然对客户来说很重要。所以如果按照这个思路，那些后台团队并不总是真正处于后台。这么说有道理吗？

不，看不出有什么道理。这位同事东拉西扯了 5 分钟，我不知道他想表达什么，因为他没有讲好一个故事。

12.1.1　讲故事的规则

先暂时忘记沟通这件事，想想一些你读过的最精彩的短篇小说。如果你现在想不出其他的例子，童话就是很好的例子。这些故事都倾向于遵循以下这套规则。

- 这些故事都有一个明确定义的主人公（或几个主人公）。我们跟随的是主人公的视角，而且我们要支持主人公。
- 主人公总是会遇到某种问题。
- 故事的主要内容是跟随主人公解决问题展开的。
- 尤其是在童话中，基本不存在偏离主题的内容、支线故事或其他干扰。我们将注意力集中在与主人公相关的主要故事情节上。
- 故事中的事情发生在主人公和其他角色身上，而不是讲故事的人。讲故事的人只能叙述故事，而不能参与其中。

汉塞尔和格蕾特尔的父母那天午餐吃了什么？不知道。灰姑娘的继母有哪些经济上的困难？完全不清楚。七个小矮人之间有什么争论？也不重要。值得注意的是，童话故事和其他短篇小说佳作的主线脉络都很清晰。

在任何沟通中，无论是 Slack 的直接消息、发给团队的电子邮件，还是在会议上的贡献，你都需要讲一个故事，并且为了讲好故事，你可以遵照讲好故事的规则进行练习。要在即兴发言时讲故事尤其困难，但多多练习，时间久了就能轻松掌握。

从书面沟通开始　我自 20 世纪 90 年代后期开始在技术会议上发表演讲，我非常擅长在需要时临时讲一个故事。然而我仍然倾向于更多地依赖书面沟通。如果即将召开某个会议，而我打算发表观点，那么我会发送一份预读文件，因为写作让我有更多时间来考虑、反思和修改我想讲述的故事。即使我打算进行演讲，我也经常会提前做一些书面准备，因为这样可以帮助我整理思路、打磨叙述逻辑，并确保我传达了正确的信息。**文稿可以修改，但讲话不能！**

12.1.2 在商务沟通中讲故事

现在让我们将讲故事的规则应用到商务沟通中。

- 当你与他人沟通时，让他们成为你故事的主人公。讲一个和他人有关的故事能迫使你至少有一瞬间切换到他们的视角并共情他们的问题。让他人参与你的讨论的最佳方法是让他们成为故事的一部分。当你面向自己所属的团队讲话时，将“我们”作为故事的焦点是一种有效的手段，这强调了“我们是站在一起的”。
- 明确地对主人公的问题表示同情。简明扼要地表达这种同情，不要过度包装不必要的说辞。
- 保持故事的焦点在主人公和他们的问题上。不要引入与主人公、问题和问题的最终解决方案无关的信息。
- 不要引入偏离主题的内容。紧跟你的故事情节，可以提供历史背景来帮助人们理解你所传达的内容，但要将其限制在绝对必要的最低限度内。
- 尽可能让自己置身故事之外。请记住，他人不是在为你做生意。如果你想让你的目标赢得他人的支持，要将该目标与团队、部门或公司联系起来。在市场上，这些群体通常才是故事的主人公。

以下这个例子就应用了讲故事的规则。

当我们构建这个新的组织架构图时，公司希望确保每个团队都专注于一项客户成果。目的是让每个人都能看到客户及其需求，避免大家忘记。这样做对团队产生了很好的效果，但被视为后台或共享服务的团队受到了忽视，比如支付处理。这导致这些后台团队确实忘记了对客户来说什么是重要的，正如我们在最近的数据泄露事件中看到的那样。我认为每个团队实际上都在贡献面向客户的成果，我们应该重新思考该如何管理和激励这些团队。

让我们来解构这个故事，看看背后发生了什么。这个故事的主人公是我们，意思是部门或公司。这个故事需要一点背景来设置上下文。这个上下文出现在故事的开头，在时间顺序上是合理的，并使故事向前发展（这样它就不会在时间线上前后来回切换）。讲故事的人提出了一个对主人公——部门或公司——有影响的问题，并简要指出了该问题的一个相关例子（数据泄露事件）。通过对谁受益了、谁没有受益做出评论，激发了听众的同理心。讲故事的人没有提出一个完整的解决方案——通常你无法解决问题，所以没关系——但他们确实给主人公提出了下一步的建议。

这个故事基本上没有不必要的话语、离题的内容或不相关的信息。它简明扼要，任何人都可以听懂讲故事的人的观点。

即使是在最短的直接消息里，我们也可以通过讲一个简洁的故事来更好地实现沟通。请看以下这个相当生硬的指令。

戴夫，我认为你的团队需要重构这一整个代码模块。

现在来看这个稍长一些、更加带有故事驱动性的版本。

戴夫，我必须针对你的团队管理的那个模块提出另一个请求了。我知道这个模块已经很大了，我也知道你们已经被淹没在大量请求中了。你觉得把它重构成 4 个或 5 个模块，让我们可以稍微分散一下工作量怎么样，你愿意来谈谈吗？

戴夫是主人公。你以一种他可能会认可并产生共鸣的方式承认了他面临的问题。你朝解决方案迈出了第一步。你没有向他要求一个解决方案，而是提议加入某个解决方案中，并且主人公仍能以某种方式参与。这份修改后的沟通文案比起第一版，并没有多花费多少时间去写，却更有可能产生你希望的回应。

12.1.3 在平淡的日常沟通中讲故事

并非每次交流都需要说服某人做某事。有时，你只是在进行状态汇报。请看这个状态更新。

构建服务器已停机。

这是一个专业级沟通的示例吗？有可能。这是否专业取决于你的受众。

毕竟，这条消息确实将受众置于了主人公的角色中。如果阅读该信息的人能够理解并知道如何处理，那么你就完成了你的工作：你已经承认了受众的主人公角色，并为他们提供了尽可能简洁的故事。比如，这条更新如果出现在技术部门的 Slack 频道上就合适且有效。每个阅读它的人都知道构建服务器出现故障时会发生什么、他们会受到什么影响，以及他们需要做什么准备。

另外，如果你的受众比技术部门更广泛，如果你的受众想知道“服务器什么时候会恢复？是我弄坏的吗？停机的时候我还能工作吗？”，那么你就没有把故事讲好。你没有承认受众在故事中扮演的主人公，也没有从受众的角度看待问题。以下是另一种说法。

> 构建服务器已停机。原因正在调查中，我们预期一小时后恢复。同时，你可以继续提交代码，服务器启动后会恢复构建。

对于开发人员而言，这种沟通可能会更加有效。其中的关键是了解你的受众，了解这个状态会如何影响他们，并承认，无论你讲的这个故事有多短，他们才是故事中的主人公，而你不是。

12.2 正视对沟通的恐惧

人们无法顺畅沟通通常出于以下两点原因。

- 缺乏练习，没有关注什么会导致有效沟通和无效沟通。
- 恐惧。

在本节中，我将介绍有关恐惧的部分；本章的其余部分会介绍对有效沟通的刻意关注。

恐惧对人类而言是一种强大的激励因素，为了躲避可怕的情形，我们常常会付出比取得非常想要的东西时还要多的努力。

对大多数人来说，对沟通的恐惧包括害怕自己变得难堪：我们害怕看起来很傻，并且没有人愿意看起来很傻。站在一群人面前时，我们害怕自己会胡言乱语、忘记想要表达的观点，或者说话太轻柔。我们担心这种沟通不畅会导致人们对我们失去尊重，这可能会影响我们在职业生涯中的上升。更糟糕的是，我们害怕人们会嘲笑我们。更加更加糟糕的是，他们可能会在背后嘲笑我们。有太多事情可能出错了，也许保持安静会更容易。“冒充者综合征”也起了作用，因为“冒充者综合征”的根源在于我们害怕被人发现我们不够聪明，不配待在这里。

害怕看起来愚蠢通常会阻碍人们在会议上发言或发表演讲，也会影响书面沟通。由于类似的原因，撰写报告或重要的电子邮件可能会令人伤脑筋。事实上，我过去常常用极其简洁的回答回复电子邮件的一个原因就是我害怕写更长、更有意义、更引人注目的回复。

让我们明确一点：如果你害怕沟通，那么你就是在给你的职业生涯拴上一条挂着大球的链子。无论你如何定义自己的成功，也无论什么样的职业生涯能帮你取得成功，有效沟通对任何职业生涯中都很重要。

由于成为一个有效的沟通者是必修项，所以你需要克服恐惧。下文讨论了一种途径，其对我奏效，也对其他人奏效。

12.2.1　分析你恐惧的原因

作为技术人员，我们拥有巨大的优势，因为我们习惯于分析和解决问题。在代码、网络、操作系统、数据结构，甚至业务流程中，我们都在做这件事。我们中的大多数人一直在分析和诊断故障，但没有意识到这一点。

我曾经和一位同事讨论故障诊断。“我在这方面相当不擅长，”他说，“我总是不知道该从哪里开始。”这是一次走廊上的对话，一点也不严肃，而我们正要去参加同一个会议。在那次会议上，我们得知我们得不到之前要求的团队人员配额了，这意味着我们将无法实现一直期待的一组新的产品功能了（这些功能能解决一些特定的客户问题）。

“等一下，”我的同事说，“我们已经在合同工身上花费了比这更多的钱来开发我们用的一个软件组件。几个月以来，我们一直在说要放弃那个组件，支付少量许可费换用现成组件会更经济。我们不能现在就把这事做了吗——让新增的人来集成这个现成组件，然后再去开发我们想要的新功能？”

“是啊，”我低声向他说道，“你这是多么不擅长故障诊断。”他还认为自己的沟通能力很差，但在我看来，他的故障诊断和沟通能力都恰到好处。

关键是几乎所有技术人员都非常擅长故障诊断，即使我们并不总能意识到这一点。因此，让我们来诊断一下你害怕沟通的原因。以下列出了一些我能想到的可能的原因，不过你应该列出自己的清单（并且不要局限于以下原因）。

- 我懂得不够多，不足以谈论这个。
- 我总是拼错词。
- 我说话口吃。
- 我的标点符号用得不对。

其中的关键是确定具体的让你感到恐惧的根本原因。不要说“在人前讲话我会紧张”，因为这太模糊了，没有指出根本原因。你为什么会紧张？不要说“我不喜欢写东西”，而是问问自己为什么不喜欢。也许你害怕写作是因为你在大学里上过的技术写作课的老师严厉又冷酷地批评过你。这就更接近根本原因了：你觉得自己被取笑了，你不喜欢这样，你不想重复经历这种体验。

12.2.2　克服你的恐惧

当你开始诚实坦率地确定某些根本原因时，你就可以对它们采取一些措施。

你害怕拼写错误吗？那好，努力提高你的拼写能力，网上有专为成人设计的拼写改进课程和网站。

你说话口吃吗？那就去研究面向成人的言语治疗课程。

你是否担心不知道自己在说什么？记住自信和傲慢的区别：自信是你知道自己知道什么，傲慢是你假装知道自己不知道的东西。没有人想显得傲慢，但很多时候，我们低估了我们所知道的，因此没有建立起信心。我们要努力培养对自己所知道的东西的信心，就不要害怕自己在某件事上可能是错的，出错是（或者至少应该是）没关系的。如果你工作的组织会因为成员出错就惩罚他们，你应该认真问自己为什么要在这里工作。

不要在开头露怯 不要用自贬式的开头来扰乱你的故事。无论是写作还是演讲，都不要这样开头："看，我可能不是专家，我的担忧甚至可能没有道理，所以如果我说得不合适，我先提前道个歉。"永远不要提前道歉，不然你只会削弱自己的形象，并有损你试图进行的沟通。

克服对沟通的恐惧很像故障诊断。首先确定确切的问题，然后解决问题。你的第一次尝试可能无法解决问题，但这与对代码或服务器进行故障诊断没什么不同。有时，你需要尝试不同的方法才能找到有效的解决方案。

在调试代码或修复服务器时，你不能因为不想解决问题就放弃。调试代码或修复服务器是你的工作，你会一直坚持下去，直到成功。你会上网看看其他人在类似情况下是怎么做的。你会对问题做一个最佳的猜测，尝试修复，然后继续重复。克服对沟通的恐惧应遵循相同的过程。

诊断故障和克服对沟通的恐惧之间的唯一区别是，你的老板不会要求你克服对沟通的恐惧，你必须自己克服对沟通的恐惧。你需要自己培养动机和意志力，去研究和行动。这项任务并不总能让人感到舒服，因为研究自己的弱点并不有趣。但是，成为一名出色的沟通者是你工作和职业生涯的一部分，即使职位描述里并没有这项要求。

从失败中恢复

一个增强信心和减少恐惧的方法是，制订一个你失败时该怎么做的计划。制订计划意味着能了解和减轻失败所带来的负面影响。

对于大多数企业来说，不论是什么类型的失败，最大的弊病就是重蹈覆辙。当某件事情出了问题时，最大的担忧是该问题会再次发生，没有人想要这样。

我的"从失败中恢复"计划旨在明确一点，即我从失败中汲取了教训，并且不太可能再以同样的方式失败第二次。

如果我在会议里，有人指出了我发言中的错误，我会立即承认错误，感谢他们的纠正，并改正自己的错误。我展示了我对失败持开放态度，我愿意接受纠正，并且其他人可以放心地纠正我。我展示了我有学习能力，能将我学到的东西立即付诸实践。

有了这个计划，我对犯错感到更安心，因为我知道我周围的每个人都会看到我正在积极地努力，以减少未来可能会出现的错误。

12.2.3 克服对书面沟通的恐惧

我发现可以先改善书面沟通，因为写作不是在当下完成的。你有时间写作、修改、重新考虑措词，然后再次修改。下面列举了一些改善书面沟通的方法。

- 不要使用自动更正功能。请转而使用文字处理软件的拼写和语法检查工具来提醒你注意自己的错误。当软件标记出一个单词或句子时，花点时间了解为什么它会将该文本识别为错误。如果需要，去研究语法术语和正确的拼写。不要让软件为你修正问题，要学会自己修正。
- 使用像 Grammarly（需要订阅）这样的可以比大多数文字处理软件更深入挖掘语法问题的工具。找一个这样的工具并使用一段时间，看看它是否能说清问题，使修正更容易理解。
- 把你在大学写作课上学到的大部分东西搁置一旁。这些课程中有太多都侧重于正式沟通，它们通常要求你以笨拙、生硬的风格写作。你可能已经学会了这种写作风格，因为这就是技术文档的编写方式，但这也是为什么这么多人讨厌阅读技术文档。换种方式，像说话一样写作。在你写作时，想象你在与将收到你的沟通文本的个人或团体进行对话。接下来，在你写完一段后，大声朗读给自己听，看看听起来是否像你平时的说话风格。

可以让自己出现在沟通文本中

有这样一种谬见——在某些情况下是由过时的写作课以及所有接受过此类培训的人所导致的，即你不应该出现你的沟通文本中。也就是说，用“我”这个词是不好的。除此之外，人们有时还被教导避免使用像“你”“我们”这样指代特定人的词。

我更喜欢以一种随意的方式写作，读起来或多或少像我在说话一样。我会使用缩略语，会用“我”来称呼自己，用“你”来称呼读者。如果读者和我要一起做些事情，比如跟随一个演示，我会用我们来称呼。这样的文字很容易阅读，读起来更自然，句子结构不那么别扭，写作也更流畅。如今，即使是学术期刊——长期以来一直都用过于正式的被动语态写作——也更能接受读起来自然的文本了。

我要延伸一下最后一点：看看我在本书中是如何写作的。我一直使用缩略语（尽管有时遵循特定风格指南的文案编辑会删除它们）。我称自己为“我”，而称你，即读者，为“你”，就像我们坐在一起聊天一样。在少数情况下，我将自己的某本书变成有声读物并自己完成播讲，这件事做起来就很容易，因为我的书已经或多或少读起来像台词了。我收到的最好的赞美是在我完成一次会议演讲后，一位读者找到我，说："听你说话就像读你的书，现在我读你的书时就能在脑海中听到你的声音。"

如果你习惯使用短句，没问题，就这么做。大多数人都倾向于用较短的句子，而简短的句子可以让其他人更容易理解。你不需要用一种特殊的风格写作，再用另外的风格说话。

去了解什么是被动语态，并努力在写作中避免使用。在本章后文我会花一些时间讨论这个话题，因为它值得特别关注。

当你适应了我所讲的写作的技术性部分——拼写、语法以及写读起来自然的内容——你就可以学习写作的结构部分了。

12.3 将结构应用到你讲的故事中

在讨论结构的问题时，让我们回到讲故事这件事上。

这些孩子把女巫扔进了烤箱！你能相信吗？我的意思是很明显她准备吃掉他们，她是最开始打开烤箱的人。而且是的，我想他们正在吃她的房子，但是谁先用糕点和糖果做房子的？她显然是一个试图诱骗小孩的捕食者。她当时还开一辆白色无窗货车呢。

这不算个很棒的故事，对吧？写作的技术性部分没有问题，但结构不对。主人公是谁？他们的问题是什么？他们的历程是什么？在写作（或重写）时，问问自己："我是在以观众能理解的合理顺序呈现事物，还是在乱序地呈现事物？我是否提供了足够的背景让观众看懂我的故事，还是我正在偏离主题？"

要创造一个好的故事，你需要考虑你的观众，而这对于我们中的许多人来说并不是一种本能行为。来看看下面这段话。

我们的编码标准被制定于不同的时间和地点。最初，我们的目标主要是使代码更具可读性，因此编码标准侧重于变量和函数的命名约定。随着时间的推移，我们制定了模块化的基本标准，以尝试解决我们在代码的某些关键部分遇到的代码膨胀问题。但那时，我们都使用单一的编码语言：C#。今天，组织内已经在使用多种语言，有大量的 C#代码库、JavaScript 代码库，以及在开发运维工程团队中不断增长的 Python 代码库。我们最初制定的编码标准不再适用于这些不同的语言，而试图维护它们会减慢我们的速度并在我们的团队之间制造矛盾。我建议是时候重新思考编码标准的目的、它们给我们带来

的价值，以及我们如何在当前环境中实现该价值。我认为我们不该使用过去自上而下的方法，而是该用更具协作性的方法使每个人和每个团队都参与讨论。

这段话写得好吗？请花几分钟做出评判。

你有没有发现第一句中的“被制定”？那是被动语态，你能看出来是因为它没有说明谁制定了标准。我想把它改写成更清晰和直接的说法，去掉被动语态，比如“我们在不同的时间和地点制定了我们的编码标准”。如果你看不懂我在说什么，别担心，在本章后文，我将讨论被动语态及其对你写作的寒蝉效应。

你可能会意识到，你只能在一定程度上对这段话进行评判。毕竟，你不知道受众是谁，你不知道受众有什么上下文。关于编码标准从哪里开始的讨论是否和主题相关？也许是的，如果受众不了解那段历史。但如果他们知道，再讲一遍就会浪费时间。关键在于，沟通内容应该是为沟通对象而设计的。你有没有在某个会议中听到过有人喋喋不休地谈论你已经知道的事情？如果有，他们就没有正确地设计他们的沟通内容。

除此之外，我的示例段落在结构上也可以有一些改进。除了关注主人公历程的经典故事结构，有效的书面交流通常遵循“提出问题—提供上下文—将上下文与问题关联起来—提供解决方案”的结构，正如我将在下面这个重新组织的版本中展示的那样。

提出问题。我们最初开发的编码标准不再适用于不同的语言，而试图维护这些标准会减慢我们的速度并在我们的团队之间制造矛盾。

提供上下文。我们的编码标准被制定于不同的时间和地点。最初，我们的目标主要是使代码更具可读性，因此我们的编码标准侧重于变量和函数的命名约定。随着时间的推移，我们制定了模块化的基本标准，以尝试解决我们在代码的某些关键部分遇到的代码膨胀问题。

将上下文与问题关联起来。但那时，我们都使用单一的编码语言：C#。今天，组织内已经在使用多种语言，有大量的C#代码库、JavaScript代码库，以及在开发运维工程团队中不断增长的Python代码库。

提供解决方案。我建议是时候重新思考编码标准的目的、它们给我们带来的价值，以及我们如何在当前环境中实现该价值。我认为我们不该使用过去自上而下的方法，而是该用更具协作性的方法使每个人和每个团队都参与讨论。

如果你是偏好视觉化的人，你可以把它想象成图 12-1。

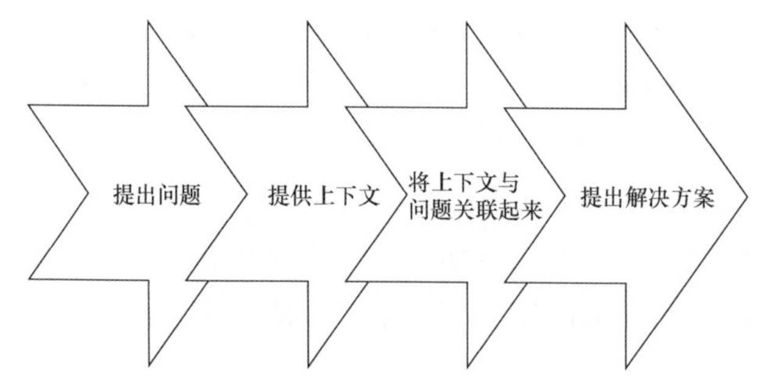

图 12-1 有效沟通的范例

我想指出尤其有效的一点：通过写“我们在不同的时间和地点制定了我们的编码标准”，作者给了房间里可能是原始编码标准捍卫者的人一个面子。“嘿，这不是你的错，”作者可能会说，“这在当时是正确的，但我们现在处于不同的时期了。”这样做，作者避免了不必要的对抗，但也没有浪费过多时间进行周旋。

“提出问题—提供上下文—将上下文与问题关联起来—提出解决方案”实战案例

我将根据我写本书时发生的一个情况，提供一个实战案例展示对上述结构的遵循过程。

我所在的公司里，有一个正式的、结构化的流程来创建新的产品设计。这个流程在我们工作的大多数领域都运行良好，但在一个特定领域略有不同。我们的正常流程主要涉及与客户交谈以了解他们的问题并制作产品以解决这些问题。但这个特殊领域涉及一些科学原理，因此公司聘请了相关科学领域的专家。

问题在于我们通常使用的流程削弱了我们聘请的专家的声音。通常，我们会尽量避免内部利益相关者给设计带来的群体思维和偏见，因为我们希望确保只听取客户的意见。但在这个领域，我们的客户并不了解影响他们工作方式的科学原理，而我们的专家应该在设计过程中起到更大的作用。

团队中的某个人决定用“提出问题—提供上下文—将上下文与问题关联起来—提出解决方案”的逻辑写一封简短的信件来处理此事。以下是他写出的内容。

提出问题。我们的专家在这个过程中未能发出足够响亮的声音，尽管他们的知识对于制作有效的产品至关重要。我们已经在某些情况下看到过，这样做会导致产品效果不佳，我们应该努力纠正这个错误。

提供上下文。尽管设计方案要解决的大多数问题都需要这种特殊知识来应对，但在这个领域，我们发现客户缺乏与问题相关的关键知识，而我们的专家掌握着这方面的关键知识。

将上下文与问题关联起来。对于这一领域，我们需要修改标准流程，以便专家的声音能被放大。他们可以帮助我们解读从客户处得到的信息，并能利用大量经过验证的有关该主题的科学知识。

提出解决方案。我建议我们不要在最初的“与人交谈”阶段让专家参与进来，而是开始在稍后的“汇总我们所得到的”阶段让专家参与进来，这样他们就能在他们的科学专业的上下文中帮我们理解听到的信息。

这个建议最终得到了采纳，而且对于团队里的一些人来说，这几乎是“哦哦哦，我明白了”那种醍醐灌顶的时刻。通过提出问题，提供可共享的上下文，将该上下文与问题关联起来，然后提出解决方案，建议者留下了理解的余地，进行了健康的共同探讨，并最终改进了工作流程。

我知道，同时关注写作的技术性细节和结构可能会很耗时。但只要坚持下去，就会慢慢好起来。人类的大脑很神奇，它们非常擅长领会我们正在尝试做的事情。对于这种写作，如果你练习得够多，你的大脑最终会主动开始做更多结构规划，而不必你去考虑那么多。

由于互联网的存在，练习写作成了世界上最简单的事情之一。开始写博客文章吧，不要担心别人读到你的文章。如果你不想被人看到就干脆将博客设置成私人博客，但要坚持至少每周都写作。写下你解决的某个问题、你参与的某次谈话或任何你感兴趣的经历或想法。你不是在教导别人什么东西，所以话题并不重要。重要的是写作的行为——审阅和重整你所写内容的过程，以及对写作的技术性细节的关注。只管去做，我保证你会写得越来越好。

12.4 练习，练习，再练习

除了不断练习，没有其他方法可以提高你的沟通技巧。然而，我们的全球文化并没有提供很多非正式的练习机会：我们的书面沟通更多的是以非正式的方式进行的，比如发短信，而拼写（更不用说语法了）在其中并不是什么要紧的事。所以这里给出了一些关于如何练习的建议。

- 博客。正如我之前建议的那样，写博客文章是一种很好的练习方式。你需要去写一些东西，即使它们只是写给自己看的。
- 努力使你的工作和个人电子邮件更加结构化。避免仅用一个词或者一行句子进行回复，为了达到练习的目的，你应写一些更有意义的东西。
- 即使在即时消息中也要努力提高你的写作水平。这包括 Slack 和 Teams 等商务平台中的消息，你应写完整的句子、讲故事，并努力追求达到优秀的写作水平。

你在这些方面所花的时间，将会给你的职业生涯的发展带来百倍的回报。

12.5 书面沟通中常见的问题

写作当然容易出错，我指的不仅仅是拼写和语法错误。我们很多人都被自己的写作打败，以至于几乎没有人在写作这方面是完美的。但是，你可以通过关注最常见的两个问题，来开始逐渐向专业写作水平靠拢。

12.5.1　避免使用被动语态

即使你已经知道了主动语态和被动语态的区别，还是请你继续听我讲一会儿。这里有些不能一眼看出的内容。

你可以在"Grammar Girl"等的博客文章中阅读到主动语态和被动语态的正式定义，但我是这样理解的：在使用主动语态的句子中，谁在对谁做什么是很清楚的；而在使用被动语态的句子中，动作完成了，但不清楚是谁做的。

请看"计算机被重启了"和"桑迪重启了计算机"这两句话。第一句话使用了被动语态，第二句话使用了主动语态，即桑迪正在做这个动作（重启）。

大学的技术写作课程倾向于强调被动语态，我的许多朋友和同事告诉我，他们就是在那时学会如此刻意地使用被动语态。他们告诉我，这种理论认为，技术文档不应该指明特定的人，应该避免使用像你、我这样的词。这种方法意味着技术文档中没有人，只有发生的事情。你能想象技术写作教授写的童话会是什么样子吗？

这只鞋由莫氏硬度为 9 的玻璃制成。这只鞋只能在当地的午夜时分被穿上。如果在跑步期间穿这只鞋，它可能会从穿着者脚上脱离并被落下。这只鞋之后可能会被其他人发现。

在现实生活中，我们喜欢故事中的人物。故事几乎总是关于人的，所以请把人放到故事里。用我们、你和我这样的词没有问题。请用主动语态写作，明确指出谁在做什么。

避免滥用复数代词　只在你指代的群体包含你自己时才使用我们一词（"我们需要为这个问题想出新的解决方案"）。不要为了避免用你而使用我们（"我们将学习如何重启计算机"）。

我强调被动语态和主动语态的一个原因是，在举办沟通主题的研讨会时，我发现一旦识别和理解了这两者，人们写出的内容会更加引人入胜和自然。也就是说，当你不再使用被动语态时，你大脑中的某些东西就会转过来，你就开始能写出自然流畅的优秀作品，读起来更像一个人在说话。被动语态使人们无法像说话一样写作，一旦人们开始使用主动语态，体会到可以使用像我和你这样的词，他们就会豁然开朗，然后渐入佳境。你去试一试吧。

12.5.2 修剪那个花哨的园子

我们都知道，企业大多都会进行语言包装。

> 当我们尝试在不同的基础之上建立协同合作时，通过客户我们识别出了许多障碍性议题。我们收到的询问都是比较粗略、高层次的，但是一旦我们双击进入，就会发现各种机会。

老实说，我无法判断出这是好消息还是坏消息。这种商务语言不仅隐藏了其含义，还激起了我内心咬文嚼字的一面。让我们来看看其中的一些行话。

- 议题（issues）没有客观上正确或错误的答案，只有可以讨论的意见。此外，杂志也有期号[①]一说。而使用障碍性这个词表明我们正在处理一个问题（problem）。如果这是一个问题，那就应称之为问题。
- 询问（ask）是动词，不是名词。你不能有一个询问，而应有一个要求（request）。
- 双击（double-click）是“深入了解某事物”的一种流行说法。我想双击取代深度探讨（drill down）是不可避免的了，但双击好像也已经过时了。也许这里应该用双敲（double-tap）？
- 机会（Opportunities）通常是好事，但在这个案例中，我不禁想知道这个词是否是用来替代问题的。这点不易判断，意味着该文本的作者在写作时没有做好沟通的基本工作，即准确无误地传达信息。

你所在公司的总裁喜欢使用华丽、模棱两可的词，并不意味着你也必须这样做。我一直试图提倡清晰、明确地写作。如果我们已经有了要求这个词，就请用它。如果某件事是一个问题，而你想努力解决它，那就称之为问题。比如，本节的标题是“修剪那个花哨的园子”，为什么我不用“避免含糊、做作的语言”呢？

12.6 练习建议

在本章中，我提供了一些练习，用来帮助你提高沟通能力，尤其是书面沟通的能力。

- 首先检查你发送过的电子邮件和直接消息。基于在本章中学习的内容，你会如何重写这

① “议题”和“期号”的英文都是“Issues”。——译者注

些沟通内容？

- 下一次发送大量书面沟通内容时（比如 600 字或更多，大约为 Microsoft Word 中两页的篇幅），请向收件人跟进他们对内容的看法：是否简洁？有没有传达他们想知道的每一点？是否清晰有序？
- 下一次你需要提出书面建议时，请在发送之前检查你所写的内容：是否简洁？是否合理？是否有清晰、明确、排版得体的数据支撑？是否承认了其他选项的存在，并提供了基于数据的否定理由？

第 13 章　征服口头沟通

在第 12 章中，你建立了有效的书面沟通的基础。现在是时候使用这些技能来征服口头沟通了。我一直觉得书面沟通更容易一些，因为我在进行书面沟通时通常可以不慌不忙。书面沟通不像口头沟通那样是即时的、当面进行的。但是书面沟通的许多经验技巧也完全适用于口头沟通，因此从书面沟通开始练习是一个很好的起点。接下来让我们了解口头沟通。

13.1　走近口头沟通

如果你确实开始提高书面沟通能力了，那你的口头沟通能力会不知不觉地提高，压力也会更小。如果你用说话的方式写作，你就能教会你的大脑为你组织想法，同时也能使你在说话时更轻松。

如果你需要进行一些正式的口头表达——可能是团队例会或其他一些常规的沟通——请事先为自己写好台词稿，提前且大声地将台词朗读给自己听，反复地通读文稿，修改台词，直到读起来感觉轻松自然。

一开始你可以在演讲的时候拿着台词稿念。这样也许会显得有些奇怪，但这取决于你面向的听众，你可以承认："我一直在努力提高我的沟通技巧，那么今天我会照着准备好的台词稿念。"如果你提前通读过足够多次你的台词稿，你就能够不时地抬头与听众进行眼神交流。

读完一段后要抬头　当我在人们面前读台词稿时，在每一段的最后一句处，我都会抬头与听众进行眼神交流。由于之前通读过全文，我有信心能瞟一眼句子后抬头背诵出来。因为段落的结尾处有空格，这样我的视线收回后就能很容易定位到之前的位置，而不会找不到地方。

当你有点适应了读台词稿后，就可以开始换成用笔记。你依然要写好台词稿，但不要将其带入会议室中，而是带上些便签卡，用来提醒你台词内容。你要提前通读台词，然后依靠笔记提醒自己该讲什么。这在一开始可能会令人害怕，但你要努力坚持。随着时间的推移，这个过程会变得更加舒适和自然。最终，你会达到根本不需要台词稿就能流畅表达的地步，你可以边说话边组织语言。你可能需要数年才能达到这个程度（对我来说是如此），但这个时间花得值。

需要更快地进步？ 如果你的职业需要你立即提高口头沟通能力，请考虑加入专注于公共演讲技巧的组织。

最后，你要试着在说话时与听众进行眼神交流。我几乎总是会选择 2~3 个看起来很友好、在会议室中间隔均匀的面孔，然后在他们之间转换视线。他们通常是我认识的人、面带微笑的人，或者看起来不像要把我当午餐“吃掉”的人。这样做给人一种你正在环顾会议室的错觉，即使严格来讲你并没有。

13.2 克服对演讲的恐惧

我遇到的大多数技术人员都不喜欢公开演讲。有些人觉得向多于一人的听众做演讲很可怕；其他人可以接受面向小团体的演讲，但讨厌站在大会议室的前方或者站上讲台，受到众人瞩目。多年来我与许多人讨论过这个问题，我发现这种恐惧感的产生可以归结到几个根本原因上，并且它们实际上都不难克服。

13.2.1 害怕不能答上所有问题

每个讲师最大的恐惧之一就是学生提出了一个自己无法回答的问题。这种恐惧在任何形式的演讲中都很常见，而且它与我在本书中讨论过的“冒充者综合征”有关。“如果我保持安静，就没有人会知道我是这个房间里最蠢的人”这种想法是我们必须抛弃的。

- 没有人懂得一切。即使你在某个领域并非无所不知的专家，你也可以谈论这个领域，没有人无所不知。你应提前回顾你计划谈论的内容，提醒自己要对自己知道的东西充满信心，并勇往直前。
- 做好记笔记的准备。如果有人问了你不知道的问题，你应立即记下来，提出之后会研究并回答，然后继续演讲。我们都知道没有人是无所不知的，承认你不知道，但做好记录并提出会研究并回答，这是任何人可以从你这里得到的最好的回答。当然，你在演讲之后一定要真的去研究。

- 尝试预测问题。这是我认识的很多技术人员都感到困难的地方。我曾接到要求向我所在公司的高管（由首席执行官及其所有直接下属组成）介绍我和我的团队一直在考察的一个项目。他们正在寻求详细的建议，我相当自信地陈述了准备好的材料。然后，首席财务官问："如果有这样一个产品，我们是否确定能够获得额外的收入？"我傻眼了，我的主管曾要求我的团队对此进行研究并提出建议。我从来没有想到我需要知道产品是否值得投资。我向首席财务官承认我无法回答这个问题，稍后我会研究并进行解答。会后，我和团队其他成员一起寻找了这个问题的答案。

也许最重要的是，我从中学到了一些关于企业运作方式的知识。在以后的类似演讲中，我能够预见这些问题并准备好答案。那次经历——就像几乎所有让你意识到自己有所缺失并想要努力去弥补的经历一样——有助于我成为一个更好的商业人士。

13.2.2 害怕受到评判

显然，我们谁都不想在同行、老板、同事或其他任何人面前显得无知。我逐渐意识到，其实大多数人都乐于支持他人，你的同行、老板和同事通常都希望看到你成功。也许他们不擅长展示出这个想法，有时，他们和你一样害怕自己的肢体语言表现出他们的支持，害怕会因此遭受评判，但他们的确是支持你的。

不要害怕受到评判，反之，你要积累技能和信心。我和大概上千名技术人员进行过交谈，问他们如何克服说话时害怕受到评判这一点，许多人的答案都归结为练习。你在别人面前说得越多，你就会变得越自在，也就越会明白你的听众是真心为你加油的，即使他们默默地、克制地把这样的支持隐藏在了一幅幅扑克脸之后。

专注于公共演讲技巧的组织的存在很大程度上为你提供了练习的机会，但你不一定要找正式的组织练习。尽管可能很难，但你可以自发地在工作中做简短的演讲，即使害怕也要强迫自己去做。我保证，最终这件事会变得越来越容易。随着恐惧的消散，你能够将更多的注意力集中在提高口头沟通能力上，直到你感到舒适、冷静、镇定并且能够有效地进行口头沟通。

13.3 口头沟通中常见的问题及解决方法

几乎没有人是完美的演讲者。大多数人的大脑的运作速度似乎都和嘴不一样，而且还都有阻碍自身前进的焦虑和恐惧。好消息是你不需要成为一个完美的演讲者，你只需要成为一个足够好的演讲者。如果你专注于以下 3 个简单的基本练习，你会比你想象的更快地达到足够好的程度。

避免使用口头填充词

下次与某人交谈时，你可以征求他们的意见，看是否能记录谈话内容以供日后分析。数一数你说 “嗯”“呃”“你知道的”或其他口头填充词的次数，然后去看一个非常优秀的公众演讲者的演讲，注意他说话的方式。

当我们的大脑需要停下半秒来跟上情况时，我们就会说一些口头填充词。出于某种原因，我们认为必须填满讲话过程中的每一刻，所以在讲话时会插入一些填充词，但其实我们只是需要停顿一下。

不要使用口头填充词，而是要训练自己去停顿。相信我，这样不会听起来很奇怪。事实上，这也给了观众的大脑跟上来的机会。一开始你会感觉停顿听起来不自然，但你可以看看任何一个 TED 演讲视频，告诉我演讲者使用了多少次“呃”这样的填充词。大多数情况下约为零，但你会在“呃”原本可能出现的很多位置发现有停顿。

一旦开始这个练习，你会常有失误，会变得对口头填充词高度敏感。我曾说过这样的话：“所以我们要看看，嗯，噢，抱歉，嗯，数据库控制台，抱歉。”那天我过得不太愉快，但这些最终都会过去。在那之后，你的演讲会自然而然地听起来不那么零散、不那么混乱，会更流畅、更有条理、更专业。

把你的声音当作一种乐器

人类作为一个物种聚集在一起生活已经很长时间了。因此，我们开发出了大量非语言沟通方式：面部表情、常见肢体语言等。这些沟通方式是对语言沟通的补充，为我们所说的话增添细节并注入情感。我们还开发了一种副语言，意思是起到沟通作用的不仅是我们说话的内容，还有我们说话的方式。试想一下对某人说“噢，那很好啊”的不同方式，你就会开始理解这个概念。

YouTube 上有一个视频，将苹果公司的智能助手 Siri 的原始声音和几年后的新版本的声音进行了对比。原声平缓而机械，在一些奇怪的地方有轻微的重音。新版的声音更拟人，但仍与真人的声音有区别。

我有一个朋友很讨厌自己的声音。由于太讨厌自己的声音，他拒绝让任何人在他讲话的时候录音。有次他参加一个工作电话会议，我和他同在一间会议室里，于是我就有点明白他为什么会这样了。他工作的时候讲话声音非常平淡、没有感情。仿佛有人曾告诉他在工作时讲话就应该没有感情、像机器人一样，并且他信奉了这一点。他的声音仍然听起来比 Siri 的声音好听，但并不有趣、吸引人。

但其实这不是他真正的样子。他和朋友在一起时不会那样讲话，我怀疑他甚至在办公室里也不会那样说话。在这些时候，他的声音有自然的起伏。当他提出问题时，音调会提高；当他做出坚定的陈述时，音调会略微降低。在他和我所共处的文化之中，这是正常且符合期望的成年人的讲话方式。但在正式的演讲活动，比如会议中，他的声音就会一直很平，他会用一种几乎单音调的声音讲话，音调只会有非常细微的波动。

这让我想起在小学时被要求大声地朗读课文的情况。有些孩子喜欢在读到不同角色时稍微改变声音。而另一些孩子显然不喜欢这样，他们会用机器人一般单调的声音朗读，听者很难将他们读出来的内容组合成句子。

你的声音是一种强大而优美的乐器。听众的大脑被预设为会对这种乐器做出反应，能在你以特定方式说话时感受到某些情绪，还能对像音调这样的副语言做出反应。

我发现，为了更好地使用我的声音，我首先要对我计划呈现的内容感到满意。这就是我要提前通读的原因。有时，为了一个非常重要的演讲，我会在演讲词上做以下标记。

早上好。 //

今天，我要解决一个我们几个月以来都在应对的关键问题， /// 并关注3个潜在的解决途径_。 //

*这个*问题与*数据安全*有关， // 这是我们的管理团队 / 所认定的本季度的最高优先事项_。 ///

正如你们许多人所知， // 我们当前的数据管理工具要管理的数据量太多了， / 已不堪重负。 // 客户数据、/内部分析数据、/和产品数据都在呈指数型增长_。

我用斜线告诉自己在哪里停顿。斜线越多，停顿时间越长。在3道斜线的停顿处，我有足够的时间用眼睛快速扫视会议室；带下划线的词是我想稍微强调的词；斜体的词则用来做更重的强调，单独的下划线则用于提醒我保持音调均匀或略微降低音调；我通常只想要在问句的末尾抬高音调。

我通常用斜体来突出特定词或词组。如果你想象上述段落有一份配套的幻灯片，那么在其中一页幻灯片上，你会看到“问题：数据安全”几个字。然后我可能会列举出我提到的3类数据。

简而言之，这是我的方法，如表13-1所示，你应该考虑构建一套对你有意义的标记方法。

表 13-1　标记含义

标记	含义
斜体	重点强调
带下划线的词	稍微强调
斜线	停顿——斜线越多，停顿时间越长

通读上文的演讲词大约需要 35 秒。试试大声朗读这段话并计时，按照我的标记去朗读。如果你读的时间比 35 秒短得多，你可能读得太急了，那就慢一点。请记住，你的声音是一种乐器，人们需要时间来聆听并做出反应。练习把重音放在不同的地方，你甚至可以给自己录音。如果你不喜欢自己的声音，那就不断练习，直到你确实对自己的声音感到满意为止，因为其他人可能也会喜欢这个声音。总之，你要练习，练习，再练习。

练习保持正轨

我有一个好朋友，他似乎在生理上无法做到保持正轨。这是常见的一个我们的对话例子。

朋友：你知道我是什么时候去远足的吗？是周日。啊不，是周六？我们周日去吃早午餐了，但周六我觉得太热了。是不是……

我：这个重要吗？

朋友：可能是周五。反正我和安杰拉出去了，她还带着她妹妹。是叫玛丽还是玛莎？她来自艾奥瓦州，我想是叫玛丽。嘿，（转向另一个朋友）安杰拉的妹妹是叫玛丽吗？

我：这个重要吗？我们就叫她玛丽好了。

朋友：总之，我们刚远足回来，安杰拉开的车。她有一辆新的起亚 SUV，好像叫育空（Yukon）……

我：育空是 GMC 旗下的。

朋友：不，绝对是起亚，因为……

我：我要去吧台了。

可以说，他在我们的对话中总是在跑题。在商务沟通中，你应该尽量避免出现这种行为。

我发现一个有用的做法是，从谈话的一开始就将注意力集中在你想说的最终结果上。谈话的目标是什么？在前面的例子中，我朋友的最终目标是指出安杰拉的新款起亚 SUV 有一个抬头显示器，可以将当前车速和其他信息投影到驾驶员正前方的挡风玻璃上，我们花了整整 20 分钟才说到这里。不过没关系，因为我们是在酒吧聊天。但如果是在商务沟通中，我的朋友应该一开始就说“新款起亚 SUV 有一个抬头显示器”。

记住，沟通就是讲故事。你要尽可能快地讲到故事的核心，尽量“少走弯路”。

13.4　保持适度的自信

说到沟通，无论是书面的还是口头的，我依然纠结于如何表现出适度的自信。我碰巧是那种有强烈意见的人，而且我不介意在恰当的地点和时间分享它们。如果我的老板提出了一个有关我的团队应该如何做某事的问题，我通常是第一个提供建议的人，所以我并不缺乏自信。但有时我可能会显得过于自信，让其他人觉得他们没有发言的空间。我当然不想那样。

言语中的自信最引人注目　虽然在写作中也能表现出一个人是否自信，但我认为在口头沟通中一个人是否自信会表现得更突出。我们的语气、肢体语言和单纯对某事的热情在口头沟通中都能够更容易地体现出来。

然而，其他人确实很难坚持自己的观点——通常是因为他们比我更讲礼貌。而另一些人甚至比我表现得更不缺乏自信，他们常给人一种有攻击性、咄咄逼人的感觉。所以自信必然有一个范围，如图 13-1 所示。

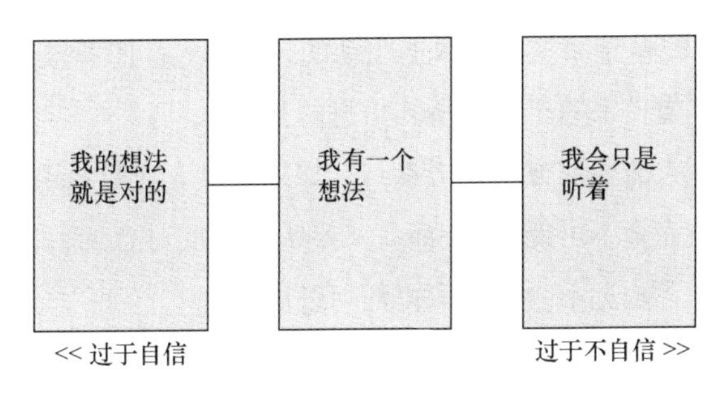

图 13-1　自信的范围

我认为大多数专业人士通常应以中间位置的自信为目标：当你对某个主题有基于事实的看法时，将其说出来，持开放态度地去讨论；倾听利弊，并根据呈现给你的事实调整你的观点。

“我的想法就是对的”这类人只支持自己的观点，不接受事实或合理的反对意见，并以自己的意见主导对话。有时，这种过度自信的态度是一种文化。在某些地方，这种行为不仅在社会上是可以接受的，而且实际上是你但凡想完成任何事情都必须这样去做的。对于这些人，我建议他们表达观点，不要压抑。我会告诉他们，你的意见很有价值，但这不是唯一的意见。你同事的意见也很有价值，这些同事应该有机会被倾听，而不必大喊大叫压倒你才能说话。如果别人认为你是一个压制型的沟通者，你的职业生涯和人际关系网就会受到损害。

“我会只是听着”这类人很少表达自己的观点。他们的沉默归根结底往往是由于“冒充者综合征”：他们害怕说话，因为会议室里的其他人都比他们聪明得多。或者，不够自信的人有时是因为意识到不该表现得过于强势，于是表现得过于谨慎。又或者，不够自信的人只是无意与过分自信的人互相大声嚷嚷。不管是因为什么，我都会给出这样的建议：请表达自己的观点。你既然出现在会议室里了，就意味着你已经在这里赢得了一席之地。你不仅有权参与讨论，你也有义务这样做，因为这是你为收取酬劳而承担的工作职责的一部分。

无论你是谁，无论你以什么为生，你都要练习让自己在沟通时处于图 13-1 中的中间位置。你应给其他人留出表达意见的空间，支持他人提出自己的看法，让自己加入讨论中，并相信你的同事会欢迎你的参与。

13.5 说服力和倾听的艺术

人类沟通的一个主要原因是交换信息和想法，另一个主要原因是说服对方。说服并不是一件坏事，如果你和我正在解决一个问题，我们可能对解决方法有不同的想法。在健康的工作关系中，我可能会说服你认识到我的方法能更好地解决问题；你也可能会试图说服我认识到你的方法才是更好的。只要我们都能进行基于事实的、数据驱动的讨论，且都愿意被事实和数据说服，那么我们的讨论就是健康的，有望带来基于我们所知信息的最好结果。

但说服的诀窍在于，它需要双方的积极参与。如果你没有在听我说的话，我就不能说服你；如果你知道我建议的内容完全不可能做到，而我又不听你的反对意见，那么我也永远无法说服你。我们可能会争论不休，并且永远不会真正取得任何进展。

若想让别人积极参与沟通，被你说服，你应该这样做：倾听他们的声音。假设你正试图说服你的老板购买一个新的软件工具来使每个人工作得更轻松、更快捷。你的老板表达了以下反对意见。

> 这笔钱不在预算之内。我也许能找到投资，但我不能仅凭提高生产力的承诺来做这件事。

你的老板告诉了你要如何说服他并表达了他的独特观点以及他的动机。一旦你了解了他的观点，他关心的是什么，你就可以开始针对他的顾虑构建自己的论点。

老板关心预算，但在这个情况中，反对的原因并不仅仅是预算。老板真正关心的是生产力，以及能够证明增加这些预算会提高生产力的证据。这听起来可能是公司进行过同类投资，但没有获得正回报，因此老板有点担心这种情况再次发生。

值得注意的是，老板并没有表示有兴趣让每个人工作得更轻松。这往往是因为，每个人都具有相应的报酬，而“工作得更轻松”并不总意味着“有更好的结果”。此刻你可能会想：“没错，但如果我们工作得更轻松，就可以做更多的工作。”这并不假，但是你需要使用你试图说服的对象的语言来表达自己的观点。如果老板用了“生产力”一词，那你就用这个词。你应去了解它的含义，以及它是如何被衡量的。你可以这样回答。

老板，用了这个软件工具，我们每天成功构建出的软件包的数量应该能增加大约25%。我有朋友在其他公司用过这个软件工具，他们告诉我这个软件工具帮他们省去了所有的手动工作，因此他们可以专注于编码。每日成功构建出的软件包的数量就是我们用来衡量生产力的方式，对吗？

要说服别人，你就需要倾听他们的声音，并用他们的语言给出答案。

13.6 练习建议

以下是一些可以帮助你训练和改进沟通能力的练习，尤其是口头沟通方面。

- 制造理由来进行简短的口头演讲。比如，也许只是一个面向自己团队的 10 分钟简报。请某人录制你的讲话（使用智能手机的录音功能即可），之后再回放。根据你在本章学到的内容，你会对你的演讲做出哪些可能的改变？继续进行小型演讲，直到你觉得自己变得更加适应且高效。
- 找同事为你的口头演讲打分。无论是面向团队的小型会议，还是面向老板的重要演讲。询问听众觉得你是否在哪里引人注目，是否在哪里做到了保持正轨，以及你在避免使用口头填充词方面做得怎样。
- 在进行团队谈话时——即使只是和你自己的团队——问问他们你是否可以录音。这样你之后就可以听听自己的讲话，挑一下自己的毛病，找到一两个具体的事项来改进。
- 仔细聆听其他演讲者的演讲，无论好坏。事后立即做笔记：你喜欢什么？你不喜欢什么？你在自己的演讲中是否看到了任何“不喜欢”的特征？你可以从其他演讲者那里学到什么来帮助你提高自己的口头沟通能力？

第 14 章　解决冲突

我们工作的大多数时候都和其他人在一起，这自然而然地为冲突的产生创造了机会：我们都有不同的意见、不同的优先级和不同的视角，当这些因素不匹配时，就会出现冲突。其实冲突有时是有益的，前提是你知道如何以专业的精神来处理冲突。

在深入研究之前，我们要指出可能出现的一些不同类型的冲突，因为我们需要对每种冲突采取略有不同的处理方法。

- 公司经常精心设计并故意制造冲突，旨在帮助平衡企业内部的竞争性利益和优先事项。如果设计得当，可以产生“健康的冲突”，帮助企业做出权衡和妥协。
- 公司内部也可能会在业务决策方面有非故意的冲突，这通常源于不可预见的情况。
- 我们可能会产生个人冲突，或者受到个人冲突的影响。这可能源于业务情况，比如两个人在特定决策上存在分歧，但这种情况几乎总是不健康的，也几乎总是需要解决的。
- 人与人之间会有人际冲突，这些冲突可能因各种原因发生，我们将在本章中进行探讨。人际冲突可能是对我们影响最大的冲突，我们甚至不想在工作场所提及这些冲突，因为这种冲突可能对团队和我们的个人品牌造成极大的损害。

14.1　冲突可以是健康的甚至精心设计的

我们经常认为冲突是一件必须处理的坏事，但有时领导者会鼓励可能对企业有利的、精心设计的、刻意的冲突的发生。

比如，我曾经想给我的团队招聘一名经验丰富的技术人员。我们几个月以来一直依赖合同工，我看到合同工给我们带来的成本甚至超过了招聘一名技术人员所需支付的满负荷工资。拥有一名固定员工可以为我们节省资金，为团队带来更多稳定性，而且如果招到了对的人，其相比合同工能带来更多的热情和洞察力。但我们的财务部门坚决拒绝批准新的聘用申请。于是，冲突出现了！

许多公司将这种情况称为精心设计的冲突。公司在做决策时需要考虑很多因素，他们经常选择不同的部门、团队或人员来代表这些有时会发生冲突的因素。财务部门的工作是保护公司的“钱包”，确保公司保持适当的利润率（用来确定公司健康状况的关键指标）并监控公司的现金流。我的团队负责快速有效地创造出面向客户的成果，比如产品和服务。在我所描述的例子中，这两种工作是相互冲突的，并且可以说是精心设计而成的。公司的管理层相信，财务部门和我会理清动机、驱动因素、顾虑和结果，以找到最平衡的答案。在这种情况下，没有客观正确的答案，这意味着财务部门和我需要共同努力，尽力找到双方之间的最佳平衡点，做出双方都同意的决定。我们将在本章后文多次回顾这个例子，以说明有关冲突的几个关键点，以及如何处理冲突。

冲突也可能是非故意的，比如当两名同事在需要做出的某项决定上存在分歧。分歧可能会存在于一些看似简单的事情中，比如每个人的办公桌应该隔多远；也可能存在于一些严肃的事情中，比如为即将启动的项目选择一种编程语言。

无论情况如何，冲突的处理过程实际上都非常相似。事实上，当你发现自己与同事发生个人冲突时，减轻压力的一种方法就是将其视为一种精心设计的“业务冲突”，就像我与财务部门发生的冲突一样。

14.2 寻找上下文

我在第 10 章中提到过上下文这个概念，但此处运用这个概念的意图和结果是不同的。看完这一段后，我希望你闭上眼睛，坐下来，放松，然后花 5 分钟左右的时间想一想，甚至不用去想特定的某件事，就看看你脑海中浮现的是什么。

你想到了什么？可能是一些与工作相关的东西，也许有关你正在从事的项目；可能是因本书受到的某些启发；可能与你的个人生活有关，如你之前听过的一首歌。

这些东西全都是你的上下文。它们是你的生活中正在发生的事情，是你关心的问题。你的上下文中还包括更长期的忧虑：你可能在担心如何支付本月的账单，或者想着即将到来的医生预约。此时此刻，你脑海中的一切都是你的上下文。我们的上下文对冲突的产生以及决定如何处理冲突起到了重要作用。

想象一下，有一天早上，你上班时的心情不错：通勤相当顺利，路上收听的播客很有趣，而且你对正在进行的项目充满期待。家里的情况也很顺利：你没有面临重大的经济或生活问题，孩子们在学校表现得不错，你的另一半也工作得很开心。你特别期待与你的一位同事莉萨交谈，你和她一直在为一项技术试点制定功能规范，今天你们计划确定试点的一些最终的成功标准。

你走进办公室，在休息室里停下接了一杯水。莉萨已经在那儿了，正在等咖啡机制作咖啡。

"嗨，莉萨！"你友好地说，"我整晚都在想这些成功标准，我认为真的应该把客户满意度评分用作衡量成功的最终标准，你觉得……"

"这太蠢了，"莉萨转身瞪向你，厉声说道，"客户根本不清楚自己高不高兴，我们稍后再讨论这个。"

这时你发现莉萨的牛仔裤破了，而且她浑身是泥。她的眼镜正歪斜地挂在脸上，看起来像是坏了。

在这种情况下，你很容易理解为什么莉萨看起来心情不好：她的通勤过程显然不如你顺利。换句话说，她的一些上下文是公开可见的。你立即低声道歉并走开了，你明智地意识到莉萨不是在对你发脾气，她是在对今天的不顺利发脾气。因此，今天可能不是确定技术试点的成功标准的好日子。

问题是，我们的上下文通常不会像莉萨那样公开可见。我们的生活中发生的一切都在我们的脑海中，而在其他人看来，我们就和往常一样。

有一次，我与一位同事就即将用于新项目的编程语言展开了一场相当激烈的争论。我们那时并没有很多正在开发的内部软件，所做的大部分工作都是在中型机上进行的。我们面临的项目是一个基于个人计算机的应用程序，这意味着我们可以朝任何想要的方向发展。他和我都在为不同的语言辩护，场面开始变得十分难看。他说我想用的语言是给婴儿用的，而我反驳他选的语言难以维护且代码写起来费时。

终于，双方都筋疲力尽之后，他问道："我说，你这是怎么了？你究竟是为什么非要选择这个语言？你就告诉我吧。如果你能给我讲明白，我可以支持你。"

这话让我停了下来，我想了想，告诉他："好吧，我以前从未真正做过这种级别的软件开发。我懂脚本语言，我选择的这个语言和我做过的脚本语言相似。你建议的语言在我看来就跟 C++ 一样，我实在不懂这个，如果我们选了这个语言，我担心以后团队中就没有我的位置了。"

此刻我想暂停一下，我要指出，在我所在的团队里，人们可以安全地展示弱点，承认弱点是可以被接受的。尤其是这位同事，他从不借机嘲弄取笑别人或做其他降低环境安全感的事，因此总能让人放心地表现出自身的弱点。在更安全的环境中总是更容易解决冲突，这就是为什么创造和维护一个安全的环境如此重要。但是，如果你所在的公司或者团队并没有营造出一个充满安全感的环境使你能承认自己的弱点，你则需要谨慎透露可能会被视为你的弱点的信息。

好的，回到这个故事：我刚刚分享了我的部分上下文。我的同事现在清楚我为什么要这样做了。“我担心的是，”他的声音比我们俩之前争论时要平静许多，“外面有更多的专业程序员在用我推行的语言。如果我们想要壮大团队，选择你推行的语言就会难很多。坦率地说，我不想学你选的语言，这对我的职业生涯没有任何帮助。但是选我的语言对你的职业生涯有好处，我也完全愿意帮助你渡过难关。”

现在他分享了一些他的上下文，还初步提出了一个解决方案，我们其实只是需要稍微深入了解一下彼此的想法。

让我们回到我和财务部门发生冲突的那个例子中。“好吧，”我对财务部门的同事说，“那请给我解释一下你们那些和增加正式员工人数有关的财务参数。”换句话说，我请求获得他们的上下文。

“这涉及很多东西，”她说，“我们现在距离目标毛利润非常近，由于正式员工属于成本，如果增加了正式员工人数，毛利率可能会掉到目标值以下。你的这个情况是雇用新人有可能减少实际开支，这点很好，但我们也在考虑长期现金流。坦白说，我们可以提前一个月通知合同工离职。但是如果雇用了正式职工，从道义上讲，我们不能因为现金流减少降就解雇他们，而投资者又在不断敦促我们维持利润率和现金流。如果我们达不到要求，那么下一轮融资就会有困难，这可能会拖垮我们。”

“我们真的已经那么接近目标值了吗？”我问。

“是的，”她说，“虽然一般不会出现问题，但我们必须谨慎对待增加工资支出一事。为什么你现在有这种要求？是合同工干得不行吗？”现在她正在询问我的上下文。

“大多数时间还可以，”我说，“但他们与我们的工作时间不同步，现在合作起来比我们预期的更困难。他们没法参加所有站会，而且他们同时还在给其他客户开发项目。他们虽然能干活，但做得很机械。他们对这个项目不太投入，所以我们得不到全身心投入项目的人能带来的好处。我就是担心，我们没有给客户创造我们想要提供的成果，也就是说，我们要花更多时间来回修复，而不能向前推进。”

她点点头：“我明白了，你预计这个项目要做多长时间？”

“至少两年，”我说，“我们已经计划了 10 个部署版本，现在的冲刺周期是 8 周。”

“好吧，”她说，“我感觉我们已经平衡了优先级。我会把这件事告诉我的上级，我觉得招聘是正确的做法，只要我们能确保符合财务模型。我们去和人力资源部谈谈吧，确认一下满负荷工资是多少。”

通过相互了解上下文，我们更加了解彼此面临的状况、优先级以及压力。相比之前那个更加个人化的冲突，这个冲突更容易处理，因为在这里我们并不需要一个专门的“安全空间”来分享各自的上下文。但其过程和意图是相同的。

14.3 回归第一性原理

我发现解决个人冲突的一个好方法就是尝试从个人冲突中“消除”个人。首先，我们要回归第一性原理（first principle），即思考：我们最初为什么要做这件事？无论我们在争论什么，无论我们认为该做或不该做的事是什么，我们都需要回到这一点：这一切的意义是什么？

我曾帮助创立了一个名为“The DevOps Collective”的非营利组织，其活动之一是举办“PowerShell + DevOps 全球峰会”。几年后，我和联合创始人要离开该组织，将其交给新一代志愿者。对我们来说，组织的存在能够比我们的参与更加长久是很重要的，因此我们觉得是时候引进新人了。

作为创始人的我们几乎立刻与新人们在峰会参展者的话题上发生了冲突。我们老一辈总是避免像许多大会那样布置正式的展厅，我们觉得我们的活动是关于社区、学习和建立社交关系的——我们不希望它变成像大型供应商大会那样的商业活动。

这场争论持续了相当长的一段时间，双方来来回回举出各种“事实”。“供应商和个人一样，都是社区的一部分。”有人主张说。“一旦我们接受引入供应商，就欠了他们人情，我们就会开始更改日程，迫使人们去逛展厅。”其他人争辩道。

“停一停，”终于有人开口了，“我们为什么要举办这个峰会？”

我们都思考了一会儿，然后提出了几个理由：“因为，我们要教学，因为我们要有一个地方聚会碰面，因为这样能增强我们社区的凝聚力。”

那个叫我们停下来的人点点头，说：“这些都是好处，但不是我们最初举办这个峰会的原因。唐，”他转向我问道，“我们当时为什么举办这个峰会？”

“为了赚钱，”我想了想，说道，“这个非营利组织的目标是帮助生活中没有条件接触技能的年轻人更便利地学到技能。为了做到这一点，我们需要钱，我们需要钱来支付 PowerShell 网站的费用。我们需要钱，去为那些无法参加年度峰会的人启动区域性的一日活动。峰会很有价值，而且为了让人们愿意付费，它必须有价值。但我们举办峰会的原因是，这基本是我们能想到的唯一一种可以赢利的活动。我们用利润来支付其他费用，人们愿意付费是为了听课和社交，但每年的报名情况无法预计，供应商能给我们填补一些费用。”

所有人面面相觑。

“我明白了，”我继续说，“我也不想要展厅。但新来的朋友们是对的。这能给组织的发展带来财务上的保障，这就是重点。也许我们应该接受这一点，然后开始考虑如何以健康的方式引入供应商。”

我们做到了。好吧，一开始没有，需要明确的是，在这个过程中我们做出过几个错误决策。但是我们每次都吸取了教训，然后下一次就变得更好。回归第一性原理——我们做这件事的初衷——能让我们所有人将上下文与之对齐，让我们能解决冲突，以健康的方式前进。

14.4 依靠数据

从个人冲突中消除“个人”的另一种方法是远离主观意见，转而依靠客观数据。我作为独立合同人工作时曾有机会与一家开发手机收银系统的公司合作。某天我来到一个设计会议上，发现此处正在就系统的某个主界面设计进行一场激烈而持久的争论。“哇哦，”在喊叫声停顿之时，我说道，“有人能给我说说怎么回事吗？”

埃琳说（这些都不是他们的真名）：“戴维似乎认为这是主界面的最佳布局。”埃琳在会议室的大屏幕上展示了一个界面模型设计。“我一直跟他讲，这种聚集式布局行不通。而这个，”她继续说着，并切换到另一个模型，“才更加合理。”

“好吧，”我边说边坐到椅子上，“戴维，跟我说说你的为什么更好。”

“它更优雅，”他说，“我们已经得知每个类别都有一个不同颜色的按钮，这个设计将内容按颜色聚集在一起。你的眼睛能更容易根据颜色找到需要的东西。”

“如果你能记住每个颜色对应什么，”埃琳哼了一声，“我选择的布局使用了网格，每列各是一种颜色，所以依然可以用颜色引导视线。但最常用的项目被移到了中间，你从上一个界面跳转过来时手指就已经在这个位置了，所以在操作上会更高效。而戴维这个会……”

“等一下，”我说，“你们俩在说什么？信念？观点？理论？”

“事实。”埃琳自信地说。

“太棒了，”我说，“把数据给我看看。”她眨了眨眼。“如果你没有数据作为证明，那就不是事实，”我提醒她，“你只是在陈述一个理论，但好消息是我们可以证明这个理论。”

他们两人停下了沉重的呼吸，看着我。

“我们可以花一天时间找出一个可用模型。你们每个人都可以与一个软件工程师合作，你们需要做的就是记录用户按下了哪些按钮以及花费了多长时间。我和团队的其他人会在这天根据我们已有的客户下单模式提交几个订单。哪种设计能让操作员最快地完成下单，哪种设计就获胜。”

每个人都对这个办法感到满意，因为我们成功做到了几件事。首先，虽然没有明确指出，但我们回归了第一性原理，即我们的工作是让用户能尽快提交订单，而不是做出“优雅”或“合逻辑”的东西。其次，我们还找到了办法放下个人意见，去关注客观数据。我们提出了两个理论，并选择用数据去证明或者推翻它们。最后，我们发现戴维和埃琳的界面布局都不是特别有效。埃琳在提交订单时更快，但仍比我们要替换的旧界面慢。所以我们继续进行迭代，在后续的讨论中更多地依靠数据。

14.5 使用决策框架

解决冲突的另一种方法是使用决策框架，尤其是和业务决策有关的冲突（而不是个人的、非业务相关的冲突）。在第 17 章中，我将简要介绍一个名为 RAPID 的决策框架。

RAPID 和类似框架的作用在于加速业务决策，但其也能通过使每个人清楚地区分各自的角色来缓解冲突。你和我也许无法就要做的事情达成共识，但如果我们都是决策框架中的意见提供者，那么最终的决定反正也不由我们做出。作为意见提供者，我们的工作是提供理由，如果提出的理由够充分也许能左右决策的方向。理想情况下，我们会尽可能保持数据驱动，并谨记我们做这件事情的初衷。负责做决定的人会接收意见并最终做出决定。我们之间也许有冲突，但负责做决定的人会在做决定的过程中解决这个冲突。

我发现使用 RAPID 几乎可以完全规避攻击性冲突。当我是一个意见提供者时，同为意见提供者的其他人明白我们提出的意见不是针对个人的，没有人会“赢”。在具体情景中我们都在扮演某个角色，而“负责做决定的人”试图从我们那里尽可能多地获取基于数据的信息。我们不是在争论，我们是在协助。这就是我非常喜欢使用这些决策框架的一个原因，哪怕只是在团队和部门级别使用。

14.6 胜利并不如最佳结果重要

在职场中，我们要记住的重要的一点是，每个人都有着共同的基本目标：为客户服务。在日常活动的细节中，我们有时容易受到个人爱好和观点的影响。一旦我们陷入冲突，就会本能地非常想要获得胜利，失败会让我们看起来很软弱。但我们必须正视这种想法并将其搁置。获得胜利并不如为客户提供最佳结果那么重要。

有时我会大声提醒自己这个事实，这样我的同事也能听到并得到提醒。“我们虽然观点对立，但并不真的在意输赢。我知道我们在意的是最佳结果。所以回归第一性原理：我们为什么要做这件事？结果是什么？我们有哪些指导性数据？我们在考虑问题时遗漏了哪些上下文？”

我发现，这是一个能学会化解职场冲突的绝佳起点。

14.7　练习建议

在这一章，我没有将你置于“冲突”之中，因为我即使提供一个冲突让你去“解决”，你也无法真正理解解决冲突的意义，因为你无法了解其他角色的上下文。所以取而代之，我只希望你在接下来的一周里每天花时间检查你自己的上下文。你在想什么？有什么东西在影响你的感受和你对工作中的潜在冲突的反应？你是否在提醒自己回归第一性原理，并寻找客观数据，即使它们不支持你最初的立场？

第 15 章　成为数据驱动的有批判性思维的人

好的企业会尝试尽量避免依赖直觉或意见来运作。相反，他们会试图在尽可能多的业务上保持数据驱动。保持数据驱动并不容易，个人的经验以及从中形成的意见对我们的影响巨大。因此，即使在普通的团队层面的思考和决策中，我们也必须退后一步，让数据成为我们的行动指南。

15.1　在职场中，永远别说“相信”

别的语言我不清楚，但在美式英语中，我们经常使用相信这个词。其实我发现这个词有些问题，一方面是因为我喜欢咬文嚼字，但另一方面是因为它表达得不够具体。

对我来说，相信这个词是用在我认为是事实的事物上的，即使我没有数据或其他证据来证明其真实性。然而，即使是我有时也喜欢在口头语中说：“我相信要下雨了。”从理论上讲，如果我看到了巨大的暴雨云并且发现气压值下降了，那么我不需要相信会下雨，因为我有证据证明快要下雨了。

这就是为什么在工作中我非常努力地避免用“相信”这个词。毕竟，企业并不（或不应该）关心我在没有证据的情况下认为什么是事实，企业关心的应该是我基于事实和证据的看法。我不希望工作中有任何人偶然间认为我提倡不基于事实做出决策，而相信这个词会使人有这样的联想。因此，为了避免混淆，我会尝试用别的词。

如果我掌握了一些似乎指向某个特定方向的证据，我会表达一个理论：“我有一个理论，我们需要这样改变产品。”理论可以被辩论，也可以被检验，我可以收集额外的证据来证明或推翻我的理论。使用理论这个词表明我愿意参与证明或推翻理论的过程，而且我不会固守自己的理论，认为这是无可争辩的事实。

我也会自由发表意见："我的意见是，我们应该把代码重构为以下几个模块，原因如下。"我的意见大多来自我的经验，这些经验可以算作数据。我可以与其他人分享这些经验，我们可以讨论它们在当前情况下的适用性。我们也许不是在根据确凿的事实来行事，但我们在尝试从过往经验中学习，这在职场中总是个好办法。使用意见一词表明我可能并非完全依赖确凿的事实，但我有整合自己的经验。我不介意其他人有不同意见，我们可以一起讨论。

我还会陈述事实："我们的客户满意度评分上个季度下降了 10 分。"事实性陈述有数据支撑，它们构成了理论和意见最强有力的形成基础。我和我的团队可能对数据的真实性产生争论——本质上表达了一个关于其有效性的理论——然后我们可以努力证明或推翻它。使用"事实"这个词表明我已经接受数据是客观真实的。其他人要么也接受事实，要么挑战其真实性，无论哪种方式都可以让团队进行进一步讨论。

理论、意见和事实，是我工作中大多数情况下仅有的几种能够做出的陈述，尤其是在涉及决策时。我试图避谈信念，因为其他人可能有不同的信念。由于信念不一定植根于客观、共享的数据，人们很难对信念进行辩论并将其应用于商业世界。

15.2 成为数据驱动的有批判性思维的人

批判性思维是一种你有意识地试着从某个场景中抛开自己的滤镜、偏见和信念的思维，你会转而试着完全根据你收集到的数据和确凿的事实来思考问题。

批判性思维的关键是基于事实进行思考。随意拿一个你正在做出或考虑做出的陈述，将其进行拆分，对于其中的每个元素问问自己：我有什么事实来支持这一点？这些事实从何而来？我是否在不知其来源和根据的情况下将某事认定为事实了呢？

成为一名有批判性思维的人，你会经常发现自己缺少可能需要的事实。在这些情况下，你可以先提出一个理论。理论有点像一个或者一组人提议出来的事实："鉴于我掌握的事实，我怀疑以下事实也可能存在。"但在批判性思维中，你不能仅仅停留在一个理论上，你必须接着去证明或推翻这个理论。一旦一个理论被证明了，它就会成为一个新的事实，那么你就可以继续了。

如果你是一名视觉思考者，请看图 15-1 展示的高层次的批判性思维过程。

我们来强调一下图 15-1 中的关键部分。

- 可以被证伪。如果有人向你提供无法证明且/或无法推翻的信息，那么他们所说的就不是潜在的事实，而是意见。你当然可以选择是否采纳他们的意见，但不要将其与事实混淆。比如，如果有人说"外星人从未降落在美国的 51 区"，这就是一个意见。它既不能被实验和证据证明，也不能被推翻。

- 证据。如果有人提供了一个理论，要么他们需要提供证据，要么你自己需要去获取证据。没有证据支持的事实不是事实，而是观点。
- 可靠且完备。这一点很关键，仔细检查提供给你的证据。这个证据的来源是否声誉良好且利益不相关？也就是说，它们是否公正？这个证据的来源是否可靠？你得到的证据是否完备？只要仅仅展示支持结论的事实，就可以轻松“证明”几乎任何论点。真正有批判性思维的人会寻找反面的证据并权衡一切。

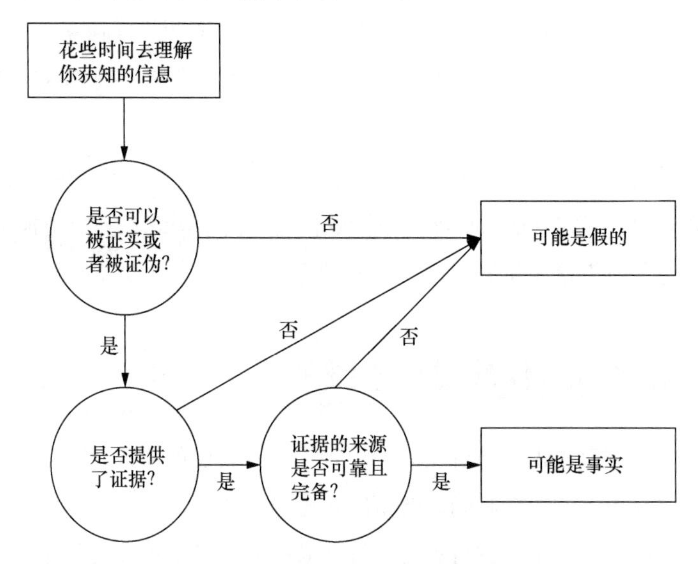

图 15-1　高层次的批判性思维过程

现在我们来看几个例子。这是第一个：假设你正在观看一位政客在电视上发表声明，你碰巧喜欢那个政客——也许你投票支持过他，或者你喜欢他在某些问题上的立场。这位政客说：“我很乐意为我们正在讨论的任命提供一份候选人名单，但政府行政部门从未向我要过这样的名单。”

很多人听到这样的说法会立即相信，仅仅因为对这位政客有好感，他们可能还会对政府行政部门感到愤怒。另一些人会自然而然地不相信这位政客，也许是因为他们对这位政客没有好感。这些人都没有进行批判性思考，一个有批判性思维的人会分析这位政客说的话。

- “我很乐意为我们正在讨论的任命提供一份候选人名单。”
- “但政府行政部门从未向我要过这样的名单。”

第一个声明是一个意见，难以进行分析。毕竟，谁能说清某人乐意或不乐意做什么。但我们还是可以稍微分析一下。比如，这位政客过去是否发表过某些言论，能表明他们不想提供这类名单？他们现在是否自相矛盾？如果你支持这位政客，那么提出这个问题并冷静地分析这份声明可能会很困难且使你感到不适。毕竟，没有人希望发现他们支持的人前后不一致，甚至可能在撒谎。但这就是批判性思维的意义所在：刻意放下偏好和不适，专注于客观真实的事物。

第二个声明可能更容易被证明或推翻。也许有其他媒体账户或记录表明政府行政部门确实向这位政客索要过候选人名单。如果是这样，那就意味着这名政客在撒谎。你支持的人在撒谎这一事实可能会让你非常不舒服，但批判性思维需要你这样做。

面对这种情况，这位政客的许多缺乏批判性思维的支持者可能会开始试图制造“事实”，来证明这条错误表述的合理性。他们可能会说“噢，行政部门没有书面询问”，或者“行政部门没有礼貌地询问”。这是在试图把不是事实的事情当作事实来维护，仅仅是为了让自己挽回面子。有批判性思维的人会避免做出这种行为。相反，如果一个有批判性思维的人错了，并且被事实证明是错的，那么他们就只会接受这一事实并继续前进。

在这个领域，我们很多人（包括我）的情绪都会妨碍到批判性思维。但在工作场所中，我们有时也可以对情绪采取行动。无论是讨论某个应用程序的“最佳”操作系统，还是新应用程序的“最佳”编程语言，又或是网络的“最佳”设计方式，我们的偏好都可能会影响到我们的陈述和决定。批判性思维要求我们在讨论中放下可能有的利害关系，放下对某些结果可能有的恐惧。我们必须关注事实，而且只关注事实。

现在，我们来看第二个例子。假设你在工作，你被要求为公司创建的应用程序设计一个新的用户界面。有众多决定需要你来做出，其中一项可能包括决定用户界面是使用“深色主题”还是“浅色主题”。你的团队里有人说：“我们应该用深色主题，现在每个人都喜欢这个。”

有什么事实支持这个说法吗？或者这句话其实是一个需要被证明或推翻的理论？如果你同意这个说法是一个理论，那么你可以进行访谈、调查和其他研究来证明或推翻该理论，然后根据新发现的事实来继续分析。

作为一个有批判性思维的人，如果你表现得行为不当且没有同理心，就会很不受人欢迎。没有人愿意和一个只会把事实用作武器来令别人难堪或者出丑的人共事。下文给出了一些提示，能使你在不冒犯同事的情况下成为成功的有批判性思维的人。

- 绝不应该使用批判性思维来帮你“赢得”讨论，批判性思维应该用于让整个团队获胜。
- 你需要做始终如一的有批判性思维的人。批判性思维不应该只在对你有利时被“开启”，对你不利时就被“关闭”。
- 在讨论中要考虑他人的感受和经验。你不要厉声质问“你的事实在哪里？”，而是应该尝试引导对话，尊重他人。“这是一个理论，我们可以以此为起点。有哪些事实可以支持这个理论，或者找出它的漏洞？”

- 有时，并没有客观正确的答案。一个好的有批判性思维的人会认识到：“看，这两种编程语言中的任何一种都能完成工作。我们的团队里这两种语言的支持者各占一半，我们承认，无论走哪条路，团队中有一半的人都要学习新东西。现在似乎已经与事实和数据无关了，只有意见。我们想要怎样选择一个继续前进？”
- 识别出什么时候引导对话的可能是固执的意见，而非事实。你要认识到什么时候团队中的某个人可能需要一个体面的台阶来放下信念，进入批判性思维的世界。如果可以，请你帮助他们，而不是落井下石。比如，你可能会尝试把他们的信念重申为一种理论：“你知道的，这是一个有趣的想法。我们当然可以做一些调研来证明或推翻这个想法。”
- 在你读到和听到的内容中寻找偏见。我们都有偏见，这是人类的天性。但是，当其他人用他们的偏见推进争论时，请你尝试识别这些偏见，并确定这些偏见是否正在没有数据支持的情况下将对话或决策推向特定方向。有时，在团队中出现偏见时承认偏见也有帮助：“你知道，这也许只是我们的经验，我们可能要小心，不要假设我们的经验是普遍的。”这样做能把偏见摆到正中央，让每个人都承认并努力避开它。

下面以一篇与牛肉有关的虚构文章为例进行说明。

牛肉的生态影响

对某些人来说，完美的一餐是一大块多汁的牛排，也许会再配上满满一盘烤土豆和其他蔬菜。牛肉——以牛排、汉堡包和其他红肉制品的形式——与冰淇淋以及妈妈做的苹果派一样是美国人的主食。然而，牛肉对生态的影响需要我们仔细审视这个行业，根据报道该行业的出版物《牛肉杂志》（*Beef Magazine*），在 20 世纪 50 年代至 20 世纪 70 年代间，牛肉行业的产量增长了 20%以上。

专家指出，世界上多达 5%的温室气体产量来自牛肉饲养：母牛排出的气体会污染乡村，而且其中有大量有害气体被排放到大气中。将牛肉从美国人的饮食中移除将使这些气体的排放量显著降低，有助于减少气候变化对地球日益加深的负面影响。

美国和其他国家的慢性胆固醇问题支持了这些事实。美国疾病控制中心（CDC）指出，9300 万 20 岁或以上的美国成年人的总胆固醇水平高于 200 毫克/分升，而近 2900 万美国成年人的总胆固醇水平高于 240 毫克/分升（见 CDC 官方网站）。通过减少我们摄入的牛肉量，这些数值可以显著降低。

解决方案很明确：为了拯救我们自己和地球，我们必须转向完全以植物为基础的生活方式。消除非植物性食物是唯一能使我们更加健康的办法，也是唯一能阻止气候变化的办法。

这样的文章可能很令人信服，但文中有一些偏见，并且文章不完全以数据为驱动。

- 《牛肉杂志》中20%的数据是准确的（见《牛肉杂志》官网），但我认为这篇文章中的事实不严谨。真正的《牛肉杂志》中的文章还指出，从20世纪70年代开始，牛群的规模缩小了。
- 5%这个数据没有引用出处，这很可疑。该文章声称提供的是确凿的数据却不引用数据的来源，这意味着可能存在偏见。
- 胆固醇相关数据有引用出处，但摄入红肉并不是胆固醇水平提高的唯一因素，其他因素包括其他饮食习惯、久坐的生活方式和遗传。
- 文章的结论暴露了其偏见。要转向完全以植物为基础的生活方式，还要消除其他非植物性食物，比如羊肉、海鲜和家禽，这些内容在真正的文章中均未提及。即使你接受文章中缺少出处的5%的数据，消除非植物性食物也不太可能逆转气候变化。这至多是为少吃牛肉而构造的一个模糊的论点。

每天，我们都会面对各种想要改变我们的行为或想法的信息。其中有许多是基于偏见的，而不是基于数据的。你当然可以在个人生活中自由地遵循自己的意见和信念。然而在职场中，我们都应该努力搁置我们的意见和信念，转而依据客观数据行事。成为有批判性思维的人意味着我们能够识别出什么时候偏见领先于数据了，并能帮助推动以数据为驱动的对话。

15.3 以数据为驱动

理想情况下，公司做出的每一个决策都应基于数据。然而，这并不总是可行，因为有时必要的数据根本不存在，并且你没有时间或资源来获取。在这些情况下，优秀的公司会倾向于依靠其领导者的经验做出决策。这也没问题，但只要有可能请尽量基于数据来驱动决策，且应依赖客观而非主观的数据——经过验证、正确有意义的数据。

“Windows比Linux好”“Java比C#好”“思科比瞻博好”这些都是我在公司的关键长期技术决策会议上听到的言论——没有一个是基于事实的。作为这些会议中的顾问，我试图梳理出存在的事实。

比如，“对我们来说，Windows比Linux好，因为我们有几十个懂Windows的人。Apache网络服务器在Windows下运行良好，而我们的应用程序真正依赖的是Apache网络服务器。我们已经有了Window的企业支持协议，而我们的4台Linux机器没有正式的支持协议。”这是一些事实，它们给“Windows比Linux好”的表述增添了上下文和解释。我们有一些数据可以用于调查验证，并作为决策的基础。

“这种新的源代码控制系统可以为我们节省时间”听起来像是一种理论或意见，甚至可能是一种信念，总之听起来不像事实。

“我们现在的源代码控制系统每周要消耗每个开发人员大概 4 小时的时间，用于解决代码合并冲突。每个开发人员的满负荷时薪为 84 美元，每周会耗费 336 美元，每年会耗费 17472 美元。对于 10 个开发人员来说，每年浪费的时间相当于耗费了 174720 美元。提议更换的这个系统能使代码合并过程自动化，这个系统的其他用户表示使用之后普遍减少了 50%的耗时。因此，我们预计一年可节省 87360 美元，远超迁移和实施系统的成本。我认为，我们应该进行试验，在我们的环境中验证 50%这个数据。”

这才是以数据为驱动的陈述。尽管有一条数据来自外部且未经验证，但我们提出了一个以数据为驱动的推进方式，其中包括检验 50%这个数据。薪资数目是事实，公司中的任何人都可以通过薪资管理部门核实这些数据。可以想见，每周 4 小时的耗时也是能够验证的——比如开展试点项目，用比平时更严格的方式记录工作时间。这样的陈述超越了信念：发表陈述的人讲了一些事实，由此得出了一个理论，并提议通过试验来检验这个理论。这才是正确的做法。

15.4 小心数据

马克·吐温有一句警世名言：“世界上有 3 种谎言，一是谎言，二是该死的谎言，三是统计数据。”换句话说，数据既能载舟亦能覆舟。统计数据——企业依赖的一种常见数据形式——常常可以被任何人拿来用他们需要的方式表述，以便支持他们的观点。

比如，你正在参加一个产品开发会，有人说：“我们需要重新排列主界面，因为我们有数据显示用户觉得主界面很混乱。”然后他们可能会快速展示一份从最近的客户调研项目中得出的图表，表明大多数客户确实认为主界面很混乱。这份数据确实比较有说服力，但仍然有值得研究之处。

假设他们的调研问题是“你是否觉得主界面非常混乱且难以使用？”且只调查了 10 个人，那么这个数据并不可靠。因为提问的方式可能会引导人们不假思索地回答“是”，而且接受调查的人数不具备统计意义。一个深入研究了这个客户调研项目的有批判性思维的人可能会指出这些不足，并建议进行一轮更彻底的调研以获得更有说服力的数据。

数据不会自行聚集。它们是由人来收集的，或者是由人编程的计算机系统收集的。所有人都有偏见，因此，所有数据都可能存在偏见。比如，假设你开发的一个软件应用程序内置了用户行为统计的功能。你可以使用收集到的数据来分析哪些功能的使用率最高。然而，你发现——也许是出于法律原因——你的数据收集代码并未用于某地区的应用程序版本之中。现在你收集的数据就不可信了，因为它不能反映完整的现实世界。数据中的“偏见”可能是无意且不可避免的，但它仍然是一种偏见。

因此，虽然成为有批判性思维的人和以数据为驱动很重要，但以批判性的眼光看待数据也很重要。在依靠数据来驱动你的思维之前，请确保你清楚数据的来源，知道其中可能存在哪些偏见，以及如何控制这些偏见。

15.5 扩展阅读

- 《批判性思维练习》（“Critical Thinking Exercices”），ThoughtCo 官网。
- 《批判性思维》（*Critical Thinking*），乔纳森·哈伯（麻省理工学院出版社“必备基本知识”系列丛书，于 2020 年出版）。
- 《掌握你的思维：提高脑力和智能的批判性思维练习与活动》（*Master Your Mind: Critical-Thinking Exercises and Activities to Boost Brain Power and Think Smarter*），马塞尔·达内西（2020 年由 Rockridge Press 出版）。

15.6 练习建议

在本章中，我想提供一些练习来帮助你关注批判性思维。

- ThoughtCo 的文章《批判性思维练习》提供了扎实的批判性思维基本练习。该练习通过一个有趣的例子探索了批判性思维的一些重要方面，能帮助你更轻松地将信念和偏见与客观事实区分开来。
- 《81 项新鲜有趣的批判性思维活动》（*81 Fresh & Fun Critical-Thinking Activities*），由劳丽·罗扎基斯编写，其中包含许多批判性思维活动。这本书是给孩子设计的，我建议你和自己的孩子一起开展这些活动（如果你没有孩子，也许可以向亲戚“借用”他们的孩子）。观察孩子参与这些活动的过程，可以揭示很多我们成年人容易陷入的思维定式，帮助你重新审视自己的思维。

第 16 章　理解公司的运作方式

我们大多数人都在商业或类似商业的环境中工作，即使是非营利组织和许多政府机构其工作方式也是以类似商业的方式为主的。因此，了解一般公司的“游戏规则”对你是有意义的，可以帮助你更高效地工作，并更有效地驾驭你的职业生涯。

16.1　公司也是“人”

在大多数国家中，从法律意义上讲，公司与人一样都被视为实体。公司有独立的权利和义务、需要纳税、可以拥有和出售资产等。公元 5 世纪中期的罗马人就认可了一系列“公司”实体，公司这个词来源于拉丁语 *corpus*，意思是身体，更具体地说，是人的身体。

我想更深入地将公司和人进行比较。公司和人一样，都有需求。公司有动机，其动机通常与其需求有关。对别人的需求品头论足很容易，比如，我无法理解为什么上个圣诞节我所在公寓楼上的住户非要带回家一只喜欢叫嚷的小狗作为礼物，但事情就是这样——他们有这样的需求，他们满足了自己的需求，而我对此不理解。与你的需求或动机不同的人或事对你来说可能都难以理解，甚至容易遭到你的轻视，但重要的是要承认我们都是不同的。其他人的需求与你的需求不同，甚至可能完全相反，但这就是事实。

对于公司来说也是如此。有些人看不起公司，因为他们认为“公司只想赚钱”。没错，但这或多或少就是公司被创办的原因，因此当事实证明这是公司的主要动力时，没有人应该感到惊讶。当然，值得注意的是，许多公司所做的不仅仅是赚钱。比如，许多公司都为他们的社区提供了重要支持。每家公司，就像每个人一样，都有不同的动机。

与人一样，公司也有社会关系。任何关系中的每个成员都希望从中得到一些东西，而且只有每个成员都至少得到了他需要的*大多数*东西时，这种关系才能良好地运作。单方面的关系不健康，常常令人沮丧，而且很有可能以争吵告终。因此，让我们来谈一谈公司及其社会关系。

16.1.1 公司及其社会关系

最先浮出脑海的一种社会关系可能是公司与客户的关系。这不难想到，客户获得公司售卖的产品或提供的服务，公司赚得钱财，大家基本上都对这种关系感到满意。不过，“满意”的程度各有不同。前几天我给车加满了油：油泵工作正常，价格嘛……嗯，就那样。我们附近的油价差别不大，所以我就付了那个价钱。我想我和加油站应该都还满意，虽然有点只是给钱办事然后走人的意思。我的意思是，我并没有明确计划要再次光顾，我也并不太渴望重温使用油泵的那几分钟。我们的关系*良好*，但不是非常好。完全比不上我和一家名为“7 号卡森”（7th & Carson）的小餐馆的关系，这家小餐馆离我所在的公寓大楼只有几个街区。

我*喜爱*去“7 号”（7th &），周围的邻居都这么叫它。这家店的食物很棒，我觉得物有所值。我尤其盼着吃这家的炭烤八爪鱼，虽然鸡翅的味道也很惊艳。我喜欢这里的工作人员——吧台的奥斯卡总能做出好喝的饮品，厨师不仅做出的食物美味而且和他聊天也很有趣，还有老板利亚姆，他有令人愉快的爱尔兰口音，总是让我们有宾至如归的感觉。作为顾客，我觉得我和“7 号”的关系非常好。正如你看到的，我乐意向其他人讲述这种关系。

与人一样，公司在生活中也*需要*关系。一家社会关系为零的公司不会和人一样去接受心理治疗或待在家里玩电子游戏，因为生意直接就“*死*”了。公司不仅需要关系，还需要*良好*的关系。许多公司不遗余力地尝试培养良好的关系，即使这些关系有点偏向于客户（就像俗话说的“客户永远是对的”）。公司常会在不健康的关系中停留比应有的更长的时间，让你不禁怀疑是否有某种针对公司和客户的“婚姻”咨询服务。比如，我就见过脏话连篇的顾客一次又一次地回到店里，不断地买东西再退货，我很奇怪商家为什么不直接赶走他们，省去所有的麻烦。

但客户并不是公司建立关系的唯一对象。公司也与其供应商有关系，他们还可能与新闻媒体、当地政府（因为执照和检查事宜）等组织有关系。然而，公司*最重要*的关系是与其员工的关系。

16.1.2 客户和员工

你可能会认为客户为王，但我的说法略有不同。公司*即是*员工，根据定义，公司与其员工之间的关系绝对是一家公司存在的必要条件。没有人来做事的公司只是一个想法，而不是一个功能实体。诚然，当涉及客户时，公司对不健康关系的容忍度更高，但这并不会降低员工关系的重要性。

我认为客户关系有点像会见你的另一半的亲戚。你知道这群人中可能会有一两个奇怪的人，你打算好了要与他们和平共处。其余的大部分都很好，如果幸运，其中还会有几个相当不错的人。

员工关系非常像是和你一起长大并一生保持联系的朋友。你们都知道太多彼此的秘密，你们见过对方喝醉过太多次，有时你们很容易让对方不高兴。但是你们彼此相处得很自在，这意味着当你们被对方惹怒时通常会更宽容，往往还是会互相回到对方的身边。不过，这并不意味着你们“永远是最好的朋友”：即使是最好的朋友的关系也可能会恶化，虽然关系的演变往往都是痛苦和戏剧性的，但有时候这种关系必须结束。公司和员工之间也是如此。

此外，与任何关系一样，公司与员工关系的质量也可能存在一定的区间。在最好的关系中，双方都得到了他们需要的东西，他们很高兴，一切都很好。在最糟糕的关系中，双方都不高兴，没有人的需求得到了满足，其他人都想知道为什么他们不直接终止关系。

如今我们经常听到“权利”这个词，而且很容易指着想要事情按某种方式进行的人，称他们“自以为有权利做某事”。我选择不用这个词，因为我认为这个词有点过于情绪化了。取而代之，我会用“单方面的关系”这个词。

16.1.3 单方面的关系

我高中刚毕业的时候，经常和一小群朋友出去玩，我们晚上常常会去某家小餐馆或汉堡店，有两个朋友令我印象十分深刻。其中一个，就叫他乔恩吧，每当他付不起外出吃饭的钱时，总会坦率地告诉我们。 他会说：“不行啊伙计们，我没钱了，要等下拿到钱了才吃得起。”我们都会点点头，于是要么我们提出帮他付账，要么如果我们都付不了，他就会自己离开。通常，我们中的一个人会陪他做其他事，或者我们都会取消外出就餐。另一个人，就称她为谢莉，总是等到每个人都点了菜，吃完饭，账单到了，然后才说她没有钱。谢莉这样做很烦人，我的意思是，我们喜欢谢莉，她很有趣，她不介意在看电影时分享她的爆米花（假如她有钱付电影票和爆米花），但她总是等到我们其他人都被“套牢”了才宣布她不“参加”。

谢莉就是不好的关系的一个例子。她显然从这段关系中得到了一些东西，但我们其他人没有得到我们需要的东西，我们想要彼此尊重，而不是被利用。如果我们这群人是一家“公司”，那么谢莉就是一个糟糕的员工。

我遇到过很多像谢莉一样的员工。他们似乎觉得一份工作是每个人都应该拥有的东西，只要他们大部分时间都到场，付出最少的努力，那么他们就应该得到报酬。我不认为这是一种权利，尽管你会经常听到这个词。我认为这是一种可悲的单方面的关系。

我也遇到过很多像乔恩一样的员工。他们似乎觉得如果他们对这份工作不感兴趣了，他们就应该离开并去其他地方工作。你可以想象我更尊重哪种类型的员工。尽管这只是整个关系质量区间内的另一个位置，但我们大多数人都会认为这个位置是健康和可取的。

乔恩和谢莉当然是极端的例子。我们大多数人既不是乔恩也不是谢莉，我们介于两者之间。但是，如果你考虑一下你和雇主的关系，你会如何描述这种关系？不，不要考虑你对公司的看法，请诚实地评估公司对你的看法。如果你负责对你与雇主的关系进行“婚姻关系心理治疗”，你会怎样进行观察？你会提供什么建议？

或者思考你与公司之间的合同关系。合同对你的公司有什么要求？比如，合同中没有提到一周的工作时长，那么你就没有理由假设是30小时或60小时，事实“就是如此”。合同对你有什么要求？想必你的岗位说明中描述了你的职责。如果你明确或默认地接受了合同，那么你就需要做好分内的事。公司也需要做好其分内的事——相信我，我看到过很多公司处于这种关系中的受害方。我并不是要把员工当成“敌人”，但我是说双方都有责任。如果你觉得你签了一份糟糕的合同，或者对方不履行协议，那就指出来进行讨论，并要求改变。如果没有发生改变，并且这对你很重要，那么你可以结束这段关系。

我有个叫鲍勃的朋友在一份工作上做了大约6年。他当初受雇来做软件质量分析工作，这是一种别致的说法，其实就是他要看着一组机器针对另一组机器运行自动化测试，以确保第二组机器做到了它们该做的事。当它们没有做到时，鲍勃就会把测试报告发给机器的程序员，程序员修复之后，鲍勃就可以再重新看着机器做一遍。大约6个月后，鲍勃厌倦了这份工作，这是完全可以理解的（现在聪明的公司已经自动化了这些工作，所以他们不再需要鲍勃这样的人了），不过鲍勃还是坚持了下来。最初，他开始查看有问题的代码并提出修复建议。程序员对此很高兴，因为鲍勃出于无聊帮忙做了他们的工作。鲍勃要求加薪，但遭到了拒绝。也许公司这么做不太好，毕竟鲍勃做了更多的事。但可能公司也是对的，毕竟公司希望鲍勃做的就是他们雇他来做的那些事情。他多做的这些都很好，但没有人要求他这样做。从此以后，这段关系变得有点糟糕，老实说，鲍勃应该去别处寻找另一份工作了，但他又待了5年多。

那段时间他都做了些什么？他惹了麻烦。他开始因为代码样式错误而不是没有通过测试而否决代码。基本上，这就好比他会因为不喜欢代码“衬衣的颜色”而否决功能正确的代码，并且这不是他一开始给出的代码通过标准。在因此挨骂之后，他干脆自己开始修复看到的样式错误。当然，这些修改有时会造成功能问题，导致代码在实际使用中失效——因为鲍勃批准代码通过了，所以代码被认为是有效的——这会使程序员挨骂。一直以来，鲍勃只会说公司有他是多么幸运，他无偿地做了所有这些额外的工作。

然而公司并不希望他这样做。他们和鲍勃之间就鲍勃的工作职责和报酬有一个默示合同，这个合同从未变过。好吧，发生了“改变”——鲍勃“改变”了合同。他单方面重新“更改”了他的合同，重新“确定”了他的职责，然后对合同的另一方不支持而愤愤不平。从关系的角度来看，公司不需要鲍勃造成的这种额外的麻烦，最终，这种关系恶化到了一定程度，鲍勃被解雇了。鲍勃也是那种说是搬来住一个周末结果住了一个月的朋友：“伙计，就算我喜欢你，但这不是我想要的关系。”

有趣的是，有些人可能会争辩说问题的直接原因要么是鲍勃要么是公司。我认为，公司当然不想付给鲍勃更多的钱来做他们没有雇他来做的工作——这很奇怪，鲍勃本可以回头，去做这段关系最初要求他做的事情，但他没有。我和他争论说：“你知道的，鲍勃，这就像你搬去和一个朋友同住，你同意和他睡在不同房间，然后你的朋友每天早上都发现你和他一起躺在他的床上，他会感到心烦。你在没有得到别人同意的情况下改变了约定的规则。”然而鲍勃坚信关系恶化是公司的错。这就是人际关系的运作方式：一旦出了问题，谁也不想承担责任。所以责任几乎无关紧要——关系坏了就是坏了，有时你的最佳选择就是在它变得更坏之前结束这段关系。

16.1.4 处理关系的变化

我不是在建议你辞职。我是在建议，你做一份工作的原因应该是公司需要你能够提供的技能或服务。也许它们需要你完成编程工作，或者修复网络，或者维护服务器。公司有这个需求，于是你就提供技能或服务满足这些需求。你可能需要金钱、福利等东西，你们双方都认可这是一种公平的交换。一旦情况发生变化，你们中的一个人就要说些话了。“我厌倦了编程，”你可能会说，“你还有什么其他需求吗？”“没有了，”公司可能会回答，“要么编程，要么走人。”此时，你是要求改变关系的人，因此你需要决定是保持原样，还是离开去别处。而且，这件事也可能反过来发生：“嘿，员工，我没有编程的活要做了。我不再需要这个了，我变了，现在我需要你来维护服务器。”“嗯，公司，”你可能会说，“我喜欢编程，这是我合约上签订的工作，也是我想做的事。”你们的关系发生了变化。因为这样的原因不得不离开会很令人伤心，但如果你们都不再满足彼此的需求了，那么这种关系再继续下去就会变得不健康。

这样说能让人理解吗？公司就像人，人是会变的。公司今天的需求可能 10 年后就不存在了，你愿意为公司提供的东西可能无法保持 5 年不变。在某个时候，你们其中之一会有不同的需求。这不是任何人的错，只要有人能说出来，承认这种关系不再能持续了，然后看看是否可以形成新的关系。当你明知这种关系没法继续，却想无视这种情况苦苦支撑，那这种关系就会变得不健康。就像在人际关系中一样，这从来都不是一个好的做法，最终会导致一切都糟糕收场。

当你与公司打交道时，请借鉴其他人与公司的关系审视你自己与它的关系。你肯定会遇到与任何人都不能保持健康关系的公司。这非常令人遗憾，更令人遗憾的是处在这种关系中的人无法认清情况，或者他们因为某些原因被困住了无法脱身离开。我们都听说过有的人身处糟糕的人际关系中，出于某种原因，他们都觉得自己无法脱身离开。

如果你自己在经营一家公司，请注意这种关系。员工不是用来发挥最大潜力然后丢弃的“资源”，公司和他们处于一种关系之中。当然，公司需要从这种关系中得到一些东西，但员工也有他们的需求。

我认为，当公司的经营者不再将公司视为一个人，当他们不再意识到公司与其客户、供应商和员工之间存在真正的关系时，公司就走错了方向。我认为员工忘记这一点时也往往会出问题。关系问题的处理应该总是从“如何为了双方的利益使关系变得更好”的角度进行，看看是否有助于改善现状，或者至少让人能看清关系是能够变好还是变差。

16.2 公司真正的赚钱方法

当你为一家公司工作时，非常重要的一点，是要了解这家公司实际上靠什么谋生，以及公司本身，或者那些在公司中拥有财务利益的人，比如投资者是如何衡量公司的成功的。总营收很少算得上是公司最引人注目的指标，对于许多现代公司来说，毛利润甚至不是最重要的指标。顺便说一下，我会在第 19 章解释总营收和毛利润。

来看一看医疗视频公司的故事，这是我编造的一家公司。医疗视频公司从事的业务是制作有关医疗程序的视频，他们以订阅的方式向医生出售他们的服务。每位医生平均每年支付超过 1 万美元以获得该公司的服务，该公司聘请了一些世界上知名的医生来制作视频。他们的收藏库为医生提供了宝贵的参考，医生们通过视频学习新技术，复习他们有一段时间没有操作而生疏了的技术等。医疗视频公司经营得相当成功，他们吸引了多轮私人投资来推动企业的发展，而且他们最近刚刚完成了首次公开募股，成为一家上市公司。医疗视频公司可以被视为“医疗视频领域的 Netflix”，只需支付固定费用即可无限制地在线访问其整个收藏库中的任何内容。

乔伊是医疗视频公司的一名销售人员。他最近参加了一个医学会议，并会见了一位为公司制作视频的专家。他们愉快地聊了一个下午，谈论公司的表现如何，其间专家提出了一个乔伊从未考虑过的事情。专家问道："为什么你们不让我们也给普通人制作视频呢？你们已经有我们这些专家了，我们可以做些其他主题的视频，比如解释人们该如何应对各种状况的基本健康问题之类的话题。"

乔伊产生了兴趣，但指出普通人每年不会为了这种视频支付 1 万多美元。

"当然，"专家说，"但你们可以以比如每年 100 美元的价格卖给他们。这样虽然从每位客户身上赚得少了，但你们会有更多的客户。想想收入会增加多少。"

会议结束后，乔伊将这个想法带回了办公室，并在销售团队中引起了剧烈的讨论。然而，当他们最终将这个想法传达给他们的上级时，上级几乎没有讨论就否决了这个想法。乔伊很郁闷，他不明白为什么一家明智的公司会拒绝高达数百万美元的潜在收入，并开始怀疑他是否没有选对公司。这个想法遭到了如此断然的拒绝令他相当灰心，而且上级看起来就是没有"搞明白状况"。

这里的问题是乔伊并不了解关于他所在的公司是如何赚钱的所有情况。他尤其不清楚以下 3 个事实。

首先，没有任何一种收入是平白得来的，你总是要先花钱才能赚到钱。在这种情况下，新的业务线需要开展新的营销活动，这需要花钱。你还要担心普通人会维持多久的订阅，如果你在营销上给每位订阅者花费了 80 美元，第一年收取 100 美元，然后此人不再续订，那么你只净赚 20 美元。这可不太好。

其次，资源不是无限的。虽然为公司制作视频的专家也许可以制作出普通人感兴趣的内容，但如果他们去做这件事，就不得不暂时停止制作专业医疗视频。以每年以取 100 美元的费用计算，你需要至少 100 个普通订阅者才能来弥补一名观看专业医疗视频的医生所带来的收入。然而，当专家大量制作给普通人看的视频时，你可能会开始失去医生的订阅，因为你没有继续生产同等数量的专业医疗视频了。这叫机会成本，我们将在本书后文讨论。机会成本就是你不再做 A 事情转而去做 B 事情时产生的成本。

第三点也许是最重要的一点，乔伊对公众市场如何评价医疗视频公司一无所知。事实表明，对于他们这种基于订阅的公司，向市场展示公司表现如何的两个关键指标是平均订阅者收入和订阅者留存率。订阅者支付 1 万多美元并定期续订，这家公司看起来棒极了。但是，如果加上了 100 美元的订阅，平均订阅者收入就会大幅下降。此外，如果那些普通人不像医生那样可靠地续订，那么订阅者留存率也会下降。突然之间，医疗视频公司看起来不再是一家健康的公司，而变成了试图通过低价甩卖来支撑自己的公司。人们开始抛售股票，公司的股价下跌，这会使医疗视频公司更难得到投资以支撑公司的发展。

现在，乔伊的上级当然可以解释所有情况，而且一家好公司会这样做。但如果乔伊真的是一个商人，他会提前询问这些问题。他不会认为原始收入或订阅读数量是所有人在意的主要问题。他会询问公司的关键指标是什么。

在我的经验中，大多数高管（尽管肯定不是全部）都完全可以答出有关公司如何运作、如何估值或他们依赖哪些指标来运营公司的问题。如果可以，大多数高管都渴望分享这些信息。然而，往往让他们感到恼怒的是，人们连问题都懒得问就要向他们提出“下一个伟大的主意”。想象一下，每天都被淹没在根本不符合公司运作方式的“伟大的主意”中，带来这些主意的人从未花过哪怕一分钟时间试图了解他们的想法是不是真的“伟大”。如果是你，你也会变得烦躁，你甚至可能不再关注这些主意，而错失真正的好主意。那样就太遗憾了，但在某种程度上这也是人性。

不管你是否想推销一个“伟大的主意”，你都应该询问你所在的公司为什么存在，它的动机是什么，它认为的“成功”是什么。

- 公司试图在市场上解决什么问题？
- 我们用来确定公司整体健康状况的关键指标是什么？
- 我们使用哪些资源来运营业务，这些资源的内在局限性是什么？
- 我们的客户是谁？他们认为公司能为他们做什么？

我差点还添上了第五项：“我们的竞争对手是谁，他们有何不同？”这是一个你应该问的问题，但是一个隐藏项。即使你知道答案，也不意味着公司需要试图和竞争对手做同样的事情。你需要谨慎看待相关性：“我们的竞争对手在这方面和我们的做法不同，他们的收入比我们多很多。”

乔伊遇到了同样的事情。医疗视频公司最大的竞争对手是人类视频（Human Videos，HV）公司。HV 公司从事类似的业务，但它不是播放流媒体，而是邮寄实体蓝光光盘。HV 公司的客户为每盘光盘支付一次性费用，而不是订阅费。HV 公司也公开上市了，且它的收入远超医疗视频公司。那么，乔伊有理由建议，医疗视频公司也应该向客户出售蓝光光盘作为流媒体视频库之外的选择。

不过，乔伊深入挖掘后会发现，HV 公司的*市场估值*，即公开市场认为公司的价值，与 HV 公司当前的收入有关。用市场语言来说，HV 公司的估值是 1x，即与其收益相当。这并不多，这意味着市场并不认为它有很大的发展潜力。换句话说，你不会在 HV 公司上做太大的投资，因为它赚到的不会比现在的估值要多多少。

然而，医疗视频公司的估值却是其当前收入的 3 倍，这意味着市场认为医疗视频公司有很大的发展空间。你看，HV 公司几乎随时都可能倒闭，因为它依赖的是不断向新客户销售蓝光光盘，以及向同一个客户销售更多蓝光光盘。它没有任何有保障的经常性收入，每一次新的销售都是一次性的。相比之下，医疗视频公司有经常性收入。即使医生休假一个月不看视频，医疗视频公司仍然收取订阅费。医疗视频公司需要担心的是续订，但这通常比全新的销售更容易。医疗视频公司估值如此之高的原因之一就是其订阅模式，如果增加了出售蓝光光盘的选项，就会影响它的估值。

公司的经营相当复杂。其中涉及客户心理和市场力量，也可能涉及非常微妙复杂的测量和考虑。你应该尝试对其有尽可能多的了解。这样做不仅更便于你和公司建立健康的“人际关系”，还有助于你做出更好的决定，最终使你能够承担更多的责任，包括成为领导者（如果你有兴趣）。如果你不了解公司经营中的隐藏细节，那么公司所做的很多事情会显得莫名其妙甚至愚蠢，这对于人际关系来说是一种糟糕的感觉，对于和人际关系一样重要的你与你雇主之间的关系也是如此。

16.3 公司卖什么

你知道你所在的公司卖的是什么吗？请看以下 3 个故事，在阅读的同时，请尝试想象公司认为自己以什么为生，以及其商业模式可能有的改进空间。

请注意，这些都是虚构的公司，且我给你设置了一些显而易见的陷阱（请试着暂时忘记它们是陷阱问题）。你将在以下 3 个故事中遇到特莉、马丁和帕特，请将自己置身于他们的日常生活中，试着从他们的角度看事情。如果你是他们，并且最终获得了公司的控制权，你会做出什么改变？

显然，这 3 个故事有一个共同问题，就是你无法了解到这些公司的完整信息，你只能从一名员工那里得到有偏见的看法。然而，这正是大多数员工的做法，即使这并不完全是他们的错。在帮助员工群体真正了解公司在做什么这一方面，许多公司都做得很差。这通常只是因为公司的领导者没有想到要这样做，但如果有人问起，他们一般都很乐意分享。

16.3.1 特莉的国际灯泡公司

特莉供职于国际灯泡公司。该公司储备了种类繁多的灯泡，从老式荧光灯管到前沿的变色 LED 灯。她是一名程序员，主要工作是控制公司仓储和配送中心运营的计算机系统。工作时，她注意到，对大多数灯泡，公司往往都只储备最少的数量。她通过查看数据得知公司有大量灯泡售出，但很多时候收到的订单不能立刻履行，而是在仓库填充库存后再将对应商品运送给客户，这样就有几天的延迟。

特莉没有意识到的是，国际灯泡公司是通过订阅服务赚钱的。订阅正是公司在股票市场受欢迎的原因，因为这样做会使公司的收入极具可预测性，公司大部分销售和营销工作都可以投入到新业务的获取上，而不必不断从现有客户那里“重新赢得”业务。

这家公司的仓库完全遵照设计工作，即最大限度地减少手头上的库存。在大多数国家，根据销货成本（cost of goods sold，COGS）规则，在商品售出之前不能销掉商品的成本。因此，你会倾向于尽可能避免库存过多。

不同于此，特莉所在公司采用“准时制”（just-in-time，JIT）备货。例如，如果它知道客户订阅的是每季度一个灯泡，并知道这个灯泡需要一周的时间才有货，那么它就可以倒推出订购日期，提前订购灯泡，收货，然后“准时”运送给最终客户。客户看不到后端发生的事情。特莉在仓库里看到的并不是“缺货”的情况；相反，仓库只是在需要的时候准确接收库存，以便可以准时将其运送给最终客户。

特莉可以转而提出的问题是，为什么国际灯泡公司不选择代发货，即一种公司向供应商下订单，但由供应商直接向最终客户发货的常用做法。这样做有时候可能行不通，比如公司有时候必须购买一大箱灯泡，然后将其拆分运送给多个客户，不过在可行的情况下代发货能取代作为“中间人”的仓库，为国际灯泡公司省钱。

16.3.2 马丁的主题游乐园

马丁供职于全球主题娱乐（Global Themed Amusements，GTA）公司，该公司在全球拥有多家区域性主题游乐园。马丁在采购部门工作，主要负责公司使用的维护用品的交易谈判。马丁最近一直在关注 GTA 公司的竞争对手在做什么。虽然竞争致力于建造更加刺激的游乐设施，比如价值数百万美元的过山车，但 GTA 公司的游乐园往往扩张得更慢，并且倾向于建造更便宜的“黑暗乘骑”设施。这家公司在零售商品上的花费也远多于竞争对手，而且用于销售商品的商店往往占据了本可以用于建造游乐设施和其他景点的宝贵空间。

这个例子讲的是要了解你所在公司在卖什么并认识到它卖的可能不是每个人“通常”认为的东西。马丁为 GTA 公司感到担忧，因为公司在惊险刺激项目上被竞争对手超越了。然而，作为一家公司，GTA 公司并不认为它的主营业务在于惊险刺激项目，而是认为自己是在销售家庭体验，它专注于家庭可以一起体验并创造具有强烈正向回忆的景点。它从这些记忆中获利的一种方式就是销售强化游乐设施主题和图像的商品。游乐园中的零售商品的利润率高达 70%，其提供给新游乐设施的建造费用比例远超游乐园的入场费。

你瞧，即便你看到另一家公司在做和你所在公司类似的事情（例如建造主题游乐园），也并不意味着它是公司真正的竞争对手。优秀的公司试图让自己在竞争中实现差异化，这样消费者就不能简单地二选一。如果你销售的是汽油这样的商品，那么消费者几乎都会根据价格和便利性等因素做出决定，这就是大多数城镇都有这么多加油站的原因——他们都在努力争取成为某些人更便利的选择。这也是汽油公司花费大量时间试图在汽油质量、激励计划或其他方面实现差异化的原因。真正了解你所在公司认为的自己的与众不同之处是相当有益的。

16.3.3 帕特的果味服装

帕特是果味（Fruity）公司的一名销售员，这是一个主要面向青少年的高端服装品牌。果味公司的服装并不直接面向消费者；相反，帕特的工作就是与大型线上零售店和实体零售店的买方打交道。果味公司的衣服非常贵，大多数产品的价格是竞争对手类似产品的 3～4 倍。许多低端零售商甚至都不会考虑从果味公司进货，帕特对此感到沮丧，并认为公司的定价使他们被排除在许多市场之外。这意味着帕特赚不到本有可能赚到的提成，这也是他沮丧的根源。

许多公司通过观感来使自己具备差异性。以销售手机、计算机和其他电子产品的苹果公司为例，这些电子产品的价格通常比竞争对手的产品高出数百美元。他们是如何“侥幸逃脱”的？是通过打造某些消费者想要的品牌。在任何一个市场中，都会有对价格敏感的消费者，他们会选择最便宜的可用产品。同时还有对品牌敏感的消费者，他们会选择他们感觉最有价值的品牌。这些消费者都没有错，他们的需求由市场上不同的供应商来满足。

这个思路就是为什么丰田、本田和日产这样的汽车公司会拥有像雷克萨斯和英菲尼迪这样的品牌。这也是为什么有人买劳力士，有人买天美时。在这个故事中，向低端零售商销售产品确实可能为帕特带来更多提成，但它还可能破坏公司努力维护的高端品牌形象。

我曾供职于玩这种“品牌游戏”的公司，工作起来很痛苦。我主要对服装这类产品的价格比较敏感，所以对我来说，一条其他品牌卖 20 美元的裤子在这里卖到了 110 美元，这看起来很愚蠢。然而，这些领域的公司处理的问题比你想象的要复杂得多。虽然两条牛仔裤的制作成本可能相似，但 110 美元的牛仔裤的利润空间要高得多，因此公司不需要卖出那么多条。此外，对品牌敏感的消费者往往不仅仅购买牛仔裤，他们还会购买衬衫、鞋子和配饰，而且通常一年会多次回购。有一个完整的品牌忠诚度方案运作其中，且通常不会吸引对价格敏感的消费者。同样，这些公司都没有错——他们只是出于各种原因在不同的领域中运营，承担着不同的风险或享受着不同的回报。

当然，果味公司可以标更低的价，以获得更多的零售商，但这样他们就成了另一家公司。要求一家公司成为另一家公司是不明理的。毕竟，在你加入之前，他们就已经发展成这个样子了，所以，如果你希望他们成为其他公司，那么也许你应该去寻找新的工作。

顺便一说，确实存在一些服装公司会试图面向每个市场，但他们往往使用不同的品牌。以 Banana Republic、Gap 和 Old Navy 为例，这 3 个不同品牌服装的风格和价位各不相同，但都归同一家公司所有。

16.3.4 了解业务详情

这一切的核心都是要了解你所在公司为什么赚钱以及它是如何赚钱的。当然，公司也许可以采取其他的运营方式。其他运营方式可能是正确的，但公司现在所做的也不一定是错的。你要提出问题，去理解为什么公司选择这样的运营方式。

我要给你讲一个故事，那时我刚刚开始提这些问题。我问：“为什么我们的财政年度是从 2 月开始而不是从 1 月开始？”我们的首席执行官，一家百货公司的长期经营者，展示了一份日历。

“一年有 4 个季节，”他说，“每个季节都有 3 个月。每个季节的首月公司都会推出季度新品，通常全价销售，以获得最大的利润。中间的月份是这些季节的主要销售月份，销量往往增长最快，即使常常会打一点折。最后一个月用来清仓。”

“在美国，第一季是销售春装的 2～4 月。接下来是销售夏装的 5～7 月，中间包含学校放暑假的时间。接下来是销售秋装的 8～10 月，中间包含学生返校的时间。最后是销售冬装的 11 月～来年 1 月。

“最后一季包含 1 月且与圣诞节归为同一财年的原因是，这样收益就会算进同一个财年的销售中了。否则，由于圣诞节期间通常收益很高，公司下个财年的起点就会是负数了，这看起来很糟糕。”

这个说明令我大开眼界，一下子就解释了我多年来工作其中却未曾意识到的零售周期。

16.4 理解风险和回报

风险是商业领域中一个人们谈论得不够多的基本概念。在无论何种类型的冒险中，都存在失败的风险。就算是开车去杂货店都有风险：有人撞到你的车、店里没有你需要的东西、信用卡被拒刷等。风险无处不在，对于日常的风险，我们大多数人已经自然地学会了采取措施尽量减轻：小心驾驶、按时支付信用卡账单等。当然，我们无法消除风险，但我们可以通过个人行动在很大程度上减轻这些风险。

公司略有不同，公司面临的风险很少在其控制范围内。公司会转而依赖其他人，即其员工，来减少风险。想想如果把这个概念用于你的个人生活，那将给你的精神上带来多么大的挑战。想象一下，你正在制订一个大型家庭度假计划，而某个陌生人正在处理所有最后的细节，并且他们甚至都没有向你透露多少细节。我肯定会紧张不已，尽管老实说，我经常在度假时遇到这样的人。他们的度假感受通常都很糟糕，因为他们没有为自己的享受承担责任，而他们的假期规划师又忘记了一些关键细节，所以在某个时候一切都会出现问题。

不过，我离题了。人们可以选择外包他们的风险减轻措施或亲自处理，这取决于他们有多大的控制欲。公司没有这个选择，他们总是依靠其他人，即他们的员工，来应对所有可能的风险。

那么我们在谈论什么风险呢？主要是财务上的。在任何时候，每一家公司但凡多做出几个错误决定，就会失去一切、破产、解雇所有员工，然后自己也消失。公司的所有者尤其会面临财务风险，因为他们是最初投入所有资金的人。这就是为什么公司的所有者可以分享公司的成功，尽管伟大的公司会通过奖金和其他类型的计划，尝试与帮助其实现成功的员工分享一些公司的成功。

事实上，奖金是一种考虑风险和回报的好方法。假设你供职的公司有收益分享计划、利润分享计划或类似的项目。当公司赢利时，公司的所有者同意留出 25%的利润，将其分配给员工。这挺棒的，对吧？在年底、季度末或其他某个时候，每名员工都会得到额外的一笔可观的奖金，以感谢他们帮助公司取得成功。但是，如果公司没有赢利怎么办？万一赔钱了怎么办？作为一名员工，你是否希望你的薪水打折扣？几乎没有人会，但这会很不公平，对吧？如果公司赢利了，你会得到一大笔利润；如果公司亏损了，你不应该支付一大笔损失吗？假设公司损失了 10 万美元，公司所有者难道不计算出其中的 25%，即 25000 美元，然后从每个人的薪水中扣除吗？毕竟，如果员工分享了公司的成功，当公司亏损时，难道员工不应该对损失负责、共同分担吗？

我从没有见过有哪个利润分享计划是这样做的，这就是为什么从根本上讲，它们并不是一种分担公司风险的方式。你看，当你真的分担了一部分风险时，公司成功时你就会成功，公司受损时你也会受损。风险意味着你可能会失去一些东西。股市中处处有风险：当你投资的公司表现不好时，你的股票价值就会减少，你就会赔钱。这就是为什么股东实际上被认为是公司的共同所有者，这也是为什么他们对这些公司的运营方式有发言权，通常是通过任命一个董事会，而董事会又会雇用高管来对公司进行日常管理。

风险和对事物的发言权是相匹配的。如果你不承担风险——也就是说，你没有赔钱的机会——那么你对事物的运行方式就没有太多发言权。这是每个父母都会教给孩子的基本规则，无论他们是否有意识到："你住在我的屋檐下，你就得遵守我的规则。"作为父母，你承担了所有风险，你必须保住一份工作，确保按时支付账单，注意你孩子的健康等。你承担了所有风险，所以你可以制定规则。那么，在工作中，大多数员工都"住在"雇主的"屋檐"下，因此雇主——承担所有经营业务的风险的人——可以制定规则。

我和很多员工交谈过，他们不明白为什么公司不做员工认为他们应该做的事情。"那样会好很多！"他们说。这些员工几乎普遍缺乏有关公司如何赚钱的上下文，而且几乎普遍不承担公司经营的风险。我知道在一个不会"听你的"的环境中工作有多么令人沮丧，但是当你的父母支付所有账单时，在允许看电视的时长方面，他们又有多么听从你的意见？然而，当你终于搬出去自己住了，你就可以熬夜看电视了。在商业领域也是如此，如果你想有话语权，那么你就要承担风险，去开办自己的公司，远离确定的薪水、福利、401（k）[①]、免费咖啡等。取而代之，你要担心下一张支票从何而来，要担心员工能否正确完成工作来保持公司的运转。只要你投入资金、承担风险，然后所有的决定都可以由你来做。

我发现，公司不听员工告诉他们应该如何解决所有问题的另一个原因，是大多数员工都缺乏足够的上下文。他们无法看到组成公司的所有活动部件。这并不是说公司在隐瞒什么，只是公司，尤其是大型公司，都非常复杂。以我目前工作的公司为例：我们必须在美国的 20 多个州和 6 个境外国家上缴所得税。这个简单的事实造成了我几乎无法理解的业务复杂性。公司的几乎每一个日常决策都会受到这一事实的影响。对于"我们是不是应该租些新的办公空间，这样就不会那么拥挤了？"这件事，一旦你考虑以下问题，它就会变成史诗般的难题：不同州的税收优惠、办公室扩建的折旧规则、办公室是否位于我们同意雇用一定数量的人以获得某些奖励的城市、租赁费是否可以算作一般费用——这简直令人头脑发昏。你也许会认为这是一个简单的问题，好比"好吧，如果租金是每月 3 千美元，而我们现在的利润比这要高，那当然可以！"但事实远非这么简单。这就是为什么当我听到员工（不是在我所在公司里，请注意）抱怨休息室里没有他们喜欢的咖啡口味之类的鸡毛蒜皮的事情时，我简直笑出了声。管理层每天在哪怕看似最简单的公司决策上都要花费如此重的脑力，以至于"咖啡口味"甚至可能不会出现在任何人的议程上。咖啡口味是一种只有你在无风险的舒适环境中才会去抱怨的东西。那些管理公司实际风险、负责维持业务并确保能按时支付我们薪水的人呢？他们可能很高兴办公室里还有水可用，而不那么关心人们用它

① 美国的养老保险计划。——译者注

制作什么口味的咖啡。

所以。你想在公司运营中拥有更大的发言权吗？你想被负责人听到吗？

请你首先确保你的声音不仅仅是噪声，了解公司的目的，了解它为什么存在以及它如何赚钱，然后了解公司是如何运作的。这并不意味着你必须获得工商管理硕士学位（尽管这也不会有什么坏处），但你需要了解公司财务、公司管理和许多其他主题。你可以做到的，经营公司的人也并不是一出生就知道这些知识的，他们在某个地方学到了这些知识，你也可以。然后你可以寻找途径放入一些切身利益为筹码。当你承担风险时，人们会更认真地对待你。因此，如果你目前所在的公司里无法实现这一点，请问问自己是否准备好去另一家公司或要开办自己的公司。

上下文、商业头脑、承担风险的能力，具备了这些你才能在公司中有发言权。

16.5 扩展阅读

- 《认识商业（原书第 12 版）》（*Understanding Business 12th Edition*），威廉·尼科尔斯、詹姆斯·麦克修和苏珊·麦克修（2018 年由 McGraw-Hill Education 出版）。
- 《在家就能读 MBA：掌握经营的艺术》（*The Personal MBA: Master the Art of Business*），乔希·考夫曼（2010 年由 Portfolio 出版）。

16.6 练习建议

在本章中，我建议你去看看公司的一些细节，无论是你自己的公司还是你供职的公司。如果你不知道答案，就去找答案。你可以从你自己的经理开始问起，但也可以问问组织中的其他人以了解他们的观点。

- 你所在公司真正卖的是什么？商业模式是什么样的？与公司有财务关系的人是如何衡量公司的成功的？
- 你所在公司会经常应对哪些类型的风险？你在这些风险的应对过程中扮演什么角色？如果公司在某个时候无法支付你的薪水，除了可能会失去工作，你是否还有其他风险？
- 你所在公司的业务动机是什么？公司通过衡量哪些方面追踪绩效？为什么公司在高层面上如此行事？你是否同意其行事理由？

第 17 章　成为更好的决策者

决策无处不在，几乎每天都发生在我们身边。如果能在几乎任何情况下都做出更好的决定，这会是你职业生涯真正的助推器。做出更好的决策的关键是了解有关如何评估情况的基础知识，以及决策本身是如何做出的，尤其是在商业环境中。本章的另一个关键点是，如果你希望理解公司做出的决策，了解所有不同的上下文信息至关重要。

17.1　决定谁来做决定：决策框架

最糟糕的公司是少数领导者（每个人都个性鲜明）做出看似随意的决定，然后将这些决定施加于公司的其他人身上。员工不了解决策背后的思想，对决策没有信息输入，并且常常觉得自己只是机器中的齿轮，从而非常没有回报感。

另一类最糟糕的公司会邀请每个人参与决策过程，但不提供任何方法来解决冲突的起因、处理冲突的优先级。这些公司常常会陷入分析瘫痪之中，绕着它们能做的事情讲来讲去，讨论每一个可能的选择的利弊，最后却没有做出任何选择。任何一家好公司都有适当的决策框架，因此它们有方针来指导他们如何做出决策。

举一个极端的例子，大多数军事组织都内置了这些决策框架。一位将军可能会说："我们需要占领那座山，以获得战术优势。"但将军非常清楚，知道如何占领那座山的是中士，中士的专业知识是决策过程的重要输入。

"你知道，这里有另一座山，更高一些，而且在战术上的重要性与之前那座山一样，"中士可能会说，"但这座山更容易攻占，因为它更接近我们的行进路线。"

将军可能会点头并回答:“是的,但我们的盟友会去攻占这座山。我知道这座山更容易攻占,但在之前的几周里我们和盟友的关系陷入冰点,如果我们想要与他们维持良好关系,就需要让他们打一场胜仗。”中士可能会点头并返回他们的团队开始制订计划。

军队的构建逻辑是下级专家向上级决策者提供意见,然后接受决策者做出的决定。直到今天坐下来写这章时,我才发现,亚马逊公司采用了类似的领导力原则,他们称为“敢于谏言,服从大局”(Have backbone, disagree and commit),意思是你可以并且应该提供你的意见,但如果最终决策者做出不同的决定,请支持该决定并尽最大努力使其成功。

我现在的雇主使用了一个叫作 RAPID 的决策框架,该决策框架由一家叫作贝恩的管理咨询公司开发。RAPID 是建议(recommend)、同意(agree)、执行(perform)、提供意见(input)、决定(decide)的英文首字母的集合,对于大多数正在进行的重大决定,我们会确定公司内负责 RAPID 各个部分的工作角色,因此参与这 5 个步骤中的每个部分的人都很清楚自己的角色。RAPID 决策框架中的角色及其对应的职责如下。

- 建议——对决定提出建议。在没有明确“赢”的方法的情况下,可能会提出多项建议并概述每项建议的优缺点。比如,一名高级开发人员可能会建议在某个项目中使用某个特定软件库。
- 同意——为建议提供支持。这意味着他们将与建议者合作提出每个人都同意的建议。比如,对于一个软件库建议,DevOps、安全和整个开发团队可能需要同意该软件库能满足他们的各种需求和关注点。
- 执行——执行决定。通常向建议者提供有价值的输入,说明什么可行,什么不可行。比如,使用新软件库的实际软件开发人员将执行该软件库的实现任务。
- 提供意见——给建议提供额外的输入和数据。这包括业务分析师和其他辅助做出决定的角色。比如,会受到应用新软件库影响的人,也许能就选择哪个软件库提供意见。
- 决定——最终决定将要做什么并对其负责的一个人。比如,软件开发经理可能会最终决定采用哪个软件库,这主要基于他们收到的建议。

按时间顺序对 RAPID 排序 当我第一次了解到 RAPID 时,我感到很困惑,因为任务并不是按照字母的顺序执行的。按照时间顺序,你要先从“提供意见”开始,让人们“同意”“建议”,“决定”要做什么,然后“执行”。但 IARDP 是一个糟糕的缩略词。

图 17-1 按时间顺序展示了 RAPID 决策框架下决定通常是如何做出的。

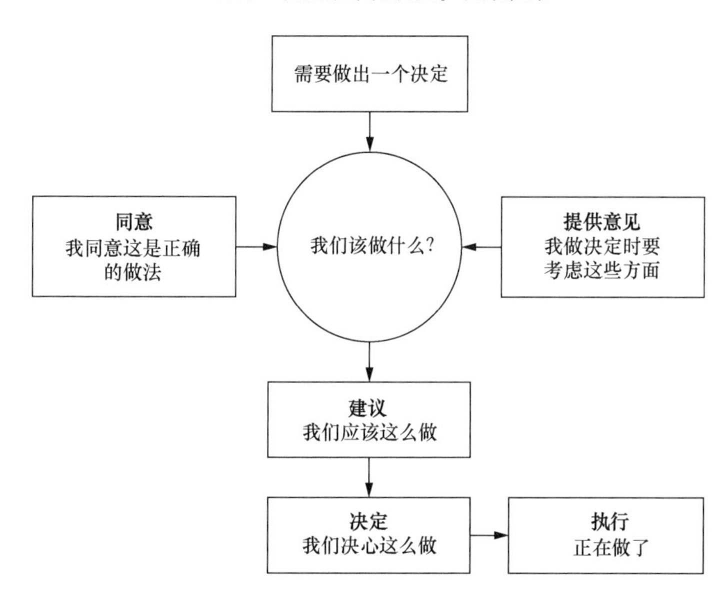

图 17-1　使用 RAPID 决策框架

除了"决定"，RAPID 决策框架中的每个角色都可以是一个人或一群人。只有一个人可以负责"决定"，这意味着决策者只能有一种声音，这个人通常对任何能想到的业务结果负责，并将会结束辩论、做出决定，然后每个人都会朝这个方向前进。一旦做"决定"的人做出了决定，其他所有人的工作就是执行。这个决定不一定要受欢迎，也不一定要每个人都同意，但这是最后的决定，每个人都必须努力落实。

只能有一个人负责"决定"吗？　一小群人共同负责"决定"也是有可能的，但是当这一群人不能全体一致做出决定时，就会产生问题。毕竟，如果他们负责"决定"，谁来担任裁判？有时，这意味着要重新考虑负责人。比如，在我工作过的一个组织中，对于一些高层决策，负责"决定"的人准确来说就是我团队的高级主管。但是，对于日常事务，她的 4 人领导团队成了她的代理。只要他们意见一致，主管就不会参与其中，这 4 个人共同负责"决定"。如果他们不能达成共识，她就会介入并行使实际权力。

作为个人贡献者，你的工作是尽最大努力提供以数据为驱动的意见输入，帮助决策者做出最明智的决定，并在需要时做出妥协以达成一致。一旦做出决定，你的工作就是加入行列，而不是继续争吵或辩论。只有在每个人都致力于扮演好他们的角色并承诺尊重做出的最终决定时，这个决策框架才有效。还有很多其他的决策框架可供选择，关键是一家好的公司必须有一个决策框架，这样公司里的每个人都能知道决定是如何做出的。

17.2　决定去做什么：岩石和鹅卵石、OKR 和优先级

几乎每家公司可以做的事情都比实际有资源去做的要多。这意味着他们需要决定把重点放在哪些事情上。换句话说，我们可以做的所有事情中，哪些会产生最积极的影响？决定做什么，不做什么，是一件大事。

诸如 RAPID 之类的决策框架可以帮助识别能为决定做出贡献的人，以及决定人们该做什么或不该做什么，但是在决策过程中，公司可以使用其他模型来帮助权衡利弊。这些模型还可以帮助整个公司理解做出特定优先级决定的原因，有助于使公司全体员工专注在已决定要投身其中的高优先级事项上。

从小型团队到整个公司，这些模型都能够发挥作用，非常适合用于沟通优先级，使每个人在特定时间段（比如一个季度、半年或一年）内保持共识。

17.2.1　岩石和鹅卵石

第一个模型是一个类比，出自史蒂芬·柯维的畅销书《高效能人士的七个习惯》（*The 7 Habits of Highly-Effective People*）：岩石和鹅卵石。想象一下你有一个碗，这个碗代表你在一天、一个月、一个季度等区间中所拥有的时间。所以，碗的大小是固定的。正如你不能凭空创造更多的时间一样，你也不能把碗变得更大。

碗的旁边有大小不一的石块。大的有你的拳头大小，小的需要镊子才能夹起来。这些都是你所在公司可以选择做的事情。大的占用时间多，需要的资源多，而小的占用时间少。因此，大的往往给公司带来的影响大，而小的往往对公司产生的影响小。一大块岩石可能对应着建立一个新的客户自助服务门户网站，客户可以在其中查找有关产品的信息；而一小块鹅卵石则可能对应拿起电话回答客户的一个问题。

诸如 RAPID 之类的决策框架可用于决定什么是大块的岩石，什么是小块的鹅卵石，为公司中的每个适当角色提供准确的输入，并确保做决定的人是会对决定产生的结果最终负责的人。

优先级排序的过程则变成要决定将什么放入碗中。你可以在碗里填满小块的鹅卵石。它们很容易做，可以"快速见效"，常常是你会听说到的那种"唾手可得的果实"。但即使将它们合起来看作整体，它们也不会产生明确的长期影响。你也可以只关注那些你知道会产生重大长期影响的大块岩石，但这样做意味着你会忽略一些日常的小任务。毫无疑问的是，你无法做所有事情，因为碗的大小是固定的。诀窍在于要决定在碗中放入何种组合的石块。很重要的一个技巧是意识到

没有客观正确的答案，而最重要的则是要明白，你只有等到碗里都装满了东西，回首过去时，才能知道自己当初是否做出了正确的决定。

这种优先级排序对于所有人和所有公司来说都是一场斗争，永远如此。你总是有更多想做的事，却没有足够的时间和金钱等。人们总是乐于做“事后诸葛亮”，你却无法事先知道他们的决定会不会有更好的结果。经营公司是一种妥协，在短期、中期和长期都投下了大量“赌注”，而且通常需要很长时间才能看到这些“赌注”是得到了回报还是血本无归。当你有“我不知道这家公司为什么不做某事”的想法时，这是因为要往碗里加点东西就需要拿出别的东西。“某事”可能是一些根本不需要花任何时间的小项目，也就是一颗小小的鹅卵石，不会产生公司需要和想要的那种长期影响。最后，你可能是对的——做“某事”可能比做其他任何事情都更明智。但是，如果你没有切身利益在“赌局”中（见第 16 章关于风险的讨论），那么你就不是能往公司的“碗”里下“注”的人。

17.2.2　OKR

目标和关键成果（objectives and key results，OKR）法也是一个相关且可用作补充的模型。目标（objectives）是你希望通过执行某些操作来获得的东西。回到岩石和鹅卵石的类比，目标是你把石块放入碗中的原因。目标必须是可观察的，这意味着一个客观的人要能够查看情况并确定目标是否实现了。“增加销售额”当然是一个目标，是可以衡量和商定的。“提高客户忠诚度”可能是一个目标，前提是你先定好准确衡量客户忠诚度的方法。

关键成果（key results）是你判断是否实现目标的方式。“客户满意度调查完成率超过 80%，评级为 75%或更高”就是一个很好的关键成果。

“进行客户满意度调查”不是关键成果，而是你在实现关键成果的过程中可能会进行的一项任务。“进行 100 次调查”也不是关键成果，或者不应该是，除非你定义了一些“软目标”，比如“了解更多客户对我们的看法”。

我不喜欢“软目标”，因为它们不能使业务朝任何方向发展，而且它们没有关联到一个有意义的业务结果上。在大多数情况下，我更喜欢的是那种能具体指出公司的客户会关心的事情的目标。

所以，我们来看“了解更多客户对我们的看法”这条。客户是否关心我们的公司了解了更多客户对我们的看法？可能不关心。仅仅因为我们有了更多了解，并不意味着我们会用从中得出的结论做任何事情。执行任务并不一定能达成对公司产生积极影响的结果。那么我们如何改进呢？

通过问为什么。为什么我们想要了解更多客户对我们的看法？也许是因为我们想提高客户留存率。在这种情况下，一个更好的目标应该是“通过某些有效的衡量方式来提高客户留存率”。实现这个目标的一种方法是更好地了解客户对我们的看法，所以我们可能会设定类似这样的关键成果：调查（有意义的可观数量的）客户以了解他们愿意或不愿意再次与我们做生意的原因。

值得注意的是，这个目标显然会对业务产生积极影响。而这个关键成果朝着产生这种影响迈出了可衡量的一步。

目标是可以衡量出的能改善业务的事情；关键成果是可衡量的里程碑，让你能知道自己正朝着正确的方向前进。

OKR 由公司为自己设定，公司能做到这点很好。但是你也可以在部门级别甚至小团队中执行 OKR。理想情况下，团队的 OKR 会关联到其所支持的部门的 OKR，这个部门的 OKR 又会关联到其所支持的公司的 OKR。其中的想法是让每个人都做有助于公司实现总体目标的任务。团队和部门常常会有不直接与公司的 OKR 关联的其他 OKR，但这些 OKR 仍然具有相关性和价值。

17.2.3 优先级

显然，我欣赏会使用优先级机制向整个公司传达优先级事项的公司（以及部门和团队）。但是，我意识到并非所有公司都这样做。但没有理由让你不能问。无论你身处什么位置，都可以问一问你要如何在日常工作中理解公司、部门和团队的优先级。问一问优先级是如何衡量的。询问任何可能知道的人，也许可以从你的直接领导开始，如有需要就继续沿着组织结构图向上提问。明确表示你希望调整自己的日常行动，以支持能对这些优先事项有最佳影响的事情。如果你有什么建议，最容易让你的建议被人听到的方法，是将其关联到这些优先事项上。“嘿，我知道我们的首要事项是让新客户能更快完成注册。我有一个调整注册界面的想法，能够让每个客户的注册时间缩短 10 秒。我该把这个建议跟谁讲？”

17.3 决定放弃什么：机会成本

在这个基于物理的宇宙中，几乎没有什么是无限的。我们拥有的每一种资源都是有限的，这意味着我们必须选择如何使用它们。如果你有两周的休假，你必须决定如何规划这些假期——就算你可能想要进行 80 天的环球旅行，你也不能这么做，除非你想要丢掉工作。公司在同样的约束下运作：要做某件事，就意味着*不去*做另一件事。现实*总是*如此。有时我会由于某些员工做出了类似这样的评论而觉得好笑：“我们*明明可以*做我认为应该做的这件事情，根本不会有更多的花费或者要多花多少时间。”而同样的这些员工还常常会说他们过度劳累，几乎没有时间做任何额外的事情。每一项尝试都需要消耗一些资源，而这些资源将无法用于其他项目。

企业通常从机会成本的角度讨论决策过程。如果我做了某件事，我会错过什么？多年来，在我工作或经营的各种公司中，我不得不无数次为这个问题苦苦挣扎。请注意，对于小型公司来说，思考这个问题要容易得多，因为其涉及的数字更小且更容易获得。例如，我们曾经有机会给微软的一个部门做一些非常具有排他性且利润非常丰厚的咨询工作。然而，由于我们的资源极其有限，这意味着基本上整个公司要在大约一年的时间里都致力于这项工作，不做其他事情。这样的付出意味着我们要迅速结束现在手头上的业务，并且在那一年的时间内都不接新的业务，更严重的是，这可能会损害我们未来持续获得业务的机会。如果长期脱离我们当时的业务线，我们面临的风险会是，对于那些本来会交给我们的工作，客户可能会放弃我们转而去找其他人做，结果可能会是，在这一年的临时项目结束后，我们就得艰难地寻找新业务。换句话说，微软的机会伴随着我们必须愿意支付的成本。

下面以具体数据进行说明。假设我们公司当时在做的业务每年可以赚 50 万美元，如果接受了这项咨询工作，结束后需要 6 个月的时间，利润水平才能慢慢恢复到之前的状态。这意味着我们的“机会成本”约为 62 万 5000 美元，这意味着微软的项目需要赚 62 万 5000 美元，否则我们就会赔钱。

机会成本无处不在，因为做某事总是意味着不做其他事。这只是岩石和鹅卵石的类比在数字上的一种表现形式。如果我的碗只有一定的大小，在决定放入哪些石块时，我需要仔细了解这些石块的价值，并选择长期来看能产生最大价值的石块。对于你做的每一件事，你都要学会问自己：“我做这件事创造了什么价值，由于我在做这件事，而不是别的事，我被迫放弃了什么潜在价值？”你应对每个项目、每次会议、每项倡议都提出这个问题，在某个时间点，甚至要对你承担的每项任务和在一天中的每一刻都提出这个问题。

当然如果你不在公司担任领导者角色，你可能就无法决定做什么以及因此不做什么。但是，你应该提出问题，并努力了解做出这些决定的决策过程。你应该尝试获得尽可能多的有关机会成本的上下文，这样你才能够理解业务决策。

让我们花点时间谈谈“理解”这个词。从我在各家公司工作并弄清公司运作方式的经验中，我了解到，在我对公司的业务决策形成意见之前，我需要努力理解公司的业务决策。傲慢和自信只有一线之隔。自信是你知道自己知道什么，傲慢是你不知道自己不知道什么却表现得好像自己知道。在我确定自己完全理解决策及其来源之前，我不需要对业务决策表示赞同。事实上，当我看到一个我不同意的业务决策，我会尽量假定自己是错的，然后尽力去理解为什么。到头来，仍然会有很多我不同意的业务决策。当公司有越来越多我不赞同的决策时，我就会开始整理简历，做好离开的打算。但更多时候我发现，对于一个我不同意的业务决策，如果我多进行一些了解，就能理解并接受了。如果得知更多信息后，我产生了这样的想法："哦，好吧。当时要是有别的方法就好了，但我也有点能理解。"我的接受度可能还是低，但至少我明白了为什么会做这样的业务决策。

业务决策通常从长远角度选择破坏性最小的选项，虽然你不必总是喜欢这些业务决策，但你通常至少可以尊重公司做出这些业务决策背后的意图。

机会成本是影响业务决策的重要上下文之一。当然，机会成本远非唯一的上下文，不同类型的公司有不同的关注点。这里的重点是，上下文有很多，如果你希望理解公司的业务决策，就需要尽可能多了解这些上下文。你不仅要从你的领导那里获得这些信息，还要他们来检验你对获得的信息是否理解正确。

17.4 决定什么是足够的：好、更好、最好

早年间，我有一项职责是负责我们公司的 PBX（Private Branch Exchange，用户级交换机）系统。该系统相对较新，而且装备精良，但对我而言，它的语音信箱系统充满挑战。我们有很多销售人员长期不在办公室，他们会保存每条语音留言。我们的系统存储空间不断被填满，直到整个公司的系统存储空间都用完了，来电者无法留下语音留言。我得提一下，那个时候互联网邮件还没有广泛应用，因此语音留言至关重要。我的老板让我联系供应商并制订扩充计划，以便公司查看预算。于是我坐下来算了算，每次系统存储空间达到"已满"时，我都会去手动清除旧的语音留言，所以我很清楚系统存储空间消耗得有多快，以及把全公司的语音留言保存 30 天需要什么条件。随后，我建议把系统存储空间扩大一倍。

系统存储空间的扩展按"块"来进行，我可以添加一个"小块"，能扩展大约 20%，或者添加一个"大块"，能扩展大约 400%，没有中间选项。我匆匆给出了一个大块的报价，然后拿给我的老板看。我推断，这个解决方案不仅能满足我们需要的，而且还有富余。在我当时的"工程思维"中，我宁愿过度建设也不想再次遇到这个问题。这是一大笔钱，如果我没记错，接近 25 万美元。我的老板指出这项开支很大，并问是否还有其他选项，我如实地表达我的看法："没有。"我是觉得，加一个"小块"不会有任何明显的改进。

几周后，我再次与老板会面，受到了她的责备。她给系统供应商打了电话，并与他们进行了更详细的交谈，他们说完全可以安装多个"小块"进行扩展，这样我们可以获得大约 80% 的空

间扩展。这已经接近我建议的一倍空间扩展值了，并且花费将近 17 万美元，只有我报价的一半多一点。而且，老板从谈话中得知，“大块”还附带了一堆我们不需要的东西，并且需要一些我们没有的先决条件，这也是它这么贵的原因。在这次事件中，我学到了两个教训。

第一个教训：多问问题。我做了一些假设，结果证明这些假设是不正确的。比如，我假设，对于我们这样的大公司来说，支出 25 万美元并不难。我对这笔钱毫无概念，因为我不知道这笔钱对公司意味着什么，我不知道我们还需要钱做什么。所以我没有深入研究可能的解决方案。我没有花时间真正理解“大块”对应的内容，因为我认为没有必要：只是钱而已，我们有很多钱，我非常乐意用公司的钱解决问题，因为我不了解这些钱的上下文，也不了解这些钱对公司的意义。提出更多问题可以帮你纠正或验证你的假设，有助于你了解更多有关业务的信息，并提出更好的建议和做出更好的决策。当然，请先询问你的直接领导，但也要尝试与公司的其他领导建立关系，以便你可以在不同情况下获得更多的上下文。

第二个教训：提供选项。我从一位在大型度假酒店从事采购工作的朋友那里也学到过这个教训。在采购中，采购人员会尽量减少购买的物品种类，以便通过购买更少的种类但每个种类更多的数量来获得更好的折扣。这家酒店有几家餐厅，每位厨师对他们的工具用品都非常讲究。每个厨师都会指定不同的……好吧，小到铲子的所有工具用品。有 10 家餐厅，他就要买 10 种不同的铲子。所以，当他接手采购工作时，他叫停了这一切。“我给出了 3 种选项，”他说，“一个好的、一个更好的和一个最好的，价格和质量都不同。像自助餐这样的低端餐厅会分到好铲子，因为它便宜且完全能满足需求。高端餐厅可以从这 3 种选项中进行选择，因为在采购费用上它们拥有更多的自由度。”

在扩展语音信箱系统时，我应该对其进行研究，这样我就能提供好的、更好的和最好的选项。然后，在与老板会面时，我可以说：“我们可以用这么多钱选择这个选项，但它不能满足太长时间的需求。我们可以选择这个更好的选项，这个效果更好，但花费会多一些。我们还可以选择这个最好的选项，可以一劳永逸，但花费就更多了。”然后我的老板可以评估这些选项并选择一个，让我进行更深入的研究，或者稍微调整标准并让我按照新标准重新给选项报价。

而我没有帮助到我的老板，因为我只提供了一个选项，并在基本上没有业务上下文的情况下定下这个选项。我的“解决方案”不符合她面临的各种业务标准，但我没有意识到。如果有好的、更好的和最好的选项，我就可以为她提供一些上下文，让她看到解决方案的雏形。“这里有 3 个可以解决问题的办法，以及它们之间的权衡取舍。”我可以这样说。这些信息有助于我们提出下一轮更精准的问题，然后我们可以对这些问题进行深入研究，找出实际解决方案。

现在，公平地说，当时我的老板本可以帮助我意识到这一切。所以在某种程度上，我们在不同的方面都有错处。

从那以后，我学会了提出好的、更好的和最好的选项，附带对各种选项的简明总结、我对我们应该怎么做的建议，以及该建议中的假设。这些假设是必不可少的，因为我的老板可以快速检查，看看是否有任何我*没有*考虑的因素，并确定我是否遗漏了一些可能会改变情况的变量。通过含蓄地让老板发现我遗漏的信息，我给老板创造了一个更好的机会来为我补充缺少的信息。这个过程让我对公司的需求和优先事项有了更多了解，并有助于我下次提出更好的建议。

公司领导者并不总是在寻求解决方案。有时他们想要的是选项，因为他们在试图了解问题的形态。他们可能会从特定的角度提出问题，也可能会提出看似不相关的问题，但那是因为他们知道自己应该如何处理并从信息中学习。我和我的老板需要在决策过程中成为合作伙伴。老板肩负着一系列特定的责任和结果，而我不完全清楚这些，因为始终了解所有这些事情并不是*我的*职责。因此，我需要提供一系列选项，让我的老板了解整体情况以及好的、更好的和最好的选项的优劣势。而我的老板则可以帮助我更好地了解他的担忧、成果以及承担的责任，这使我能够提出更符合这些内容的建议。

非常值得注意的是，我尽量*不去*“引导”我的老板走向某一个方向。如果我认为我有一个最契合当前场景的建议，我就会提出来，并且会尝试解释我为什么会这么认为。 但我也*总是*会意识到，自己可能没有掌握所有的信息。我可能缺少上下文，或者我可能不知道我的老板知道的某些标准。在我的老板给我补充了更多信息后，我会相应地调整我的建议。

17.5 决定相信什么：数据驱动

人类具备*相信*某些事物的能力。也就是说，即使完全没有证据支持，或者即使有证据与我们所接受的事物相矛盾，我们也可以接受并将其视为事实。这与仅仅持有意见或陈述一个理论不同；我们表现得好像我们相信的事物是绝对无可辩驳的真相，并且经常拒绝讨论我们相信的事物有什么存在的物证。

你的狗一到晚餐时间就会兴奋起来，不是因为它相信你会喂它，而是因为它在按照过去的你确实喂了它的活动模式行动。而这并不能保证你会再次这样做，但一只狗就是基于那些过去确实发生了的经验行动的。

然而，人却可以在没有任何经验或客观证据的情况下，相信其他某个人有某种犯罪或违法行为，并且在即便有大量的证据反驳他们相信的事情时，也依然如此相信。我们希望某件事是真的，于是编撰了一个此事为真的故事，然后表现得好像我们的故事已经被客观物证所证实。

在商业世界中，这样的相信会变得特别棘手。好的公司不是凭着信念经营的，他们从理论出发，依据事实来证明或推翻理论。也就是说，好的公司是受数据驱动的。因此，如果你想在这样的公司中得到重视，你也需要成为一个以数据为驱动的人。

我曾经在亚特兰大贝尔电话公司（现在是威瑞森公司的一部分）的一个部门工作，有一次我负责将我们从老旧且不堪重负的 Lotus cc:Mail 消息系统迁移到一个新的系统。亚特兰大贝尔电话公司的其余大部分人都在用 Lotus Notes，Lotus Notes 是 IBM 的产品，也是 cc:Mail 的“继承者”。然而，作为一个独立的部门，我们可以自由做出自己的选择。所以我和我的团队开始收集数据，我们有一些具体的标准。比如，我们需要能够为每个用户的邮箱设置固定的容量上限。我们的调查发现 Lotus Notes 没有提供这种能力，它可以给整个邮件数据库设置容量上限，但一个数据库通常会包含许多不同的邮箱。我的一位朋友说，他所在公司的解决方法是给每个用户分配一个数据库，这样就相当于可以给每个邮箱设置容量上限，但代价是系统管理、备份和性能问题会变得更加复杂。我们记下了这一点，还记下了我们业务需求的相关信息、Lotus Notes 的功能以及当时 Lotus Notes 的主要竞争对手 Microsoft Exchange Server 功能的各种优缺点。最后，我们表示，根据数据，Microsoft Exchange Server 对于我们部门来说是更好的选择。这个选择不是我们的信念，我们收集了客观数据，并在此基础上做出了选择。我们部门中有些人是顽固的 Lotus Notes 爱好者，其他人则更喜欢 Microsoft Exchange Server。然而，我们都同意决策的主要驱动因素就是数据。

我们的建议并不受一些领导的欢迎，他们相信 Lotus Notes 是更好的产品。然而，我们部门的领导习惯于做出由数据驱动的决策。我们给出了相关的数据图表，仔细检查了每一项业务标准，并要求我们的领导确认每一项都正确，且与当前的讨论相关。我们指出了每个产品如何满足或不满足每个标准。他们点头赞同，又问了一些好问题，最终接受了我们的建议，因为它是由数据驱动的，领导认可我们的建议所依据的数据是有效、有意义且相关的。

我要指出的是，这个过程有些痛苦，即确保我们的数据中不包含任何偏见。虽然数据是真实的，但这些数据的呈现方式确实可能带来偏见，并导致即使不是错误的，也至少是受到引导而产生的印象。我们试图避免这种情况，因为一旦有人发现你试图“有倾向地陈述”一些数据时，他们就会开始质疑你列出的其余数据，并在整个过程中对选择的可信度表示怀疑。在我们的分析中，Lotus Notes 和 Microsoft Exchange Server 都不完美，两者都有我们需要解决的问题。我们试图为这些解决方法提供上下文，对其难度、长期影响、成本等进行分类，并且我们尽量非常清楚地指明我们在哪里更多地依靠了估算和猜测，而非客观数据，用一个词来概括我们在这整个过程中的态度，那就是科学严谨。

许多人难以做到，放下那些他们希望其成真的事物，转而去以纯粹数据驱动的方式行事。

比如，我有一个朋友认为安卓手机在各方面都优于苹果手机。这是一个观点，他当然可以随意发表观点，但没有数据支持任何一个系统在客观上比另一个更好。于是，他会找一些信息——而不是数据本身——并通过“有倾向地陈述”这些信息来支持他的观点。他会说，安卓系统更开放，这意味着它本质上更安全。他会说，安卓手机更便宜，这意味着更多的人会买安卓手机，他们能构成更强大的生态系统。每当他开始说这话时，你会想知道他究竟是从哪里收到了什么好处，才要做这样固执的支持者。对于大多数人来说，光自己相信是不够的，他们还非要让别人也支持自己的信念。但请你尽量避免在工作中做这样的人。

人们也会错误地把*相关性*当作事实。我的一位同事曾告诉我：“IBM 服务器远没有那么稳定。我可以证明这一点，因为我们重启它们的频率是戴尔服务器的 3～4 倍。”我指出这些 IBM 服务器当时仅用于运行某个已知写得很糟糕的应用程序，导致服务器需要频繁重启的，很可能是应用程序，而不是服务器硬件。系统崩溃*发生*在 IBM 服务器硬件上的这一事实表现出的是一种*相关性*（即两件不同的事情同时发生了）而不是*因果关系*，因果关系指的是一件事（IBM 服务器）会自动导致另一件事（频繁重启）的发生。按照他的逻辑，我们可以说番茄对人类有毒，因为每个吃过番茄的人要么已经死了，要么在某个时候会死。其中存在相关性，即人们确实会吃番茄，人们也确实会死，但这两者没有因果关系。这个争论陷入了僵局，于是我在戴尔服务器上也安装了那个写得糟糕的应用程序，结果这台服务器需要重启的频率变得和 IBM 服务器一样，然后我从 IBM 服务器中移除这个程序，服务器突然就不需要频繁重启了。然而，由于我的同事如此相信他的信念，所以他认为这是由于我在服务器上“胡乱”操作而导致的——这个证据本身并没有动摇他的信念。因此，也请你尽量避免在工作中做这样的人。

事情是这样的，长久以来，人类并没有掌握数据的能力。当然，我们有经验，但经验可能是主观的，也并不普遍通用。因此，人们在很大程度上依靠本能以及感知到的和实际存在的因果关系来学习。所以即使在当今这个人与人始终能保持联系的世界中，人们仍然很容易只通过观察然后凭直觉行事。要想成为更好的商业人士，这是一种糟糕的方式。

我已经能听到反对意见了，所以让我们明确一点：观察事物并跟随直觉是形成关于某事的理论的好方法。“嘿，我发现了这个，我认为这是我应该做的。”这没有问题，但之后要收集数据。收集数据的过程几乎不会有趣（除非你个人很喜欢做这个），而且也并不总那么容易（这就是为什么数据工程在当今公司中如此重要）。但是，为了做出明智的决定，你需要这样做。围绕你所看到的事物挖掘数据——你看到的是完整真实的东西，还是只是某个事物的边缘，又或者是完全虚构的东西。让数据告诉你，你凭直觉找出的解决方案是否有用。如果你决定继续用你的解决方案，那请收集更多数据。把自己想象成一个科学家："我认为这就是正在发生的事情，我有一些数据来验证这件事，所以我要做一个实验。我会根据实验得出数据，然后确定我是否做出了正确的决定。"请你在工作中做这样的人。

17.6 共同决定：如何谈判

在任何关系中，谈判都非常重要，商业世界中的许多关系也不例外。比如，当你做以下事情时，谈判会派上用场。

- 弄清楚你的团队可以做什么以及需要放弃什么。
- 获得聘用或晋升并讨论你的薪酬方案。
- 解决人与人之间或团队与团队之间的冲突。

谈判是共同做出决定的一种方式。在 RAPID 决策框架中，担任"同意"角色的每个人都要对提出的建议达成一致，这几乎总是涉及一些谈判。"是的，我的团队可以答应做这个，但前提是你的团队答应负责我们目前的另一项任务。"最后，传达给最终决策者的建议中通常包括协商好的内容，于是负责任的公司领导者可以做出决定。

谈判有时会变得紧张而伤脑筋，因为它可以变得非常针对个人："无论你要求我放弃什么，我都不愿意，你根本不明白我为什么看重这个！"我给自己列出了一个检查清单，来帮助我进行谈判。我的清单可能不适用于你通常看到"谈判"一词就会联想到的销售员和客户之间的谈判，但我发现，对于那种基本算是同一个团队中的内部谈判，这个检查清单很有用。

- *我是否清楚我的优先级，有什么界线是我认为不能越过的，以及我为什么会有这种感觉？*换句话说，我是否与我的谈判伙伴分享了上下文，让他们知道我不仅仅是固执己见？这是一个验证我的优先级和"不可越过的界线"的机会，这样能确保它们仍在促进着组织的整体成果。
- *每个人都有拿出些东西吗？*在健康的谈判中，你给出去一些东西后，也应该拿回来一些东西。这并不是说谈判是一场零和游戏，每个人都必须有输有赢；而是为了让彼此认识到，只有每个人都拿出些东西摆上桌面，这才是一种谈判。如果我是唯一一个被期望"给予"的人，那么这就是强迫，而不是谈判。但有时这就是公司必需的运作方式，也没问题。我只是想一开始就把这个事实摆在桌面上，以便我弄清状况。
- *我是否有花时间去理解我的谈判对象的上下文？*我是否理解他们为什么提出要求，以及这些事情与组织的整体成果有何关联？有时候，他们对我和团队的要求是正当的，在这种情况下，“谈判”只是为了弄清我们为了实现这件事可能需要放弃什么。

我举一个我个人的例子：我曾经为一家初创公司工作，这家公司的下一轮融资面临困难，而且他们的钱花得过快。我是一名资深领导者，薪水可观。他们来找我，要求我减薪。显然我并不高兴，但我理解他们为什么这样要求，一部分原因是确保他们可以继续向其他人支付薪水，况且我不是唯一一个被这样要求的人。我决定谈判，我问：“如果没有全薪，我是否能拿到额外的按月行权的公司股票。”换句话说，我询问自己的薪水是否可以变成部分是现金，部分是公司股票。这个提议表明我相信公司最终会成功（否则股票将一文不值），我愿意为更大的利益做出贡献，以及我理解现在的形势。不过我增加了一个要求：我想要价值两倍于我所放弃的薪水的股票。这让公司注意到，在这种情形下，不会只有我做出牺牲——我会放弃一些东西，他们也必须如此。经过一番讨论，我们达成了一致。

在任何公司，谈判都可以起到健康的作用。大多数公司会试图在组织结构中故意制造“紧张点”，不同的利益相关者代表不同的视角。他们之间存在特意安排的“紧张关系”。比如，在理想情况下，财务部门可能根本不愿意花钱，而营销部门可能想花掉所有钱。他们聚在一起协商，然后提出解决方案，这些方案最能反映出任何公司内部都必然存在相互竞争的关注点。如果谈判能够以专业和礼貌的方式进行，并着眼于整个组织的共同成果，那么这就是共同制定正确决策的好方法。

17.7 扩展阅读

- 《贝恩的 RAPID®框架》，BAIN&COMPANY 网站的文章“RAPID®: Bain’s tool to clarify decision accountability”。
- 《斯坦福商业决策课：如何做好一个决策》（*Decision Quality: Value Creation from Better Business Decisions*），卡尔·斯佩茨勒等（2016 年由 Wiley 出版）。
- 《这就是 OKR：让谷歌、亚马逊实现爆炸性增长的工作法》（*Measure What Matters: How Google, Bono, and the Gates Foundation Rock the World with OKRs*），约翰·杜尔（2018 年由 Portfolio 出版）。
- 《启动少，完成多：用 OKR 打造战略敏捷性》（*Start Less, Finish More: Building Strategic Agility with Objectives and Key Results*），丹·蒙哥马利（2018 年由 Agile Strategies Press 出版）。
- 《商业分析法：数据驱动决策的原理》（*Business Analytics: The Science of Data-Driven Decision Making*），U. 库马尔（2017 年由 Wiley 出版）。

17.8　练习建议

对于本章，请考虑你自己的团队中发生的一些决策。如果你不知道以下问题的答案，请从与你的上级交流开始，努力找到答案。

- 你所在公司是否有用 RAPID 这样的决策框架？如果没有，那么对于你的团队经常要做的决定来说，使用这样一个决策框架是否有价值？
- 你所在公司如何向员工传达优先级？上层管理人员传达优先级后，其下的下层管理人员是否会将这些“转化”为与他们团队相关的更具体的行动？
- 你所在团队或公司如何评估机会成本？也就是说，如果出现需要放弃其他东西的机会，如何进行权衡以及如何做出最终决定？
- 你所在团队或公司使用哪些源数据做出决策？源数据从何而来，这些源数据如何提供给决策者？

第 18 章　帮助他人

我永远认为，衡量人生成功的最有价值的方法之一，就是去看有多少人因受到你的帮助而获得成功。对于职业品牌，我认为没有什么比“帮助他人”更加积极且有影响力了。我相信，有能力去帮助他人，并且实际去帮助他人，无论从个人还是职业角度看，都是我们作为人类可以为彼此做得最好的一件事了。

18.1　为什么要帮助他人

在我看来，教学是职业生涯的终极进阶。如果环顾四周你会发现，在职业生涯中有所成就的技术人员往往都是乐于与同事、技术社区和同行分享知识的人。老实说，愿意且有能力帮助他人，即可教学，这也是我们应该做的事情。你很可能得到过周围人的帮助，且将来也会得到帮助。你必须为了他们，将这份善意传递出去，帮助他人。

无论你是在正式的课堂上教学，在工作中举办“午餐学习”会，还是只是凑到同事身边帮他们解决问题，你作为帮助者（即教师）的效率都是可以不断提高的。考虑到这一点，本章旨在帮助你提高作为教师的技能，以及帮助你身边的技术人员强化其能力的技能。

先停一下，不要去想“可是我没有什么可教的”。其实你有，你可能只是陷入了一种误区，以为“教学”只能发生在课堂上、培训视频中或其他一些正式环境中。事实并非如此：教学和学习一直在发生，凑到别人身边帮他们解决工作中的问题就是一种教学。

你有很多东西可以拿出来。也许你只是陷入了思维定式，总是“仰视”着你钦佩、尊敬的人，想着“我又能教给他们什么”。请暂且不要“仰视”，而是“俯视”以及“平视”。这个世界上有很多人比你知道得少，找到这些人并为他们提供帮助。

18.2 你可以的

在我们深入本章的核心内容之前，我想稍微多谈一下那种认为自己没有资格去教别人的感觉，因为常有人跟我说“我很想教别人，但我真没有什么可教的”或者“我还不够好，没法真正教别人”这样的话。让我们先来摒弃这种错误且有限制性的想法。

18.2.1 使我们无法教学的不健康关系

有两种不健康关系在阻碍我们真正向他人伸出援手，它们在很大程度上是我们的文化和社会赋予的。首先是教育。在成长的过程中，我们大多数人都上过学。许多人在接受义务教育后还会继续上学。在那个时期，教育发生在特定的时间和地点：在上学期间以及在课堂上。大多数情况下教师对我们来说就是权威。他们用不着我们站起来去教些什么，只有在他们要求时，我们才会参与到课堂中。

大多数人从未获得过某种证书来让自己知道：“我准备好了，可以教别人了！这意味着我们带着以下一些严重的误解进入了成年和工作生活。

- 学习要发生在特定的地点，即教室里。
- 学习只能发生在特定的时间里。
- 必须接受专门的训练后才能教学。

还有一种不健康的关系——我们与榜样的关系。榜样是我们在自己所处的领域中敬仰的人，我们太容易将自己与他们进行比较。“如果我不像他们知道得那么多，”我们会这样自言自语，“那我就不足以去教别人。毕竟我都是从我的榜样身上学习的。”这些误解都在妨碍我们去做一生中所能做的最美好的事——帮助他人。

18.2.2 你绝对可以去教学

我们都需要停止“仰视”我们的榜样，不要拿他们与自己做对比，不要用我们榜样的能力来判断我们帮助他人的能力，而是要“回看”那些比我们经验不足的人。这些人可能存在于我们的工作场所中：初级开发人员、刚起步的系统管理员或入门级网络工程师。他们也可能存在于我们的工作场所之外，我们周围有很多比我们知道得少的人，他们可以在我们的帮助下提升自己，为自己做更多事情。我们所在的社区中就有这样的人，相邻的社区中也有这样的人。

教与学不只发生在课堂上，也不是必须有专门指定的教师和学生。我们一直都在学习：在谷歌上搜索解决问题的方法是学习，给家庭成员演示如何为新买的扫地机器人配置手机应用程序是在教学。我们需要认识到学习和教学一直都在发生，并且需要我们更加有意地花时间去做。

你可以去教学。如果你有过自己不能去教学的想法，那你就错了。

18.3　人类如何学习

学习在很大程度上是记忆的一项功能。也就是说，当我们经历某事，并且可能犯了错误时，我们会形成关于那件事和我们所做的事情的记忆。人类的大脑天生不喜欢失败，所以当我们解决了一个问题后，我们倾向于将解决方案的记忆附加到问题的记忆上。当我们再次遇到这个问题时，解决方案就会浮现在我们的脑海中。

你是否有过这样的经历：第一次遇到代码中的某个错误，遇到某个网络问题，或者由于某种原因无法启动服务器守护进程，你可能与这些问题纠缠了很久。你也许会打开搜索引擎，去寻找遇到相同问题的其他人。一旦你解决了这个问题，这个问题和它的解决方案就会被“编码”进你的大脑。下次你遇到同样的问题时，你会想“噢，我以前遇到过”，你的大脑会给出解决方案。但是从生理上来看，这些过程是怎样在大脑灰质中发生的呢？

我们的大脑由称为神经元的特殊细胞构成。这些神经元分布在大脑的不同部分，每个部分都管理特定的东西。比如，视觉皮层负责大部分有关我们视觉的处理任务。本节中关于学习如何发生在大脑灰质中的相关内容在科学记者贝内迪克特·凯里的《如何学习》（*How We Learn: The Surprising Truth about When, Where, and Why It Happens*, 2014 年由 Randam House 出版）一书中有详细描述。在这里我只简要介绍。

神经元通过突触相互连接形成突触网络，从而构成了我们记忆的基础。当我们经历某事时，相关的神经元会被“点亮”，代表视觉、听觉、触觉、嗅觉和味觉的体验。非感官式知识也会“点亮”大脑区域的神经元，比如存储我们所学知识的区域。突触网络的集合体本质上就是记忆。记忆可以深浅不一：产生重大情感影响的多感官体验形成的记忆通常会更深，而没有产生重大影响的单感官体验组成的记忆则会更浅。你可以将你人生中某个特殊时期的记忆（比如在温暖的秋日与爱人在芬芳的树林中散步，脚下的树叶被踩得嘎吱作响）与对刚刚看到过的街上路人的记忆进行对比，你就会了解到多感官体验和单感官体验的差异。

回顾一段记忆也会使其变得更深刻。“这个显然很有用，”你的大脑想，“所以我得把这个放在手边。”一首你经常唱或听的歌曲会比你只听过一次的歌曲更“令你难忘”。

大脑的这些内置功能最开始都是生存机制。记忆是“适者生存”的：你使用最多的记忆（能确保你持续生存的记忆）在你需要的时候最容易跳出来。比如，早期人类脑海中最重要的记忆就是什么植物有毒、水源在哪里。

事实上，生存是一个值得记住的好词。我们的大脑及其运作方式通过进化，在穴居人时代保证我们能在野外生存。大脑的运作方式为我们的生存提供了支持。今天，我们可能不再需要大脑像从前一样保证我们能在野外生存，但我们的认知机制仍然以同样的方式运作。

这就是为什么我们经常回忆和使用的记忆会变得越来越深刻、越来越容易记起，你的大脑几乎可以立即回忆起日常信息。未被使用的信息会被归档并可能最终被遗忘，因为日常的生存显然用不上这些信息，而由影响较大的多感官体验产生的记忆，比如在你值班的时候遇到严重的服务器崩溃的记忆，则会变得更加深刻，因为这种体验代表了一个生存事件。而影响较小的记忆，比如一周前的天气是否晴朗，对生存没有帮助，因此并不会那么深刻。

理解了大脑的运作方式，我们就可以利用这些生存机制来创造更有效的学习体验。再多的逻辑和推理都无法改变我们大脑的学习方式，你必须与你的大脑一起创造出最佳的学习体验。

18.4　重复的价值

经验并不是我们学习的唯一途径，任何一个在学校背过九九乘法表的孩子都能证明这一点。一件事情你只要重复的次数够多，大脑的生存机制就会启动并使那段记忆变得容易获取。即使到今天，我依然记得 9 乘以 4 是 36，主要是因为通过无休止的重复，我大脑的生存机制受到了哄骗，以为那段记忆很重要。

不过重复也可以用来加强经验记忆。音乐家依靠他们所谓的“肌肉记忆”来演奏乐器。当然，他们的肌肉并不真的拥有记忆，只是重复练习的次数够多，记忆才很深刻。他们的大脑学会了“当我在页面上看到这个符号时，我的手指该这样动”。

通过重复来将事实印入某人的脑海，尤其对于成年人来说，可能是一种令人不快的学习方式，因为许多人讨厌重复。我自己就只能在钢琴上胡乱地弹些基础的曲调，因为学钢琴需要无休止地重复练习，而我没有这个耐心。但这并不意味着重复没有作用，许多人确实有耐心练习音阶，否则就不会有专业的钢琴家。但是，即使你或者你正在教的人不喜欢重复，最终你们都需要自己动手（即使是有耐心练习音阶的人最终也想要弹出一首真正的曲子）。一段时间后，让自己或他们再做一次。又一段时间后，再做一次。不需要每一天都这样做，但要强迫大脑去回忆，补充它可能遗漏的部分，并且时不时做一次，记忆就能得到加强并保持敏锐。久而久之，这段记忆就难以消失了，每个听过“这是一个小世界”（*It's a Small World*）这首歌的人都可以作证。[①]

18.5 着手去做

由于我们的记忆可以包含抽象的知识、事实以及感官印象，具有最多“元素”的记忆往往更深刻。你可以听别人告诉你如何更换汽车的机油，然而去观看相应的视频效果会更好，因为大脑的视觉皮层可以参与其中，并且还可能会有音频元素。但在一辆真正的汽车上实际去做这件事会涉及触觉、视觉、听觉、嗅觉等，如果你不走运，还会有味觉，而大脑不会很快忘记这些感官印象的组合。

在我看来，学徒制一直是一种比大多数高等教育项目所关注的“书本智慧”更强大的学习方式。在学徒制中，学徒置身其中，和师傅在一起，很可能还有其他熟练的技师相伴。他们不仅使用了抽象事实，还用上了所有感官来创造出强烈的记忆。阅读有关做铁匠的书籍，与实际用锤子敲打一块金属相比，后者是非常不同的体验。

在我还是一名飞机机械师学徒时，我也需要度过课堂时间。大约每季度一次，我会花一到两周的时间学习飞机的设计和操作理论。但之后，我会在工作区进行实际操作。将近 30 年后，我仍然可以引述当时学到的一些抽象的操作理论，因为这些知识与一些非常生动的、基于感官且亲身实践的记忆密不可分。我向你保证，你只需要拆过一次 F-14 液压混合阀，就能够形成一些非常生动的记忆。

因此，当你去教某人时，请尽早且尽量多地让他们参与到学习中。最好先简单解释他们要做什么，然后就让他们去做（必要时进行监督），而不是试图提前解释所有背景理论、所有任务和其他事。比如，当你在帮助一位同事解决问题时，与其大喊着“闪开”并坐到他的座位上自己动手解决问题，不如指导他动手操作。这样做虽然会花更长的时间解决问题，但他们能学到解决方案。看着你做事只会运用到一两种感官；而自己做则会运用到多种感官，能够形成更持久的记忆。

18.6 为什么类比有效以及类比如何失效

类比是我们用于教学的最有效的方法之一。在教学中，我们经常使用类比，即用学习者已经熟悉的东西来解释他们还不知道的东西。

---

① 在这首歌的歌词中，“It's a small world”重复了很多次。——译者注

比如，你可能对汽车很熟悉。但也许你不了解*面向对象编程*（object-oriented programming，OOP）。大致来说，OOP 把计算机中的一切都视为对象，而一个对象和一辆汽车很相似。汽车有属性，品牌、型号、颜色、发动机尺寸等都是汽车的*属性*。软件对象也有属性，如版本号、制造商名称等。作为程序员，你可以通过检查这些属性来了解对象，甚至可以通过改变一些属性来修改对象的功能。想象一下，你只需更改“颜色”属性就可以更改汽车的颜色——这就是你可以在软件中做到的事。

我刚刚使用了一个普通对象的类比来简单解释一个与计算机相关的概念。同样，作为个人，你可以为教学对象带来的最大价值之一，就是举出一些对他们有效的类比。请记住，我们都有各自独特的背景，甚至来自不同的文化环境，而且我们都有不同的过往经验。要创造出一个特定学生能够理解的类比，需要我们对这个学生的背景、文化和经验有共鸣，或者至少有所了解。这就是为什么我不能成为每个人的好老师——我缺乏为每个人创造类比所需的多样性。如果你来自的背景及文化环境中汽车并不常见怎么办？我的大多数类比都会失效。从许多方面看，教学就是你获取别人创造的知识，学会这些知识，然后将这些知识“重新包装”成你的特定受众能够理解的类比。

请注意，所有类比，甚至是最好的类比，最终都会土崩瓦解。我的“软件对象就像汽车”的类比能够让你对这个概念有一定程度的理解，但在某些时候，这个类比就不会奏效。类比常常要求我们过度简化所教内容的某些方面，或者暂时忽略某些细节。这个没关系，人们不可能一下子学会“所有东西”。所以我们可以使用类比让他们达到某种程度的理解，然后接下来换一个类比，或者完全放弃类比。我们可以回过头重新看一下之前的例子：软件对象的属性并不完全像汽车的属性。在软件中，有的属性可以是一组集合体，意思是这些属性可以包含其他对象。这有点像你的汽车有一个“轮胎（tires，复数）”属性，这个属性是一组“轮胎（tire，单数）”对象的集合，每个“轮胎（tire，单数）”对象代表汽车上的一个轮胎。这个说法还不错，重要的是要记住，类比是为了某个目的而创造的，用完后就该被搁置一旁。

18.7 效仿苏格拉底

在 20 世纪 60 年代中期，教学设计师杰尔姆 · 布鲁纳描述了一种被称为*结构主义*的教学设计技术，现在也有人将其称为*建构主义*。它让教师扮演引导者的角色：他们不传授事实或信息，而只向学生提问并引导他们找到已识别的资源。这是一种非常有效的教学和学习方式。比如，美国的公立学校很难进行软件开发教学，因为很难找到合格的教师来做这件事。所以在 2000 年，我撰写了一本关于软件开发的高中教科书，旨在引导而不是教授。课堂上，教师会向学生介绍文档和其他资源，向他们展示书中提供的示例，然后要求他们执行一项任务。当学生陷入困境时（我撰写的那本书旨在引导他们陷入困境），教师基本上就会指向文档和其他资源，并开始向学生提出一系列准备好的问题。

可以肯定的是，这是一种较慢的学习方式。这种向某人提问而不是回答问题的苏格拉底式方法总是需要更多时间。但这种方法能要求学生为他们正在学习的内容建立自己的思维模型，而不仅仅是吸收传递给他们的事实。学生在大脑中建立了自己的等效物和理解，由此产生的突触网络要强大得多。更重要的是，学生学会了更有效地自学，这在技术行业中可能是最重要的工作技能之一。

成年学生可能会对苏格拉底式方法感到沮丧。他们经常面临需要解决的问题，而且通常面临着时间上的压力。教师站在一旁向他们提问，而不是直接给出答案，可能会让人觉得他像是在被惩罚或嘲笑。但是，只要有可能，你就可以而且应该使用这种教学方法。请坦率地说明你在做什么："我知道你很着急，但这很重要。我会问你一些问题，引导你找到正确的思考方向。你值得花额外的时间这样做，因为你自己构建出的解决方案会更有效。"

然后你开始提问，如下所示。此时，你应该想一想答案是什么以及该如何引导你的"学生"找到答案。

他们："服务器没有响应。"

你："你是怎样访问它的？"

他们："通过网络浏览器访问，但它只显示服务器没有响应。"

你："你还有其他方法可以访问到它吗？"

他们："我尝试了 ping，但显示无法解析域名。"

你："那域名解析是怎么进行的？"

他们："通过 DNS。"

你："那你确定 DNS 是正常工作的吗？"

这种讨论肯定比你简单地告诉他们："是的，DNS 停止工作了，所以怎么都访问不到了。"花费的时间更长，但是你通过问答的形式，让他们就这些零碎的网络信息是如何拼凑在一起的，构建出了自己的思维模型。你不仅仅是在提供解决方案，你还在教他们如何构建自己的解决方案，从长远来看，这是一个更有价值的成果。

18.8 按序排列的重要性

在你教学时，对你教学的内容按序排列非常重要。我说的按序排列指的是按照你展示信息的方式来对教学内容进行组织和排序。

好的，我们准备做一顿牛排土豆餐，只会用到 3～4 种原料。你要当心，一旦我们开始了，炉子就会很烫，平底锅也会很烫。最后你要确保在上菜前把牛排醒几分钟。但首先，我们要准备好原材料，你得学会将蔬菜切成丝！在此之前，我还要先介绍一下美国养牛业的历史。

上述烹饪课的内容组织顺序明显有误，听这个课的人完全有理由放弃听课然后找家餐厅吃饭。你在组织教学内容时，请考虑以下 3 条准则。

- 不要讲解抽象概念，除非它们与你即将教授或刚刚教授的某些实际内容直接相关。美国养牛业的历史与烹饪牛排没有直接关系，所以不需要深入讲解。
- 按照学习者会经历的顺序讲解材料。在本例中，烹饪课首先应讲解要备好原料。作为准备过程的一部分，还要讲解如何切丝。然后从那里继续，最后讲到烹饪和醒肉。
- 只在警告相关处提出警告，不要过早提出。否则，你就是在要求别人记住一个与任何实际用途无关的抽象事实，直到后来某个时刻它突然就变成了任务的关键。人类的大脑并不擅长这样工作。因此，等到他们开火时再警告炉子会很烫，而不是在他们准备原料时。

另外，不要忘记你无法阻止失败，永远不可能。你不能说："我要先给你们讲讲所有我希望当初在做第一块牛排时就知道的事情。"因为这样做，你就只是在堆积抽象的事实而不是着手于教学任务。失败往往也会产生记忆，因此它可以成为一种有用的学习经验。

嘿，看到你锅上冒的烟了吗？那是因为你用错了油。每种油都有不同的烟点和闪点，你需要根据烹饪的温度选择合适的油。让我们把锅放在一边冷却，然后重新开始。

这是利用错误的一个示例。与其提前大费周章地讲油的烟点和闪点，不如顺其自然。一旦出现问题，你就提供解决方案。人类的大脑喜欢"有问题就有方案"。而不那么喜欢"有方案没问题"。我们会从错误中学习，因此你需要把合适的错误安排在合适的位置，以便学习者可以更轻松地吸收所有信息。

18.9 休息时间至关重要

最后，请记住，在一定的时间内，人脑在生理上只能消化一定量的新信息。在一天的学习过程中，如果我们用这些信息做一些事情，比如立即动手，我们就能学得更好更多。当我们阅读或聆听与活动和感官体验无关的抽象事实时，我们吸收信息的能力就会下降。所以休息时间至关重要。

睡眠是终极的休息手段，也是学习的关键。在睡觉时，大脑会组织我们的记忆。大脑根据我们对这些记忆的使用情况来决定哪些突触变得更强大，哪些被边缘化。新的记忆会与相关的老记忆相连，但我们需要时间来让这件事发生。

这也是我更喜欢学徒而不是课堂制的原因。学徒制可以建立更深刻的记忆，而且由于学习时间更长，我们的大脑有更多时间来处理新输入的信息。课堂上可能会讲大量与我们的现实世界几乎没有联系的信息，所以我们往往会忘记很多学过的东西。

刻意安排休息时间

当我给 Manning 出版社设计“午餐月”（Month of Lunches）系列丛书时，我尽可能多地应用了认知科学。“午餐月”系列丛书的每一章都经过精心设计，让普通成年人可以在大约 45 分钟内阅读完毕——这个时间是我通过调查研究成年人平均阅读速度（每分钟阅读字数）得出的。即使章节很短，你也应该每天只读一章，因为每一章都专注于一个主题，然后依靠大脑的“休息时间”将该主题与之前的主题综合起来，为下一章的学习做准备。那些用 3 天就读完整本书的读者告诉我，他们没有记住太多内容，对此我从不感到惊讶（这些章节中还包括频繁的练习和实验，旨在让读者应用他们正在学习的新概念动手做一些事情，这是另一种让他们记住相应章节内容的方式）。

18.10 扩展阅读

- 《面向普通人的教学设计：创造更好的成人学习》（*Instructional Design for Mortals: Creating Better Adult Learning*），唐·琼斯（2018 年独立出版）。
- 《如何学习》（*How We Learn: The Surprising Truth about When, Where, and Why It Happens*），贝内迪克特·凯里（2014 年由 Random House 出版）。

18.11 练习建议

对于本章，请完成以下练习。

- 列出所有你觉得可以教给别人的事情。不要将该列表局限于技术领域，也许你可以教别人如何烹饪，教别人如何更换汽车轮胎，或者其他任何事情。这对于那些不知道这些知识的人来说都很有价值。这么做旨在让你说服自己，你有很多知识可以提供给别人，而你只要找到需要这些知识的人。
- 制订教学计划。选择一个主题，定义需要该主题的受众，并决定你将如何吸引受众。也许你会写一系列博客文章，向 PowerShell 用户们解释 Python 是如何工作的。也许你会讲给朋友听，你的雇主怎样运营公司业务。也许你会在当地的青年俱乐部教孩子们如何做一顿基本的饭菜。无论主题是什么，受众是谁，总之，开始教学吧。

第 19 章　为任何事情做好准备

如果说 2020 年的新冠肺炎疫情教会了我们什么，那就是任何事情都有可能发生在我们的工作中，而且在某些情况下，即使是管理有方的职业生涯也不足以完全拯救你。因此，为这些情况做好准备，并且知道它们出现时该怎么做，相当重要。

19.1　什么事情可能发生

要开始为“任何事情”做准备，其中可能包括突然没了工作，你首先需要考虑什么样的问题可能会出现，这样你才能知道自己要尝试解决什么。这个列表会因人而异，尤其是对于不同地区的人而言，但你应该考虑以下事件。

- 因各种超出你控制范围的原因而被解雇，比如经济危机迫使你所在公司裁员。
- 因意外事故受伤或病重，迫使你离职或请大量的无薪假。
- 作为独立合同人没有更多项目可做了。

花一些时间思考可能会出什么问题，因为这些都是我们需要提前做好准备的事情。但有时，“为任何事情做好准备”也可能意味着为美好的事情做好准备，比如突然出现的绝妙的工作机会。由于这种类型的事件通常不会导致恐慌、收入损失和其他负面影响，因此做起准备来会更容易，但也依然值得做好准备。

19.2 基本的准备目标

做好准备是指想象可能发生的合理情况，然后制订计划以减轻负面影响或扩大积极影响。在后文，我将讨论限制在失业、受伤或作为独立合同人没有项目可做等情况。这些情况有一些共同点，其中主要的一点是会带来收入损失。

考虑到一些合理的情况，并理解它们的主要负面影响，你就可以开始制定准备目标。比如，对于导致失去工作或收入的任何情况，你可能需要为以下目标制订计划。

- 削减开支，保护现金储备。
- 快速找到新的岗位或工作。

你可以为自己想象不同的情况。比如，考虑到最近发生的事情，你可能会想象这样的情况：全球性大流行病爆发，新鲜食物等基本生活物资变得有限或难以获取，且你最后不得不在家工作。在这种情况下，你可能会制定不同的准备目标。

- 确保家人尽可能安全地待在家里。
- 确保手头有足够的不易腐烂的食物，以缓解任何可能的食物供应短缺。
- 确保家中有一处空间可以转换为在家工作的办公室。

你必须根据自己的经验和关注点来决定什么对你很重要、要准备什么，以及要设定什么准备目标。在本章后文，我将重点讨论失业或没有工作的情况，并就如何做好准备工作提供一些建议。

19.3 现金和信贷

我自己的备用计划中的第一要素是现金。如果我无法工作或失业了，我的家人会有一笔明确的资金可用。为了节流，我取消了所有可能的可自由支配的开支（如一些网络订阅项目），并尽可能减少所需的费用。比如，我们可能会换用网速更慢、更便宜的互联网套餐，并取消所有的外出就餐，转而在家中做饭。我会留出足够生活 6 个月的预算，以便在需要时可随时取用。“可随时取用”的预算包括以下 3 个部分。

- 储蓄账户中的现金。
- 可获取到的有保障的信贷额度，比如房屋净值信贷额度。
- 可免罚金获取到的退休账户中的资金。

我不会将我的股票市场投资（存在我的退休账户中）归入上述类别。虽然我可以通过出售股票来获取现金，但如果我的现状是由经济危机造成的，那么我出售的这些股票也会贬值。这个列表旨在让你清楚自己在任何情况下都可以从哪里立即获得足够的现金。

而且我得承认，并非每个人手头都有足够的现金以应对紧急情况。我刚开始的时候当然也没有，但我将其作为了生活中最优先考虑的事情之一，甚至高于购买家具和充值电子游戏。通过逐渐积累（花了几年时间），这笔资金给我带来了我需要的工作灵活性，以及我想要的安心。

此外，请务必考虑如果你无法亲自获取这笔现金（可能是由于受伤住院），你的家人要如何获得它。比如，如果你依赖退休账户中的资金，请确保你的家人能够使用这些资金（和律师或银行工作人员沟通以了解该如何实现）。

“足够生活 6 个月的预算”是我想出的能让我和我的家人都满意的准备方案，而且我的财务顾问也说这是一个常见的目标。对于自由职业者，一些财务顾问会建议准备足够生活 9 个月甚至 12 个月的预算。但我有理由相信我可以在 6 个月的时间内找到工作，并且我还会使用备用计划中的其他东西（我将在本章的后续部分中介绍）进行补充。标准指南建议准备可维持 3～6 个月的生活的预算，但你需要根据自己和家人的情况，以及对自己找工作的能力的信心，来制定适合你自己的标准。

你还要考虑可用信贷。如果发生灾难了，你可能要尽量保存现金，以延长其使用时间。信贷（对于许多人来说即信用卡）是一种可以延长现金使用时间的方法。但是要使用信贷意味着你必须确保其可用。根据我的财务顾问的建议，我们一家人的策略是随时保持至少 30%的可用信用额度——我们从不透支信用卡，除非遇到紧急情况，之后我们会优先还款将信用额度使用量降低到 60%以下。30%这个数值是一个常见的标准，我们对此满意，也认为有能力维持。你的情况和你感到舒适的水平可能有所不同，你可以咨询自己的财务顾问以确定适合自己的数值。在真正的灾难中，为了更好地保存现金，我们不介意超额透支信用卡并且只支付最低还款额。我要强调一下，这不是常规的方法，很多人会建议不要这样做。根据你的信用卡条款和利率，长期超额透支可能会让你难以还款。你得查看你的信用卡条款，确定这种方法是否可行。我的观点是，要提前制订一个可靠的计划，想清楚如果你必须使用这种方法，你要怎样做。

19.4 社会保障

社会保障是指在公民有需要时为公民提供保障的政府计划。社会保障通常包括向受自然灾害、经济衰退、个人失业或其他紧急情况影响的人们提供金钱、医疗或其他资源等形式。

作为准备计划的一部分，请确保你了解你可以使用的所有社会保障。比如，在美国，被无故解雇（即被裁员）的全职员工通常可以从州失业基金中领取补助。你应提前了解领取补助的具体流程，包括在哪里注册、这项福利包含的具体内容以及等候时长等。你应该有一个“紧急计划”，其中包括你提出申请要用到的网站和表格。在美国，“具体流程”因州而异，其他国家的制度当然也完全不同。在开始制订计划时，你可以先从相关的政府网站上获取信息。

请记住：好比讨论飞机救生衣如何使用的时机应该是在你需要用到它之前，而不是在飞机下降时，了解你的社会保障以及如何使用它们的时机也应该是在你需要用到它们之前，而不是在你被裁员的第二天。

就像你的现金储备计划一样，请确保在需要时你的家人知道如何代表你提交申请以获取你的社会福利。你应有一个书面的、记录在案的计划，存放在家中每个人都可以找到的地方，当那一天来临时，这可以稍微缓解紧张的气氛。

19.5 保险

大多数成年人都熟悉人寿保险的概念，它是一种宝贵的工具。我的财务顾问建议我购买期限直到我的退休年龄的定期人寿保险。他认为，到了退休年龄，我的实际退休计划就开始生效了，所以我就不需要再买保险了。如果你在年轻时购买定期人寿保险，其价格低得惊人（在美国大部分地区，一个健康的 25 岁年轻人能以每年几百美元的价格购买一份保额为 200 万美元的定期人寿保险）。购买定期人寿保险需每月支付固定的金额，在期限届满前保险公司有固定数额的赔付责任。期限届满后，你就不再支付保费，保险公司也不再有赔付责任。

获取好的建议！ 我不是财务顾问，也不会扮演财务顾问。我提供给你的这些建议，你可以用作参考，并与专业的财务顾问交流。他们可以根据你的具体情况提出具体可操作的建议。

但是，死亡并不是唯一可能降临到我们头上的灾难，还有很多不同的保险能够加入你的备用计划中。然而，在我们讨论这些之前，我想提醒你不要仅仅依赖雇主给你提供的保险，雇主提供的保险可以是一个很好的补充，而且在美国保费通常都不高。但是，一旦你失业它就没了，而失业是我们正在努力减轻其负面影响的灾难之一。所以尽量不要将雇主提供的保险作为你保险计划的主要部分。

提醒一下，我只能介绍美国的情况，但道理应该是全球相通的，以下列举了一些你可以考虑的保险类型。

- 人寿保险有两个大的分类，终身人寿保险和定期人寿保险。终生人寿保险往往更贵，但它会一直有效，直到你用上了它或者取消了它。如果你取消了它，通常可以获得一些退回的现金。定期人寿保险则只在特定时间段内有效，而且通常便宜得多。

- 房贷险有点像定期人寿保险但只持续在你的房屋按揭期间：你每月支付房贷一定百分比的金额，保险公司同意为你偿还房贷。如果你出了什么事，保险公司会为你还完房贷，这样你的家人就不必担心这件大事了。
- 伤残保险的目的是，如果你部分或完全伤残并且无法在你习惯的领域工作了，那么该保险会赔偿你的部分或全部收入。我不介意通过我的雇主购买短期伤残保险，因为它本就只提供几个月的赔偿且我有这个保险又必然是因为受伤前就有工作，不存在因失业而失去保险的风险。而长期伤残保险的赔偿通常会在伤残几个月之后支付，如果你是永久残疾，通常需要终身支付保费。
- 医疗保险有助于抵消昂贵的医疗开支。在美国，个人或雇主目前通过私人健康保险公司在公开市场上购买医疗保险。它一般由雇主提供给全职员工，然而一旦你失业了，就应该自己购买医疗保险，而你购买的医疗保险类型因你居住的州而异，你应在制订准备计划时就进行研究（在其他一些国家，医疗保险费用可能部分或全部由政府资助）。

根据大量研究，在美国，医疗账单是最易导致破产的原因。无论你是否有医疗保险，都很容易因医疗紧急情况陷入债务问题，你不仅要承担巨额医疗费用，还可能失去工作能力。为了避免因医疗紧急情况而负债，我的财务顾问推荐了一项长期性的伤残保险，我一直沿用至今，并依靠我的现金储备来度过短期受伤无法工作的时间段。换句话说，在长期保单生效之前我会使用现金。我还知道，如果需要，要如何获得独立的医疗保险（在我所居住的内华达州，州政府的一个网站上提供了这些保险），我还有一个定期人寿保险，为我的家庭一直保障到我的退休年龄。定期人寿保险足以支付我的房贷，因此我没有购买单独的房贷险。

19.6 做好求职的准备工作

和所有准备计划一样，准备求职这件事也不应该等到你需要求职的时候才去做，而是要在你需要求职之前就做。以下列出了一些做好求职准备工作的首要任务。

- 及时更新你在领英上的个人资料，这有助于你准备简历。
- 关注你的个人品牌和社交媒体足迹，确保你生活的任何公开可见部分看起来都具有专业性。
- 定期浏览你所在区域（或你所在的整个地区或国家，如果在家工作是你所在行业中的常见选择）和你所在领域的招聘信息，以便了解这段时间雇主正在招聘的人员。这可以使你的技能保持相关性，这样一旦你不得不去找工作了，你至少拥有一些当前市场所需要的技能。

- 不断发展和维护你的职业人际关系网，以便在需要时为你提供帮助。
- 确保你有一套合身的衣服，适合任何类型的工作面试。对我来说，就是西装衬衫、西装裤、西装外套和领带。

这些准备工作与本章其他内容略有不同，比如购买保险或领取失业救济金之类的事情你可以一次性完成、归档，然后就不用管了，只等你需要时再使用。但做好求职准备是一项持续的活动。你应该不仅仅把它看作准备计划，更要把它看成任何健康职业生涯的日常组成部分。随时做好求职的准备工作还有另一个好处：一旦机会（而非紧急情况）出现了，你就能随时准备好抓住它。

19.7 练习建议

在本章中，我希望你开始思考可能会出现什么问题，并制订一个计划来为此做好准备和缓解危机。

- 约见一位财务顾问。他们和其他经历过艰难时期的人有过接触经验，可以针对你个人、你居住的地方以及你的生活状况，给你一些好的建议。向他们解释你希望应对的紧急状况，并听取他们的意见。
- 请注意，在美国，我更喜欢只收顾问费的（fee-only）财务顾问，即根据服务时间收取固定费用的财务顾问。另一种财务顾问是顾问费为主的（fee-based），即收取佣金，他们会从卖给你的产品中赚钱。
- 许多国家都有财务顾问认证，你在网上应该都能搜索到合适的机构。
- 仔细检查你每月的支出，为紧急情况留出预算。该预算应该清楚地表明哪些会被削减，哪些不会，这样在实际的紧急情况下你可以迅速开始采取行动。我的计划中甚至包括我想快速取消或降级的服务和订阅的网站及电话号码。
- 与财务顾问交谈后，你应开始研究可能需要购买的保险以应对紧急情况。请记住，死亡可能不是最糟糕的，甚至不一定是最常见的、会对你的家庭产生经济影响的事情。
- 研究你可用的社会保障，并开始记录它们有哪些、能提供什么、你如何申请以及它们通常需要多长时间才能生效。将所有这些文档保存在你的家人可以在需要时，能快速获取到的地方。
- 实施每月或每季度的“求职准备工作更新”计划，以便你能随时做好求职的准备。

第 20 章　技术人员的商业数学和术语科普

准确来说，我们现在正在离开“软技能”的世界，但转向的这些技能和知识，对任何希望创造更成功的职业生涯的技术人员，都仍然有益。商业世界——包括非营利企业和许多政府组织——有自己的商业数学和术语。如果你打算以谋生为目的玩这场“商业游戏”，那么了解一些有关企业如何谈论自己、如何衡量自己以及如何处理内部计算的知识会大有帮助。

我要指出，本章确实掩盖了我所涵盖的主题中的许多细节，以试图更好地传达这些术语和概念的重要性。把本章内容当作一个起点，当你去充实这些在职业生涯中取得成功所需的技能时，你绝对应该考虑更详细地探索这些主题。

20.1　你花费了公司多少钱

在职场工作多年后，我得出的一个结论是，作为一名员工，我能拥有的最有价值的信息就是知道我花费了公司多少钱（如果可能，我也想知道其他人花费了多少，不仅仅是因为我嫉妒别人的薪水——开个玩笑！）。

原因是，假设我在几个月的时间里花了 100 个小时工作在一个可以自动化一些重要业务流程的项目上，我可能会想，我花的那些时间合适吗？我花的时间太多了吗？我应该花更多时间吗？公司应该感激我吗？该有多感激？知道我花费了公司多少钱就可以帮助我回答这些问题。

假设我的年薪为 10 万美元（我喜欢用简单的数字来进行解释）。我给公司带来的实际成本要高得多：在美国，公司还必须支付工资税（payroll taxes），这些税是在我的工资支票中预扣的所得税（income taxes）之外的，所得税由我支付。公司还承担我的医疗保健费用、我的 401（k）

养老保险计划的一部分费用，以及股票期权和其他福利的成本。由于我以及我同事们的存在，公司也需要雇用人力资源人员并支付其他管理费用。考虑到这一切，美国的大多数公司的员工给公司带来的成本约为其基本工资的 140%，这意味我每年实际上要花费公司大约 14 万美元的“满负荷”（fully-loaded）工资。满负荷工资是指我在工资单上看到的基本工资，加上雇主支付的所有税款、福利和类似费用。

一年大约有 2000 小时的工作时长。同样，这是一个特定于美国的数字。我是这样算出来的。

- 一年约有 52 周。
- 大多数员工有两周的带薪假期，所以剩下 50 周。
- 大多数美国公司会为像圣诞节这样的节日进行庆祝，总共约有 5 天的带薪假期，因此剩下 49 周。
- 每个工作周大约有 40 小时的工作时长：40 小时/周×49 周 = 1960 小时，四舍五入是 2000 小时。

因此，将我 14 万美元的满负荷工资除以 2000 小时，得到的每小时满负荷工资为 70 美元，即我每小时花费了公司 70 美元。

现在，回到我的自动化项目，每小时 70 美元意味着我 100 小时的投入使公司花费了 7000 美元，加上我在那段时间喝掉的咖啡的成本、我使用的电力的成本，以及其他过于复杂就不细数的开销。那么我投资的时间值得吗？

这一切都取决于投资创造的回报。假设我自动化的业务流程以前是由一名入门级的帮助台工作人员完成的，此人每周花大约 10 小时来完成这项任务。他们的基本年薪为 5 万美元，满负荷的时薪为 35 美元。因此，手动完成这项任务每周需花费 350 美元，这意味着公司将在 20 周后（大约 5 个月）收回我的 7000 美元投资。这似乎是相当可观的投资回报：一年内，我将为公司节省 11200 美元。

我发现进行这种计算非常有帮助。首先，它帮助我做出更明智的商业决策，比如我应该把时间花在哪里以及哪些项目上，才对公司有财务意义。它还帮助我更好地用公司本身可以理解的方式，向公司传达出我带来的价值。

其他人的花费呢？ 许多公司不会公开员工的薪水，因此很难计算整个团队的成本。在这些情况下，你有时可以与人力资源和/或财务部门合作以获得“典型工资”。这并不代表任何某一个人的收入，而是可用于计算的平均或“一般水平”的薪水。

20.2 阅读损益表

损益表（profit & loss statement，P&L）是一种高级工具，你可以用它来了解公司的财务状况，这是它最基本的功能之一。现在，我想再次指出，在我解释这些事情的过程中，我会掩盖掉不少细节。我的解释并不一定符合 CPA（certified public accountant，注册会计师）的标准，我只是做简要介绍。

损益表可以告诉你很多有关公司的信息。以至于大多数公司都不希望它们在公共场合四处传播（而且上市公司通常不被允许在某些法律规定的活动之外广泛分享这些信息）。即使只有高层次信息的损益表也会向你展示公司大部分收入的来源以及大部分支出（员工工资通常占总支出的很大一部分）。详细的损益表可以揭示更多信息，并帮助你真正了解公司的运作方式。

你所在公司是否被允许与员工分享只有高层次信息的损益表是值得一问的事情。如果可以，请考虑表达出你对损益表的关心，并仔细审阅。你经常会遇到看不懂的内容，而这正是你可以真正深入了解公司业务细节的地方。你可以在图 20-1 中看到一家虚构公司的损益表示例。

岩石城堡建筑公司
收益和亏损
2015年12月1日-12月5日

	12月1日-12月5日	占收入的百分比
一般性收入/费用		
收入		
40100 – 建设收入	57238.91	99.5%
40500 – 返还收入	285.00 ◄	0.5%
总收入	57523.91	100.0%
销货成本		
50100 – 销货成本	4563.81	7.9%
54000 – 作业费用	21477.46	37.3%
总销货成本	26041.27	45.2%
毛利润	31482.64	54.8%
费用		
60100 – 汽车	81.62	0.1%
62100 – 保险	1214.31	2.1%
62400 – 利息支出	32.58	0.1%
62700 – 工资支出	15117.86	26.3%
63100 – 邮费	69.20	0.1%
63600 – 专业费用	250.00	0.4%
64200 – 维修	175.00	0.3%
64800 – 工具和机器	810.00	1.4%
65100 – 水电费	122.68	0.2%
总费用	17873.25	31.0%
一般性净利润	13609.39	23.8%

图 20-1 损益表示例

20.2.1　营收

每个损益表的顶部列出了公司的收入（income），其中包括营收（revenue）。其他类型的收入可能包括从银行储蓄账户中赚取的利息，但营收很重要，因为这是从实际业务运营中赚取的钱。

你要首先了解公司是以收付实现制（cash basis）还是以权责发生制（accrual basis）运营的。有时损益表会说明（图 20-1 中没有说明），而有时你需要询问公司领导层。大多数小型公司使用收付实现制，这意味着他们手头的现金是真实的现金并计入了营收，他们支付的费用是实际结算的现金支出，并计为费用。

权责发生制稍微复杂一些，这是大多数大型公司使用的方法，因为它可以更全面地展示公司的财务状况。在你开具货物清单（invoice）或者账单（bill）的时候，相应金额就计入了营收，即使你尚未收到现金。在你收到货物清单或账单时，相应金额就算作了费用，即使你尚未付款。基本上，收付实现制意味着你记录一段时间内实际的现金收入和支出，而权责发生制则记录实际收入和支出加上预期的收入和支出。

收付实现制和权责发生制会在税收等方面产生不同的影响。当一家使用收付实现制的公司收到供应商的货物清单时，公司会到实际支付时才将其入账。如果公司在一个纳税年度的末尾收到货物清单，但直到下一年才付款，那么公司就不能从上一年扣除费用——它是在实际支付费用的年度扣除的。这就是为什么许多收付实现制的公司急于在年底进行支付。权责发生制公司则相反，他们经常在年底急于拿到货物清单，以便扣除费用，但他们会等到明年才付款——这有时会让发送这些货物清单的人感到苦恼。

营收也有不同的类型。最常见的是一般性收入（ordinary income）。简单来说，这些就是从大多数形式的业务中获得的收入：销售产品或提供服务，然后获得报酬。

百分比与实际金额　在图 20-1 中，你会注意到我在“占收入的百分比”列上方画了一个向下的箭头。对于许多公司而言，这些百分比比实际金额更重要。比如，图 20-1 中的工资支出占总收入的 26.3%，是占比最大的单项费用。如果公司需要减少开支，那削减工资可能就是首选。

订阅收入（subscription income）有点不同。假设你经营一项每月收费 10 美元的订阅服务，但实际上你一次性就出了一年的账单。所以你给客户寄了一张 120 美元的账单，然后他们支付了。但你不能一收到钱就把全部的 120 美元“确认”（recognize）为营收；而是必须每月确认 10 美元，因为那才是你真正赚得的钱。这一切都是由通用会计准则（generally acceptable accounting practices，GAAP）规定的。

销货成本（cost of goods sold，COGS）是营收的另一种形式，通常显示在损益表的营收部分。销货成本本身解释起来有点复杂，比如公司买了几千个小空罐和几吨生坚果，随后往罐头里装满生坚果、包装好并出售。坚果的成本和罐头的成本都是销货成本，即“出售商品时发生的成本”。

从税收的角度来看，在完成销售之前，你无法销掉这些成本。因此，如果你在购买坚果的那一年出售了一半的坚果，那么你可以在同一年销掉一半的坚果和罐头的成本，其余部分则需要纳税。如果你在第二年卖掉了剩下的，那么你要到第二年才能确认这些费用。这就是为什么有些公司如此讨厌库存：在你真正出售掉库存前，你基本上是在为用来购买库存的钱支付所得税。所以汽车经销商在年终有销售“井喷”，这样它们就可以出售库存并销去成本。

许多公司还有其他类型的收入，比如银行储蓄或投资的利息、收回的债务等。这些应该全部显示在损益表的收入部分中。

一家公司的所有营收，减去销货成本，就会得到毛利润，这个数额也列在损益表中。因此，如果一家公司在坚果和罐头上花费了 100 万美元，在一年内将它们全部售出，并产生了 200 万美元的营收，那么它将获得 100 万美元的毛利润，即有 50%的毛利率（gross profit margin）。大多数行业或多或少都有标准的毛利率目标，这是将你的基本盈利能力与同行进行比较的参照值。

20.2.2 费用

接下来是“坏消息”部分，即费用。费用是指一家公司除销售的商品成本之外所花的钱，包括广告、工资、税费、办公用品以及几乎所有其他花费。这通常还包括他们向客户提供的折扣，这也是这么多首席执行官讨厌折扣的原因：它们就像是“底线”上的巨大的负数，而且在你刚好要确认自己是否破产时出现。

毛利润减去总费用就是你的净利润或净亏损，这就是损益表名称的来源。同样，大多数行业都有标准的净利润率（以百分比表示），并且大多数公司都试图达到或超过其行业标准。

以苹果公司为例，2007 年他们推出了第一款苹果手机和第一款 iPod Touch。两款设备上都运行 iOS 1.0 系统，但当苹果公司第一次更新 iOS 系统时，苹果手机用户免费获得更新，而 iPod Touch 用户则需支付 20 美元左右。这是为什么？

当时，苹果公司每月从美国电话电报公司获得付款[①]，因此每部苹果手机每月都带来了少量营收。苹果公司可以说苹果手机在最初出货时就是“完整”的，每月的增量收入支付了后续的 iOS

① 苹果公司与美国电话电报公司联合提供合约机，用户通过美国电话电报公司按月付款。——译者注

系统更新所需的费用。

但是它不能这样解释 iPod Touch，因为 iPod Touch 已经预先收取了全价。iOS 系统更新意味着产品的价值增加了，那么苹果公司必须重申其所有营收。就像订阅服务一样，若产品在最初发布时不“完整”，服务提供者就不会声称最初的 250 美元的订阅费用全是营收。因此，新版本 iOS 为 iPod Touch 带来的“新价值”必须有对应的营收。为了简化记账，苹果公司直接对更新收费，这样这次更新就由其自身的营收“支付”了。

几年之后，苹果公司才修改了其记账方式以及其如何计提营收，于是其就不必再这样做了。看看苹果公司早期的损益表你就会发现这些反常之处，就能进而揭示这些有趣的“幕后细节”。

20.3 平均值

平均值十分实用，但是人们经常误解平均值。我曾经读过一篇关于男士剃须刀片的文章。记者询问吉列公司的一位代表，刀片的平均使用寿命是多久。这个人回答道：“嗯，这对每个人而言是不同的，问平均使用寿命没有意义。”每个统计学家都会对此感到惊讶，因为平均值本身就是其全部意义。

平均值实际上有 3 种。每一种都试图从一组数字找到一个代表整个群体的“中间位置”。平均数（mean）是通过将所有数字相加并除以这些数字的数量得出的，也称为算术平均数（arithmetic average），这是大多数人在说“平均值”时想到的一个概念。它的缺点是在算术上它会受异常值的影响而被抬高或压低。比如，计算 99 个 50 和 1 个 7000000 的算术平均数。结果约为 137352，但 137352 绝不能代表这组大多数为 50 的值。因此，在看平均值时，你确实需要检查原始数据才能了解有多少个值实际上聚集在平均值周围。

中位数（median）是样本的中间点，其中一半的值大于中位数，一半小于中位数。这有利于找到字面上的“中间位置”。在许多商业情况中，它实际上比平均数要好一些，因为它会自动考虑异常值。不过，它也确实削弱了这些异常值，因为一个与中位数差异较大的异常值，不会比一个与中位数差异较小的异常值，对中位数的“影响”更大。

众数（mode）就是样本集中最常见的数字。在 1、2、2、3、4、5、6、7 的集合中，众数为 2，因为这是最常见的样本值。

那么，从商业角度来看，你在什么时候会关心平均值呢？

- 如果你在评估开发人员的生产力，你可能会看他单元测试全部通过的代码提交次数等指标。显然，不同的开发人员有不同的生产力水平，部分取决于他们从事的项目类型。中位数对于了解整个组织的整体水平很有用。然后，你可以通过查看“线的上方和下方”，即中位数的上方和下方，来尝试理解这些数字出现的原因。

- 如果你在评估服务器的正常运行时间，你可能会查看某个服务器在指定时间段（如一个月）内正常运行或停机天数的中位数。如果一个月中最常见的“正常运行天数”是 28 天，那么你可重点关注正常运行时间较短的服务器，去了解它们为何不同。
- 如果你放眼整个组织，想要评估员工带薪休假的平均时间，你可以看平均数。在大多数组织中，带薪休假时长不会有很多异常值，因此平均数和中位数可能很接近。当然，平均数和中位数你可以都看，如果它们相差很大，你就会知道你可能需要考虑一些异常值。

我要推荐一本有趣的书，名为《统计陷阱》（*How to Lie With Statistics*），作者是达莱尔・哈夫（2010 年由 W.W. Norton & Company 出版）。这本书精彩地讲解了人们如何歪曲数字和心理学，可以使你更加擅长商业数学。

20.4 运营支出和资本支出

一般来说，公司会产生两种类型的费用：运营支出（operational expenses，OpEx），以及资本支出（capital expenses，CapEx）。理解这两种费用的原理以及你所在公司如何处理它们，能让你对公司做出的某些业务决策有更深入的了解。

20.4.1 了解这两种类型的费用

运营支出是经营业务所需的经常性支出：租金、工资、水电费、公司从供应商处购买的经常性服务等。运营支出不会增加公司的价值。比如，你的工资翻倍了并不意味着公司的价值翻了一番。如果你的工资翻倍会使你推动公司的产出翻倍（或更多），这可能会增加公司的整体价值。

资本支出要么是一次性支出，要么是固定支付期数的支出。购买新机器（比如计算机）、建造建筑物或收购另一家公司都是资本支出。无论新的资本投资价值如何，它们通常都会增加公司的价值。也就是说，如果公司花费 100 万美元建造一个新仓库，那么公司的价值可能会增加 100 万美元，因为理论上公司可以出售这栋建筑，将资产转换为现金。

公司通常通过贷款来支付大笔资本支出。在这种情况下，贷款的本金是一项资本投资，而贷款的利息，则是一项运营支出。

不同的公司对运营支出和资本支出的看法不同，他们的感受往往受其所在的行业驱动。比如，一家小型科技初创公司可能更愿意尽可能多的费用属于运营支出：他们会租用办公室而不是建造新大楼，他们会将服务部署到云服务器上，而不是建立数据中心并购买自己的服务器。从长远来看，后者可能会让他们花费更多的钱，但从短期来看，这可以帮助他们控制“烧钱速度”（cash burn），即他们花费投资者资金的速度。每月花费 1 万美元的办公室租金可以让公司在时间维度上分摊费用，而不是一次性花费 100 万美元建造新大楼。

税法也可以驱动公司的运营支出和资本支出的运作方式。比如，在美国，国家税务局（联邦税务机构）要求公司对耐用品进行折旧（depreciate）。比如，计算机设备一般折旧 5 年，办公家具折旧 10 年。这意味着，如果公司在计算机设备上花费了 10 万美元（属于资本支出），则无法在第一年将其全部冲销到公司的税款上。取而代之的是，公司将持续 5 年每年销去该金额的 1/5，即 2 万美元。

问题是，计算机实际上并不一定能用到 5 年，所以公司就不得不折旧一件废弃的设备。我曾工作过的一家公司，通过租用笔记本电脑和台式电脑来解决这个问题，租约为期 3 年——确保这些设备在 3 年内可用现实多了。这种做法将资本支出转化为运营支出，因为租金是一项运营支出。租期到了，厂家就把设备翻新，租给别人，然后公司续约 3 年，厂家再给公司运来满满一车的新设备。

20.4.2 推动财务决策

了解运营支出和资本支出的运作方式，以及公司对它们的看法，可以解释许多财务决策。比如，你可能会觉得很奇怪，你的领导跟你说公司要放慢招聘速度以保留现金，然后转身就宣布以 8000 万美元收购另一家公司。这是怎么回事？

工资是一项运营支出。一般来说，公司不会贷款支付运营支出。那是因为运营支出不会增加公司的价值。如果公司每年有 100 万美元的工资单，并且通过贷款来支付，那么算上贷款利息，公司可能最终要支付 125 万美元。就是说公司最终支付的钱比实际工资多 25%，而且根本没有增加公司的价值。公司的投资者是不会高兴看到这种情况的。

收购通常属于资本支出。与其花掉手头的现金，不如贷款 8000 万美元，然后在几十年内还清。投资者对此没有意见，因为公司的价值增加了 8000 万美元或更多。换句话说，就是把现金转变为新的非现金资产。所涉及的运营支出（贷款利息）是增加公司价值的“做生意的代价”，你通常会看到公司利用新的收购来增加公司的整体营收，从而抵消收购的运营支出。

如今，尤其是在技术支出方面，大多数公司都在尽可能地将其转化为运营支出——这意味着他们将软件托管在云端，而不是在自己的数据中心里。这可以降低他们的其他运营支出（比如付给维护数据中心的工作人员的工资），并有可能将资本支出转换为现金（比如出售数据中心所在的建筑物）。

运营支出有时还可以让公司实现更快速、更细粒度地扩展。比如，我工作过的一家网络公司将整个网站运行在公司拥有的 3 台服务器上。当我们准备在日间电视节目中进行大型营销推广时，公司的首席执行官询问服务器“农场”是否足以承受负载。“不可能。”我们告诉他。他问我们是否可以增加站点的容量。“当然可以，”我们说，“但是硬件成本大约要 4 万美元，并且要一个月的时间才能安装到位。”不幸的是，我们没有 4 万美元可花——对于一家小型初创公司来说这是一笔巨大的资本支出。在今天，我们只需单击按钮就可以扩展我们的 Azure 或 AWS 资产，在负载提高的期间增加一点额外的运营支出，然后在推广结束后缩减回原先的负载，并降低运营支出。

20.5 业务架构

业务架构是指公司如何构建业务以完成工作。这可能看起来有点深奥，但我觉得很有趣，并且能帮我理解公司的内部框架及其如何驱动公司的运作。业务架构有许多不同的表达方式，但我个人最喜欢的方式是用*功能*（functions）、*服务*（services）和*能力*（capabilities）的概念。许多人将这些术语与其他术语一起使用，就好像它们可以互换一样，但在真正需要深思熟虑的商业设计中，每个术语都有其独特而重要的含义。

*能力*也许是其中最细粒度的一项。公司内某个人或某个组可以执行的一组任务即是一种能力。能力可以包括将箱子装到卡车上、处理贷款所需的数据、预订酒店房间等。大多数能力本身都不是你可以直接销售的东西。比如，能够制作好吃的汉堡包是一项优秀的能力，但你不能只靠这种能力来开餐厅，你还需要了解如何接受点单、受理付款、在顾客离开后清理桌子等，这些都是不同的能力。

*功能*可以定义为客户可能想要的某种结果，比如产品或服务的某项元素。想象一个快餐菜单上有客户想要的东西，比如汉堡。但是汉堡还可以进一步划分成客户想要的选项：肉温、配料、面包类型等，这些选项就是功能。再举一个更商业化的例子，想象一个想要邮寄包裹的客户。他们将包裹交给托运人，“邮寄包裹”就是该托运人的能力，如图 20-2 所示。而运输速度（“隔日达”）、特定目的地（“国际运输”）、特殊尺寸（“超大件”）则是这项能力提供的功能，如图 20-3 所示。好比一家餐厅不可能只提供番茄酱配料，提供番茄酱配料只是该餐厅某项能力的一个功能。

图 20-2 能力

图 20-3 功能

在内部，服务通常按照流程定义的顺序组合能力，来帮助实现功能对客户的承诺。运送国内包裹是一项服务，它需要特定的能力，比如计算成本、承接包裹、受理付款等，如图 20-4 所示，并且需要托运人按特定顺序执行这些能力。

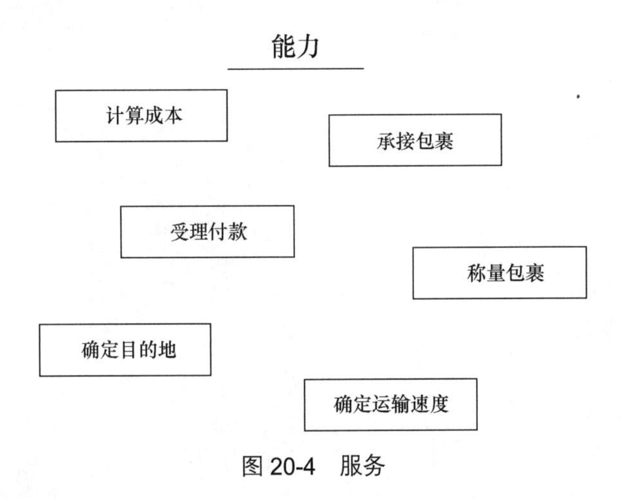

图 20-4 服务

流程定义了能力发生的顺序。所以，按特定流程执行的能力组成了一项服务。服务通常对应于功能，当客户订购一项功能时，服务会被执行，如图 20-5 所示。

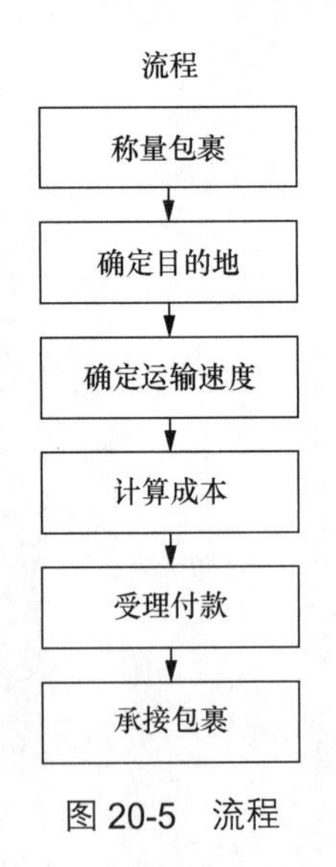

图 20-5 流程

可能还有更高层次的流程，且很常见，这些流程本身由按特定顺序执行的不同服务组成。在这种情况下，一个服务是一些独立自包含的能力集，可以被多个流程调用。比如，“清理”服务可能会被“响应 4 号通道里泼洒的饮料”和“搬运码头上的货物”等多个流程调用。这些流程可能还包含其他服务，比如“使用托运车”。

所以说，一个流程可以由不止一个服务构成，而每个服务内部都可以有自己的完成步骤。由于功能从抽象和面向客户的角度定义了公司提供的产品或服务，它通常可以反映公司的组织结构该有的样子。我经常说，客户至少应该能够根据公司售卖的产品或服务推断出企业的组织结构。比如，在拉斯维加斯的酒店中，我会认为其组织结构应该包括酒店运营、娱乐、餐饮等项目。如果我发现拉斯维加斯的某家酒店的组织结构基本与此不符，那么我会认为这家酒店的运营效率低下，并且很难为客户提供出色的产品或服务。如果你的功能（你的产品菜单）是你售卖的产品或服务，那么你的组织结构的设计应围绕如何促进这些产品或服务的交付。

以上内容可以简单归纳如下。

- 功能是抽象且面向客户的，实现功能的唯一途径是通过流程。
- 流程以特定顺序组合服务，从而交付功能。
- 服务将能力组合起来，且通常根据自己内部设定的步骤执行。
- 能力是细粒度的独立任务，这些任务能共同达成某种目标。

这一切都意味着需要一定程度的模块化。一个设计良好的服务可用于多个高层次的流程。比如，如果你所在公司有 4 个不同的部门向客户运送货物，那么理想情况下，这些部门都应该通过相同的内部服务来完成送货任务。如果没有，那么这些部门的效率可能低于应有的水平，公司可能会浪费时间、金钱和精力，且可能没有在为客户创造其期望的结果。这就是为什么业务架构很重要：分析业务架构可以帮你了解何处存在不必要的重复服务（这种情况在有机增长的公司中一直存在），并有意识地根据这些情况构建出更为有效且一致的业务模型。

你可能会在工作中接触到对这些术语的不同定义，但常见的定义与我在此处描述的大体一致。即使你所在公司对这些术语有不同的用法或者使用了其他的术语，明白这些术语之中存在某种结构，就能更便于你理解你所在公司的业务架构。对你个人来说，我是否正确使用了这些术语不重要，重要的是你要明白它们确实是与核心业务概念相关的核心术语。

那么这一切对你来说有什么意义呢？如果我给一家比萨店制作比萨，我应该了解我的能力如何帮助公司执行服务，理解我的能力所参与的流程，还应该明白相应的功能如何被呈现给顾客。换句话说，我应该从给顾客看的菜单读起，去了解厨房工作的流程。这些信息有助于我了解自己工作的全部背景，使我能顺利完成工作。我应该明白，改变我执行能力的方式会影响到和我处于同一流程中执行其他能力的人：在错误的时间将比萨饼放入烤箱会破坏整个下游流程，导致向顾客交付糟糕的食物。我的比萨制作服务结合了面团制作、配料涂抹和烹饪等能力，这项服务可以被多个流程调用，如“制作比萨以切片形式出售”、“为堂食顾客制作比萨”和“为外卖顾客制作比萨”，并为这些流程产出一致的结果。顾客所看到的“点一个比萨”这一功能，可以视情况调用以上任何一个流程，并能确保从我的服务中获得一致的结果。

20.6 扩展阅读

- 《商务数学（第 14 版）》（*Business Mathematics 14th Edition*），加里·克莱登宁、斯坦利·A. 萨尔兹曼（2018 年由 Pearson 出版）。
- 《统计陷阱》（*How to Lie with Statistics*），达莱尔·哈夫（2010 年由 W. W. Norton & Company 出版）。

20.7 练习建议

- 计算自己满负荷的时薪。询问你的经理，甚至公司的财务人员，他们通常如何计算满负荷工资。
- 你能想出你和团队定期进行的一项成本过高的活动吗？也许是运作一个很难用的源代码管理系统、不必要地重建服务器、处理 DNS 问题或其他技术活动。如果可以使这些活动的耗时减少，那么根据参与人的满负荷工资，每年可以为公司节省多少钱？
- 从能力、功能、服务、流程的角度，你的团队负责什么？包含该团队的更大的部门呢？整个公司呢？比如，了解公司的服务如何对应到你的团队，通常大有助益。对这些事物的理解可以使你更清楚自己对公司层面的结果产生的具体影响。
- 你所在公司定期产生的运营支出和资本支出有哪些？（工资是运营支出）。如果公司愿意，哪些资本支出可以转移到运营支出上？

第 21 章 现代求职工具

现代求职的复杂和微妙程度远超学校老师教给我们的。我们要面对人工智能筛选系统、关键字驱动的求职者跟踪系统、更复杂的薪酬方案以及求职者通常看不到的一系列其他因素。是时候更新你的求职工具箱了，因为一次成功的求职需要你从真正开始申请之前的几个月，甚至几年，就开始准备了。

21.1 现在要做的求职准备

你不能等到即将求职时，才真正开始准备。你需要提前做好两项具体工作，并且持续做下去。

- 管理你的品牌，并保持持续管理。（我在第 2 章讨论了要如何去做。）
- 创建、培养、发展和参与你的职业人际关系网。（我在第 3 章讨论了要如何去做。）

我必须如实相告：虽然本章有相当大的一部分在讲如何整理你的简历，但你的人际关系网才更有可能把你的简历“递”到招聘经理面前。你不能仅靠提交简历到各种在线招聘网站上，这些网站上发布的任何一个职位都可以有数千名申请者。而你的人际关系网有机会使你的简历脱颖而出，摆到真人眼前。然而，建立一个能给予帮助、参与度高且有意义的职业人际关系网可能需要数年时间，其中涉及同行、招聘人员、同事和其他将你的“影响力”扩散到全世界的人。如果你不从现在开始并在整个职业生涯中持续这样做，想要使你的职业生涯朝着你期望的方向前进则会更加困难。

21.2 审查你的品牌

在第 2 章中，我解释了你的品牌的概念，即你面向公众展示的形象，它能在别人认识你之前就告诉他们该对你有什么期待。你的品牌在你求职的时候能起到重要的作用。

需要明确的是，不要等到找工作的时候，才去打造你的品牌，你的品牌是需要你持续意识到并培养的东西。但是求职这个时机非常适合你坐下来认真审查你的品牌状态，并开始进行必要的调整，从而有助于求职成功。

21.2.1 你的品牌与求职

请从招聘经理的角度考虑求职过程。招聘经理们面临着这样一项看似不可能完成的任务：基于一个完全陌生之人的所写（简历）和所说（面试），判断其是否有资格胜任工作、是否适合团队，自己是否做了一个明智的招聘选择。

我曾多次担任过招聘经理，那太可怕了。你正要做出的这个重大决定，将影响到你和你负责的事情。它会影响到你已有的团队，会影响到整个公司。更可怕的是，一旦你做出了错误的选择，你可能不得不让某人离开。仅仅想到这一切我的胃都会发紧。

所以在我们这个人与人之间始终保持连接、始终在线的现代世界，招聘经理转向互联网，希望能对*真实*的你有更多了解。是真实的你，不是你带去面试的“你”，也不是你写入简历中的“你”。他们想了解*真正*的你。那么，还有哪里能比一个能让大多数人放下警惕展现出真实自我的地方更容易找到这些信息呢？没错，就是互联网。具体来说，是社交媒体。而且对于技术人员来说，“社交媒体”远不止 Facebook、Twitter、领英，还有*很多很多*。你的“社交足迹”可以包括 GitHub、Stack Overflow、问答网站，以及其他人可以看到你参与社交活动的特定技术领域，还有可以查看你的贡献的地方。你公开发布的所有内容都将成为你*品牌*的一部分，你的品牌代表了你，所以你要展现出最好的样子。

但我想在此强调一个词：*公开*。极少有人在工作中和私下时完全一样。私下里，我经常讲脏话，而这不适用于工作。因此，对于你的职业品牌，我们关注的是公开足迹。

21.2.2 审查你的公开足迹

我要事先直言：我在网上做的事情并非全都是公开的。比如，我的 Facebook 动态就完全是私密的，仅亲密朋友和家人可见。我的个人主页也是锁定的：如果你不在我的“亲密朋友和家人”

名单中，你就什么也看不到。我还在不同的计算机上，用不同的浏览器，验证公众能看到什么、不能看到什么。

这就是你的第一步：决定公开什么，除此以外的都锁定，并验证锁定功能是否生效。我相信，作为一名技术人员，你永远不会在公司活动中酩酊大醉还爬上桌子手舞足蹈。所以，请收好那些派对照片，不要让你的公众品牌与这样的期望相悖。

当你审查自己公开的内容时，请认真考虑一下那些可以看到你私生活的“朋友”。我有很多相处友好的同事，但大概只有两个是“Facebook 好友”。Facebook 是我的私人生活，一旦我让工作中的某人进入我的这部分生活，它就不再私密了，并几乎不可避免地成为我工作的一部分。所以我划出了非常清晰的界线。

盘点你的足迹　盘点一下所有你在网上能被人“看到”的地方。哪些是被你划进“私人生活”的，哪些可以成为你的职业品牌的一部分。确保你关注到了所有地方。比如，一个容易被忽视的领域是在线问答网站，如 Stack Overflow 这样的论坛或网站。你是那种问了很多问题却从不回答别人问题的人吗？这会让我对你作为技术人员的一面产生一定的负面印象，我可能会担心你在工作中也会如此，会以同样的方式工作，从而影响团队的平衡。你发布的问题和回答表述清晰吗？如果不好，我可能会担心你的沟通技巧，我能保证这是任何招聘经理都会参考的一项重要标准。如果你确实发布过答案，你的回答是否礼貌简洁友善支持，还是尖酸刻薄、冷嘲热讽？我很清楚我更愿意让哪种人在我的团队中工作。

对于属于我职业品牌那部分的线上生活，我会非常谨慎。比如，我的 GitHub 账户里有许多开源技术电子书、一些开源软件项目，以及其他我引以为傲的、愿意我的潜在雇主看到的内容。

这是另一个看待你公开足迹的方式：任何你放在网上的可以被公众访问的东西，都应该是你在工作中也可以轻松地说出或钉在墙上并附上你名字的东西。

有一次，我给一个在找工作的同事提了要注意网上公开足迹的建议。他声称自己遵循了，但最后他非常想得到的那份工作拒绝了他。我在那家公司有很多认识的人，所以我问了问原因是什么。他们说，当时他们简单翻了翻他的 Twitter 账户，并对他转发的一些内容产生了警觉。他们担心他转发的东西代表了他自己的观点，担心他会很乐意把这些观点带进工作场所——而他们对此并不乐意。

在我们开始谈论品牌和公开足迹时，我给参加我研讨会的人们讲了一条口诀：“锁一锁、清一清、关一关、炫一炫。”

- 锁一锁。你私人生活中的一切都该是私密的。锁定页面，限制访问，且要确认锁好了。谨慎决定让哪些人进入你的私人生活；如果你不会反复邀请某位同事到你家中做客，那么也请不要让他们进入你线上的私人生活中。
- 清一清。对于一切你公开的内容，请确保它反映的形象是雇主会期望你工作时、和同事在办公室时的样子。如果办公室里的大多数人不喜欢源源不断的欢乐小猫咪表情包，那就不要让其出现在你的公开足迹中。
- 关一关。如果你的有些线上形象无益于你的职业品牌，你又无法将其锁定，那么就将其关闭。注销账户，删掉所有内容，然后离开。
- 炫一炫。对于那些确实有益于你职业品牌的线上形象，尽情炫耀吧。社区贡献、博客文章、开源项目——这一切都值得你的潜在雇主关注，你还应确保在你的简历和其他交流中提及它们。

你在网上做的一切都会影响到你的职业品牌，除非你锁定它们。请确保这个职业品牌是你想要的。

21.2.3 其他人会如何描述你的品牌

一旦你觉得自己的线上形象与你想要打造的职业品牌完全一致了，就请找其他人来描述你的品牌。我显然会找与我共事的人，以及我曾经共事过的人。他们与我亲身相处过，并且每天看到的我的品牌比其他任何人都多。但我也会去找线上的同行：我在 Twitter、问答论坛、GitHub 仓库里等地方互动过的人。我会请他们描述，在他们眼中我是一名怎样的技术人员。

有时，我会通过免费的线上调查网站，进行匿名调查来征求这些反馈。我只会问以下一些基本问题。

- 我看起来像你想雇用或一起工作的那种人吗？
- 你会担忧我和你在一个团队中吗？
- 我在你眼中是否是一名有价值的技术人员，为团队成果做出了积极贡献？
- 我看起来像是可以让团队更高效的人吗？

我也会给受访者留下评论之处，我会真诚地接受这些评论。有时候，评论里并不全是美好的言辞，很难不让我感到受伤或冒犯，但我将其视为反思的机会。我经常意识不到别人是如何看待我的，所以虽然我没有故意要给人留下负面印象，但知道我在什么时候无意造成了这样的结果也是很有好处的。这让我有机会去思考我是否应该稍微改变一下。

21.3 更新你的简历

简历是你求职时的一个必要文件。简历写作是艺术和科学的结合。这个主题已经有许多书讨论过了，每本都能和本书一样厚，因此在这短短的一章中，我显然无法囊括人类对于这个主题的所有知识。而我想做的是，让你能意识到简历中一些重要但经常被忽视的方面。

准备简历要在需要用它之前就开始 即使你现在不需要找工作，也请你阅读本章。整理出一份出色的简历既困难又耗时，在你需要之前就进行准备，是你能在需要时就做好准备的最佳方法。

21.3.1 简历的规则

我曾在我所在州的“美国职业工业俱乐部”（Vocational Industrial Club of America，VICA）的求职面试竞赛中获得过第一名，但自那以后，简历中应该包含哪些内容的规则发生了巨大变化。如果你有一段时间没写简历了，你可能会对一些现代的“最佳实践”感到惊讶。以下是一些不再适用的旧规则。

- *最多一页，双面*。由于现在有求职者跟踪系统（applicant tracking system，ATS），简历的长度通常不如其内容重要。这并不意味着你应该走极端，但你可以随意往简历中添加有价值的东西。请记住，在某个时刻会有真人来阅读你的简历，而你不能让他们在看的过程中睡着。
- *开篇陈述你的职业目标*。采用这个方法会让你的简历看起来过时。想想看：你正在申请工作，也就是说你正在申请为雇主解决问题，但是你的宣传策略竟然是开篇就谈论自己。省掉这一步，去谈你的潜在雇主会关心的事情：你可以为他们做些什么。
- *只列要点清单*。有很多理由支持使用漂亮、简洁的要点列表，但如果你的简历看起来像是撒上了“芝麻”，也会让人眼晕。在本章后文我将介绍替代方法。
- *不带个人色彩*。面试过程中有一半时间都是潜在雇主在试图了解你，因此你可以通过让你的一些迷人的个性渗入简历来快速启动这个过程。读起来像机器人写出的简历会让人感觉无聊。但你也不要得意忘形，不能显得很不认真，而要努力让你的简历看起来像是人写的。我喜欢大声朗读我自己的简历，如果听起来像是我当面在说话，那就是达到了正确的平衡。
- *提供推荐信*。潜在雇主如果想要推荐信，会要求求职者提供；许多雇主都不会提出这个要求，所以你不应该主动提供。大多数推荐信都会被视为偏向于你，因此通常不会受到太多重视。

- 留下你的邮寄地址。邮寄？都这年头了，千万别这么干。留下个人电话号码和电子邮件地址就可以了。
- 列出所有事情。我将在本章稍后详细解释这一点，但不要列出对你申请的职位来说完全是基础的技能或能力。比如，如果你想找一份高级软件工程师的工作，就不必列出 Microsoft Word 的技能，直接列出那些与工作匹配度较高的技能即可。

简历内容应该与工作相关 简历的重点是确保获得你想要的工作的面试机会。仔细检查你的简历，删掉所有无助于实现此目标的词句。

21.3.2 开始准备简历

我写简历的时候会从领英开始。我从我的求职榜样贾森·阿尔巴身上学到了这个我很喜欢的方法。领英给我提供了地方输入工作和教育经历，突出显示关键技能（它限制了你可以拥有的技能数量，这迫使我选择与工作最相关的技能），并且还让我填奖项、认证和其他成就之类的信息。一个额外的好处是，也是招聘人员和潜在雇主能通过我的领英的个人资料找到我，因此它具有双重作用。

领英还有一个额外的好处是它甚至能将你的个人资料导出成格式化的简历（我将在稍后讨论），你应该考虑清楚这是否是你的最佳选择。至少，我的领英个人资料是我用来保存所有信息的地方，以便在需要时快速参考。欢迎你到领英上查看我的个人资料。我要强调，我的个人资料中的有些信息对优化我的简历并无帮助，我会解释为什么我会将它们列出来。

- 我的很多工作经历，如果要详细描述，对于一份简历来说就太长了——6 页实在是太长了。但是，我在领英个人资料中的描述写得很长，是因为我希望个人资料中的信息尽可能多。如果我要申请某个职位，我会根据职位对这些信息进行精简，再将其放入简历。
- 我在传统工作岗位之外有很多经验，比如我参与的非营利组织，以及我作为自由作家的工作，这些可能不会出现在实际的简历中。因为这些事情并不总是与我要申请的工作相关。但我在领英上写了这些，因为我想让我的个人资料能更全面地介绍我自己。
- 我的“技能”部分有点像大杂烩，部分原因是我喜欢用这一部分内容测试领英的响应能力。在写一份实际的简历时，我从这一部分内容中寻找灵感，但我不会一字不差地复制。

如果你不喜欢使用领英也没关系。你也可以在文档编辑器、数据库或任何你觉得舒服的地方做类似的事情。关键是要让尽可能多的简历内容在你需要的时候触手可及。

持续更新简历是我有史以来得到过的最好的建议之一。今天，我对此的理解是要不断更新我的简历数据库，对我来说即我的领英个人资料。如果我在工作中做出了一些重要的事情，比如推出一个新产品、节省了大笔资金、承担新的责任等，我就会在个人资料中更新。这样，一旦我需要写简历了，这些信息就都摆在我面前。如果我不及时更新，那么在写简历的时候就很容易忘记一些重要的事情。

21.3.3 每份简历都是独一无二的

虽然我把领英用作我写简历的工具，但我不会仅仅将领英的个人资料导出并用作简历。因为我会给申请的每份工作量身定制一份独特的简历。有时我会告诉人们，他们需要为申请的每一份工作制定针对此工作的简历，但我得到的回应常常是牢骚和白眼。我明白，这么做工作量很大。但……你是不是真的想要这份工作?

让我换一种说法:你知道福特公司为什么生产这么多不同的汽车吗?因为并非每辆车都适合各种情况。有的车擅长在比赛后将半个足球队的运动员送到比萨店，有的车相当省油，有的车载货量大，有的车则更豪华。福特公司试图满足许多不同的细分市场需求，他们无法通过“一刀切”的车来实现这点。

所以，为什么一份简历能适合你可能申请的每一份工作呢?当你根据所申请的工作量身定制简历时，你就是在承认你的潜在雇主是独一无二的。他们有特定的需求，而你已准备好满足这些需求。你对他们感兴趣，而不是强迫他们将你的简历“翻译”成对他们有用的东西。换句话说，你正在为他们做一些他们的工作，这正是雇用的意义所在。如果你连简历都懒得定制，那么在别人眼中你会是什么样的员工?

21.3.4 分析招聘启事

在接下来的内容中，我将使用一个具体的、真实的职位描述来向你展示我如何分析招聘启事。但是，由于招聘启事总在变动，我建议你访问我自己网站中的“Example Job Description”页面，我会在那里不时更新此示例。这样，就可以确保我们看的是同一个例子。我建议你将职位描述复制粘贴到文本编辑器中，这样你可以随着我标注出关键部分。此外，为了方便你，我也会在此展示职位描述的相关部分。

本公司因业务持续增长，需要为我们的团队招聘一位有才能、积极进取且以服务交付为导向的 DevOps 工程师。这个不可或缺的角色将专注于提供端到端的产品解决方案，同时将稳定性和安全性放在首位。

这位 DevOps 工程师将成为我们基础设施和安全团队中不可或缺的一分子。这位关键团队成员应具备 AWS 专业知识，并负责部署“基础设施即代码”，Kubernetes 经验是必需的！我们的工作环境开放且可视化程度高，DevOps 工程师每天都会与决策制定者进行沟通。作为一家技术公司，我们注重协作、快速做出决策且尽可能保持灵活和敏捷。我们的职位有挑战且回报丰厚。如果你喜欢快节奏的环境，喜欢处于技术前沿并不断学习，那么这个职位将非常适合你。

此工作的理想人选应满足以下条件。

- 4 年以上 DevOps 经验——支持生产环境云基础设施（必须包括 AWS）、容器化现代 Web 应用程序（Docker、Kubernetes）、熟悉云原生生态系统。
- 4 年以上 Linux 服务器操作系统经验。
- 4 年以上“基础设施即代码”和“配置即代码”经验。
- 深入理解 Web 服务基础知识，如 HTTP/S、SSL/TLS、TCP/UDP、性能监控、缓存、负载均衡和日志。
- 深入理解健康 CI/CD 流水线的维护，熟悉部署策略，并具备相关经验。
- 具备关系型 DBMS 使用经验，如 MySQL。
- 熟练掌握一门现代编程语言，如 Go、Python 或 Rust。
- 服务网格技术经验（Istio、Consul）。
- 软件及 SaaS 供应商合作经验，经历过试用、新实现、换新和系统退役。
- 安全驱动、积极进取、自觉主动，适应快节奏、高技术难度的环境。
- 高效合作者，具备丰富的跨团队技术合作经验。
- 具备运用敏捷方法论规划和跟踪项目工作的经验。
- 优秀的书面及口头沟通能力，能与企业干系人沟通项目计划和进度，有技术文档撰写经验。
- 喜欢新的技术挑战，积极解决问题。
- （该职位所属团队是一个分布式团队，总部在佛罗里达州坦帕市办公室）能够与同事有效地远程协作。
- 必须英语流利且位于美国境内。

偏好以下条件。

- 持有 Kubernetes 管理员认证（certified Kubernetes adminstrator）或在准备考试。
- 持有 AWS 架构师认证（AWS certified architect）或在准备考试。

对于这样一份招聘启事，我做的第一件事就是整理以下内容。

- 硬性要求。
- 偏好。
- 关键词。

确定硬性要求

当我提到硬性要求时，我指的是客观的、不可协商的东西。比如“理想人选”应具有“4 年以上 DevOps 经验”，但这不是一项硬性要求。“理想”一词意味着有谈判的余地。比如，也许应聘者只有 3 年 DevOps 经验，但这些经验是在同行业、高压且快速发展的环境中取得的，那么招聘者可能也乐意接受。

因此，上文招聘启事中的硬性要求如下。

- Kubernetes 经验是必需的。
- 必须英语流利且位于美国境内。

没错，该招聘启事中只有这两项是硬性要求，其他条件在某种程度上都可以协商。寻找这些硬性要求很重要，这可以帮助你克服对招聘启事的恐惧。这篇招聘启事列出了许多条件，但没有雇主会指望一个候选人能满足其中的每一条。只有硬性要求是不可协商的，如果你符合硬性要求，那么就值得更详细地研究招聘启事的其余部分。

你在解析招聘启事中的语言时要小心。比如，“必须具有××学位或同等工作经验”并不是一项硬性要求。什么是“同等工作经验”？除非招聘启事中明确指出，否则这就是一个可以协商的条件。如果你的工作经验为零且没有相应的学位，那么你可能不是该组织要找的人。如果你有一些工作经验但没有相应的学位，请将这项条件视为“偏好”。

确定偏好

我提供的职位描述示例中有很多偏好，我喜欢从中重新整理出一份自己的检查清单。我将检查清单分为两部分：第一部分是更客观且易于证明的偏好，第二部分是更模糊或主观的偏好。如果我遇到看起来特别模糊或主观的项目，我会将它们归入第三部分，即“非常主观的偏好”。三部分的示例如下。

客观偏好

- 4 年以上 DevOps 经验。
- 亚马逊 Web 服务（Amazon web servies，AWS）经验。
- Docker 和/或 Kubernete 经验。
- 4 年以上 Linux 经验。
- 4 年以上“基础设施即代码”和“配置即代码”（或者其他技术方案）经验。
- 供应商试用或开展新实现的工作经验。

主观偏好

- 深入理解 HTTP/S、性能监控、缓存、负载均衡和日志。
- 深入理解 CI/CD 流水线。
- MySQL 或其他关系数据库管理系统使用经验。
- 熟练掌握一门现代编程语言，如 Go、Python 或 Rust。
- Istio 和/或 Consul 经验。
- 敏捷方法论实践经验。

非常主观的偏好

- 与软件和 SaaS 供应商的合作经验。
- 安全驱动。
- 积极进取。
- 高效合作者。
- 跨团队工作。
- 书面和口头沟通能力。
- 喜欢新的技术挑战。

我要给你提供一些我自己当招聘经理的经验：通常第三部分是我最关心的部分。这是简历中最难分析出的项目，是面试中最难找出的项目，也是经常让我在招聘过程中感到焦虑的项目。这意味着，你需要在沟通这些事情上投入大量的精力。

第一部分的内容很容易判断：要么你有这些经验，要么你没有。如果你有，就列出来。第二部分的内容更主观，因为你不知道公司对这些经验或能力的需要程度，以及需要你达到怎样的熟练度。它们可能很重要，但不是最重要的。公司会去寻找这些东西，它们甚至可能认为其中一些是该职位的“基本”技能。如果我有这些技能，我会确保在简历中突出它们，并尽力描述清楚。

识别关键词

在机器学习驱动的世界中，关键词是一个好工具，你需要为申请的工作制作独特简历的主要原因，也是关键词。请记住，只有在你通过了人工智能算法的过滤之后，招聘经理才会看到你的简历，而这些过滤器在很大程度上依赖于关键词进行过滤。

你不能在简历中直接放一个关键词列表，用来进行简历初筛的人工智能算法程序通常很聪明，不会被骗到。你要确保关键词在简历的整个工作经历中有规律地出现。对于这份招聘启事，我找出的关键词检查清单如下。

- AWS。
- Docker、Kubernetes。
- Linux。
- 基础设施即代码。
- 配置即代码。
- HTTP/S。
- SSL/TLS。
- TCP/UDP。
- 性能监控。
- 缓存。
- 负载均衡。
- 日志。
- CI/CD 流水线。
- 关系型 DBMS。
- MySQL。
- Go、Python 或 Rust。
- Istio、Consul。
- SaaS 供应商。
- 安全。
- 合作者。
- 跨团队合作。
- 敏捷。

- 书面沟通能力。
- 口头沟通能力。

为什么是这些关键词？它们都是提到的产品、工具、技术或框架的名称，或者是指代特定的“软技能”（如沟通）的常用语。对于有资格胜任这份工作的人来说，这些词都是很有意义的。

我们要知道，把这些关键词中我们确实具备的放入简历，简历才算准备好了。这时我就会转向我的领英个人资料（或任何你用来跟踪“简历原材料”的东西）进行匹配。比如，我确实在某份工作中帮助搭建过 CI/CD 流水线，但我并没有用过这个关键词。因此，我会在领英个人资料中更新这个关键词，然后将这部分内容加进我的简历中。这就是我的领英个人资料有点冗长的原因之一：它包含了许多过去工作中的关键词。

21.3.5 写简历

请确保，你的姓名、个人电话号码和你为求职面试而设置的电子邮件地址，始终出现在你简历的开头（我曾经直接留私人电子邮箱，结果我的邮箱地址总会被加进各种邮件列表，于是我现在会留一个单独的邮箱）。

唐·琼斯

DevOps 工程师 · donj12345@emailprovider.net · 555-555-1212

任职资格摘要

接下来，简历应该包含的任职资格摘要如下。

任职资格摘要

我是一名拥有 5 年以上工作经验的 DevOps 工程师。我熟悉大多数主流 DevOps 技术，包括 Linux、Terraform、Docker、Kubernetes、Python 等。我在 AWS 和 Azure 云环境方面经验丰富。我擅长在高压生产环境下工作，通过 CI/CD 流水线向全球终端用户快速交付运用敏捷方法开发的应用程序。

这个例子就列出了招聘启事中的大部分最核心的关键词，并且提供了一些上下文。你可以将此视为简历的“预告”，以吸引招聘经理（和人工智能算法）继续阅读。

核心竞争力

“任职资格摘要”的下一部分应该用“关键技能”“核心竞争力”等作为标题——选一个你觉得听起来最舒服的标题。在这部分，你应该列举不超过 10 种适合该工作且你觉得自己熟练掌握的技能。注意是熟练，而不是世界级专家水平；这意味着你有能力完成需要使用这些技能的工作，并在工作中更深入地学习。

核心竞争力

- Kubernetes 和 Docker。
- Python。
- Linux。
- Terraform。
- 敏捷方法论。
- MariaDB（MySQL）。
- HTTP/S 和 SSL/TLS。
- TCP/UDP。

请注意，我在这里列出的是“MariaDB（MySQL）”，而招聘启事中要求的是 MySQL，因为我有经验的实际上是 MariaDB。但 MySQL 和 MariaDB 在功能上是等效的，这样做既可以让我诚实地说明我的经验所在，又可以用到人工智能算法会提取的关键词。

工作经历

接下来你应按时间倒序排列你的工作经历。如果你已经在这个行业工作了一段时间，就不要再写你高中时在汉堡店打工的经历了——和简历上的其他内容一样，只留下和招聘启事相关的信息。如果有的工作经历对招聘启事中描述的工作毫无帮助，为了避免在过往经历中留下空白，也请列出来，但不要浪费空间详细介绍。

你要在工作经历的要点列表里提及招聘启事中的关键词，也可以在这个地方适度美化你的某些成就，尤其是当这些成就与招聘启事的要求相关时。

DevOps 工程师 · Startup 网站 · 2118 年 1 月至 2120 年 7 月

- 担任团队技术领导，每月管理超过 3000 次 Kubernetes 部署。

- 搭建和维护 CI/CD 流水线，包括 TeamCity 和 Terraform。
- 使用 Python 自动化脚本减少 92%的手动部署工作量。
- 在 18 个月内重建基于 AWS 的流水线，节省了 35%的成本。
- 建立跨团队合作关系，以针对流水线架构及使用，更好地创建并发布技术文档。

请注意其中一些要点是怎样将关键词与上下文结合起来的：我用过 Kubernetes，而且我一个月用了 3000 次。我用到了“跨团队合作关系”和“技术文档”这些关键词，但我将它们置于上下文中，这样阅读者就可以确切地看出这些关键词和我的经历有什么关系。我还添加了几个数字指标用来展示我为工作带来的提升。我还可以讲出很多有关工作经历的细节，但根据招聘启事，这些可能不是我求职的公司关心的内容。

社区工作和成就

最后，你应在简历末尾列出做过的相关志愿工作或社区工作，以及你获得的奖项、成就或荣誉。此处的关键同样是只列出相关性高的内容：不要列出你在当地家长教师协会工作的经历，除非和招聘启事有关。

社区工作和成就

- 每月一次的芝加哥 Terraform 用户组会议的负责人。
- 2020 年获得“AWS 社区贡献者”奖。

这一部分有点像大学申请书。高中的时候，我们受到的教导就是要确保大学申请书的每个部分都有内容。所以我的一些计算机极客朋友去打曲棍球，只是为了在“体育”部分有一些东西可写。其他人则加入了辩论队，或者参与年鉴编撰，这样他们就有东西可以写进“课外活动”里了。

至于你的简历，你应该尽量有一些社区工作，这意味你必须在打算将它用于简历之前，就开始做社区工作。社区工作能为你的职业生涯提供支持，即使你当前的工作不需要它，而你的职业生涯将带你找到下一份工作。

社区工作可以包括帮助组织用户组、为开源软件项目做贡献、在线上问答论坛中定期回答问题、在技术大会上发言、撰写技术博客文章等，这些是你职业生涯中重要且可见的部分。

关注结果，而不是事件

我常在他人的简历中看到类似以下的要点。

- 成立跨功能标准小组，以促进所有项目类型的质量一致性。

这有点浪费简历的空间。读到这里时，我可能会想："好吧，你成立了这个小组，然后呢？"请尽量确保简历上的所有内容与结果关联，每项要点都展现了你的价值或给公司带来的好处。如果你写不出某个要点的结果，那就不要写这一项——它没有告诉简历阅读者任何关于你的有用信息。好的例子如下。

- 成立跨功能标准小组，以促进所有项目类型的质量一致性；6 个月后，这项工作缩短了26%的项目维护时间。

指标（能够体现商业价值的数字）是最好的。来看看下面这组不太好的要点例子。

- 带领团队完成了两次组织/公司范围内的重组。
- 为文档编辑者和审阅者重写并改进质量标准，以提高学习成效和可扩展性。
- 构建并启动系统，用以支持定期的同行反馈。

现在我们来用指标重写以上要点。

- 带领团队完成了两次组织/公司范围的重组；保持团队流失率低于公司目标 5%。
- 为文档编辑者和审阅者重写并改进质量标准，以提高学习成效和可扩展性；团队规模扩大 18%，效率提升 8%。
- 构建并启动系统，用以支持定期的同行反馈；团队 NPS[①]提高 5%。

如果你在想："等等，我没有像'团队 NPS'这样的东西可以用作衡量标准。"那么我要说："这就是为什么你要在需要简历之前就开始考虑你的简历。"你应开始审视你在组织中所做的好事，并找到方法衡量这些好事。

21.3.6　编排简历格式

编排简历格式在如今是一个棘手的话题。 一方面，你想要一份漂亮、现代的简历，表明你是一个认真细心的技术人员。另一方面，你的简历大概率会先被人工智能算法筛选，而人工智能算法并不关心简历的格式。请看图 21-1 中的示例，该示例是某个在线服务网站生成的精美简历。

---

① 净推荐值（net promoter score）。

图 21-1　一份精美简历示例

这类简历模板非常流行，通常分为两列，可能还带有二维码，以链接内容更丰富的线上简历。这份简历对于一个人类阅读者来说非常有吸引力。

但机器不在乎。事实上，我发现这样的简历（和你用领英导出的个人资料差不多）如果由机器来读取，就会变得面目全非。

你真的该为每份工作准备两份简历。第一份也是主要的那份，是人类可以而机器一定可以阅读的。换句话说，它可能偏排得不精美，但包含所有必需内容。你的第二份简历可以有惊艳的排版，引人注目，用于递给面试你的人。

我对主要简历的格式有以下关键提示。

- 始终使用文本编辑文档，绝大多数时候用 Microsoft Word（.DOC 或.DOCX 格式）即可。如果可以，千万不要提交 PDF 文件给机器阅读，因为机器解析 PDF 文件失败的可能性很高。
- 重点打磨要点列表，确保你的关键词清单得到充分体现。关键词应该在句子中被有效使用。比如，“4 年以上 DevOps 环境下的 Kubernetes 使用经验以及 CI/CD 流水线经验”就是一项很好的要点，其中涵盖了几个关键词。
- 当我需要描述招聘启事中的“非常主观”的项目时，我有时会写一段非常短的话。比如，除过去工作的要点外，我可能还会写这样的话：“这份工作非常令人兴奋，因为它要求我具有很高的积极性和主动性。我接到的项目经常需要我在最少的监督下完成工作，独立工作的时间占 90%，并能最终达成预期的结果。”通过这种方式，我能放进一些“非常主观”的关键词，比如很高的积极性。
- 不要使用表格，不要分列，不要使用图形。另外，机器不会关心你的简历有多长，所以不要把简历长度限制为一页。
- 不要用文本编辑器的页眉或页脚功能，机器通常不会解析这些部分的信息，请将所有内容放入简历正文。

最后，在你完成主要简历制作后，就该将你的简历导入在线简历校验器，看看会发生什么。这些程序“阅读”你的简历的方式与招聘网站或公司候选人管理系统大致相同，你可以用它们测试你的简历，并查看测试结果。有的校验器为付费使用，有的则要求你注册后才能使用，因此请谨慎选择。实际上，我把简历导入了很多免费的校验器，这样我就可以获得有关我的简历的各种“机器意见”。

21.3.7 你该聘请简历作家吗

专业的简历作家确实存在。事实上，简历作家甚至还有很多专业认证，比如专业简历作家认证（certified professional resume writer，CPRW）。我是一名专业作家，我的读者经常告诉我：“读你写的东西时就能在脑海中听到你的声音。”我认为这是对我的高度赞扬，而且我当时对我自己近期写出的简历也很满意。

尽管如此，我还是决定花 100 美元让一位专业的简历作家来审查我的简历。

我发现，我写散文的技巧并不能立即帮我写出一份好的简历。写简历时，我要更加简洁，并且牢牢记住“要用要点列表”；我需要少用“渴望领导专注于关键业务成果的高效团队的热情技术专家”这种语句，而是对我的经验和能力进行更具体的陈述（如果你注意到我的领英个人资料上的华丽语言，那是我经常在研讨会中用到的反面教材）。

所以，是的，聘请一位简历作家——尤其是以如此高的价格——帮到了我。我的一些朋友在简历作家的帮助下，向他们过于正式、读起来像机器人在说话的简历中注入了一点“人味”。还有一些人，则以更高的价格在我称之为的“简历指导”的帮助下，将庞大复杂的简历精简为对特定招聘启事最有效的简历。

21.4　搞定面试

对许多人来说，面试会带来巨大的压力。这时，你在和一个陌生人（面试官）打交道，而他们掌握着你职业生涯的一部分。你不知道他们想从你身上看到什么，而且他们通常都会根据公司招聘团队备好的面试问题提问——比如可怕的“和我讲讲你在工作中犯过的最严重的错误”。以下给出了一些可帮助你成功通过面试的技巧。

- 尝试预测问题，尤其是与招聘启事要求的经验相关的问题。对于这些问题，请确保你准备好了 30 秒以内的简练回答并提前练习。比如，你应该能答出与招聘信息中列出的主要技术，或者突出的主要技能（比如领导力或沟通能力）有关的经历。
- 每次都准备一些有关应聘公司本身且简洁而有意义的问题。你即将成为这家公司的员工，了解公司的具体信息会给你带来好处。提出有关公司愿景、管理理念、内部晋升方式等的问题，能表明你对公司感兴趣，可以传达出你期望长期工作于此的意图。
- 密切留意他人的肢体语言。如果有人看起来很无聊，或者向后靠着，显得不感兴趣，就快速收尾你正在讲的内容，推动面试往下进行。
- 如果可以，请提供你工作的具体示例。这可以包括代码示例（当然要先删除前雇主的信息）、网络图、分析面板以及其他工作成果。
- 做好谈论“软技能”的准备，如沟通能力、团队合作能力、领导力和冲突解决能力。认清自己的工作风格并准备好进行讨论。这些“软元素”通常是面试的核心，面试官会试图从中看出你是否适合该工作。请帮助他们快速准确地得出答案。
- 注意你自己的肢体语言。坐立不安、无法保持眼神交流和其他“不经意的小动作”会使面试官难以与你建立信任和融洽关系。请提前和其他人一起练习。

- 想一想你是如何推理和解决问题的，并准备一个简明扼要的解释。面试中最难从一个人身上看出来的就是其解决问题的能力，你可以提前做好准备，来帮助面试官了解你具备该能力。
- 永远不要说“我不知道”，除非你能接着讲“但我能够这样去弄清”。技术人员必须是自信的自主学习者，在面试中表现出这一点对你有很大的好处。

以上所有技巧都是为了让你感觉更有准备、更有信心、更能干——所以请好好练习吧！

21.5　了解薪酬方案

我曾经工作过的一家公司做过一件很棒的事：每位员工每年都会收到一份定制的薪酬方案说明。其中当然包括他们的薪资说明，但也包括以下说明。

- 股票和期权的授予。
- 健康福利和公司提供的其他福利（这家公司提供健身房会员资格、大学学费报销和其他福利）。
- 奖金的发放。
- 退休金中公司支付的部分。

我觉得这个说明非常棒，它给许多员工就其甚至没有考虑过的一些事情提供了总体的财务数据。在美国，全额支付的健康福利，对一家技术公司的员工来说，是一个非常标准的项目。知道我所在公司在我工资之外支付了大约 1 万美元用于给我提供福利，真的让我大开眼界。有了这个说明，你在寻找新工作的时候，就能很方便地对各个方面进行比对。新工作是否也会涵盖这些福利？新公司是否会报销健康费用，比如健身房会员费用？股票的授予也会如此慷慨吗？奖金计划是怎样的？了解薪酬方案的这些元素很重要。考虑到这一点，我想简单解释一些薪酬方案的基本元素。

21.5.1　薪酬方案的基本元素

请记住，有的元素并非在世界各地都存在，有的元素的表现形式也很不一样。我建议你仅将此列表用作示例，从中你可以研究和发现更多有关你所在地区的信息。

- 基本工资。这个很简单，一提到薪酬，大家首先想到的就是这个。请注意，你的雇主支付的金额通常高于你实际收到的金额。比如，在美国，你收到的基本工资中扣除了联邦所得税、州所得税（仅对于有这些税的州）、地方所得税（仅对于有这种税的地区）以及社会保障和医疗保险计划的附加联邦税。但是你的雇主需要支付州失业保险税和联邦工资税，这可能占你工资的 10%~12%，尽管这不会从你的工资中扣除，但它确实使你比基本工资“更贵”。

- 奖金。这是另一个常见的元素，在不同的组织中差别很大。奖金的形式可以是利润分享计划、可自由支配的奖金、基于个人和/或公司业绩的奖金等。无论你参加什么计划，请确保你完全了解其规则，以及哪些因素会影响你收到的奖金。20%的奖金承诺听起来很棒，但等你意识到那是基于永远无法实现的不切实际的公司收入之后，就不会这么觉得了。
- 股票授予。股票授予通常是指把一些股票（单位为股），在一段时间内分批归属于你。例如，10000 股的股票授予可能每 6 个月归属于你 12.5%，即 4 年才能完全归属于你。股票只有在归属于你之后才真正是你的，所以你得考虑是否要在公司待到股票归属于你。一旦股票归属于你，你就可以行使权利了，即你可以以当前市场价格出售股票换取现金。

注意税收！ 确保你向财务顾问咨询过在你所在国家/地区接收和出售股票的税务政策。比如，在美国，你可能要为归属于你的股票缴纳所得税。在你出售股票时，你可能要为你实现的任何收益缴纳额外的所得税，而税率可能取决于你持有股票的时间。

- 股票期权。股票期权是一种在未来以预定价格购买股票的权利。比如，假设你获得了 1000 份执行价格为 20 美元的股票期权。这些股票期权可能分 4 年归属于你。当一些期权归属于你后，你要做个选择：要么什么也不做，要么以每份期权 20 美元的价格购买相关股票。如果股票价格上涨了，你就可能用 20 美元的价格买到 40 美元的股票，然后你可以立刻在市场上出售股票，获得 20 美元的净利润。
- 保险。许多公司会提供各种免费保险，也可能提供折扣供你购买保险，费用会从你的薪水中扣除。我见过一些公司提供人寿保险、宠物保险、法律保险、残障保险等。其费用相比你自己去购买更低，有时候甚至折扣巨大，但它们只在你为雇主工作期间才有效。
- 医疗保健。在没有广泛公共医疗保健计划的国家，大多数公民会从雇主那里获得医疗保险。有的雇主支付全额，有的甚至可能为你的整个家庭支付医疗保险。有的雇主支付部分金额，然后从你的薪水中扣除剩余部分。还有的雇主可能不支付任何费用，只提供计划，由你支付全额。许多雇主还提供各种不同承保范围和价格的计划。
- 退休。在美国，雇主提供 401（k）退休计划相当常见。这本质上是一个投资账户，你每年最多可以从你的税前薪资中扣除一定金额，放入该账户。该账户中的金额可以投资于股票和债券。一些雇主会“支付相匹配的金额”到你的账户中（不同雇主之间差异很大），从而增加你的储蓄。

- 杂项福利。这可能包括报销健身房会员费用或大学学费、午餐费用，在休息室提供免费小吃以及提供其他“额外津贴”。

薪酬方案没有正确答案：对你和你的家人来说什么是重要的，决定了对你来说怎样的薪酬方案是正确的。但是你要明白，公司在和你谈判薪水时考虑的是整个方案。你可能想多要 1 万美元，但在他们看来可能要多投入 2 万美元给你的 401（k）退休计划，于是他们会想：“不，我们不想再涨了，因为我提供的其他好处弥补了你的这个要求。”

另外请注意，在大多数司法管辖区，某些福利是公司必须向所有员工提供的。比如，如果一家公司表示他们将提供你 401（k）退休计划个人投入的 50%到你的 401（k）账户中，那他们就必须为每位员工都提供。你不能要求他们不提供这项福利给你，以换取更多的基本工资，因为他们不被准许这样做。

21.5.2　协商薪酬方案

所有这些基本的薪酬方案元素都定义好之后，申请工作的时候你该如何通过协商获得最适合自己的薪酬方案？首先询问公司如何计算薪酬。如今，一些公司使用一种严格的*市场薪酬*流程，根据该职位在市场上的总体薪酬，来制定其薪酬范围。在这个范围内，经验丰富的人能拿到更接近顶部的报酬，而经验不足的人则会拿到更接近底部的报酬。对于这些公司，你的谈判能力通常受限于公司对你的经验的评估，你应该将谈判的重点集中在这个方向上。其他公司可能采取更主观的方法对薪酬进行设定，这可能会扩大你的谈判空间，但同时你也很难猜测到底什么薪酬水平才算合适。

首先确保你了解整个薪酬方案及其真正价值。有些雇主提供的薪酬方案非常慷慨，并可能加入“生活方式”元素，比如在家工作的机会，或承诺限制你出差的次数，这使基本工资等基本元素变得不那么重要。

一旦你理解了整个薪酬方案，*不要压低自己的薪酬*。确保你知道你所在领域的这个职位的薪酬范围。要找到这些信息，你可以通过互联网搜索“资深 前端 Web 开发人员 工资 塔尔萨”等关键词，进行一些前期调研。请记住，薪酬确实因地域而异，因此请确保你查到的是你所在地的数据。其他可以找到“薪酬情报”的渠道如下。

- Payscale 网站。
- Salary 网站。
- Indeed 网站。
- 各种技术职位搜索公司发布的薪酬报告（这是你必须去搜索的）。

大多数求职者会试图要求比他们认为能得到的多一点儿的薪酬，这是一个很好的谈判策略，因为它给雇主留下了与你谈判的空间。只要你对什么是“合理”水平的薪酬有一个基于数据的期望，就可以在此基础上多要求 5%～10%，再看看会发生什么。不要接受低于“合理”水平的薪酬，除非你明确了解原因。

不要用你过去或现在的薪酬进行谈判 一些雇主会询问你过去或现在的薪酬，试图以此作为给你的薪酬的起点。我个人认为这种策略令人反感，而且在某些司法管辖区这种行为是非法的——请进行一些调研以了解在你居住的地方这样做是否合法。我建议你这样回答：“我之前的薪酬是保密的，我认为这与我们目前的谈话没有任何关系。”

当你开始谈判时，你心中通常应该有一个基于数据的“合理”水平的薪酬，并且你应该预先对其进行说明，明确表示你很乐意谈论你的市场价值以及为何你提出的薪酬是合理的（前提是你已进行过研究，并做好了准备）。

21.6 扩展阅读

- 《Ladders 简历指南》（*Ladders Resume Guide*），马克·塞勒德拉（2019 年由 Ladders, Inc.出版）。
- 《打造成功简历：击败人工智能、快速搞定面试的终极指南》（*Mastering a Winning Resume: The Ultimate Guide to Beat the ATS, Impress the Recruiter, and Land the Interview Fast!*），丹·里德（2019 年独立出版）。
- 《技术招聘人员的 8 个薪资谈判技巧》（“8 Salary Negotiation Tips from Recruiters in Tech”），德博拉·坦南，Zapier 网站。

21.7 练习建议

在本章中，我希望你秉承“做求职准备永远不嫌早”的精神，完成一些任务，来更新你的求职工具箱。

- 打开领英，花一些时间彻底更新你的个人资料。如果你不是领英用户，请参考典型的领英个人资料的模式（如果你想，可以参考我的），并在文本编辑器中创建类似内容。坚持每季度更新一次。
- 对你的个人品牌进行求职前审查，尤其关注你的社交足迹。或许你可以找一位同事一起看一下，重点关注你不认识的人可以访问哪些内容。有没有什么内容是你不希望潜在雇主看到的？如果有的话，你会如何处理？